地球信息科学基础丛书

国家科学技术学术著作出版基金资助出版

# 城市遥感：要素、形态与作用

胡德勇　著

科学出版社

北　京

# 内 容 简 介

本书聚焦于城市遥感的理论基础及其技术应用，以城市要素、形态与作用的定量描述为主线，论述了当前应用前沿和最新技术方法，并选择具体研究区开展了应用实践，主要内容涵盖：地表不透水面的提取、城市热场空间特征及其变化、城区地表净辐射空间特征、城区人为热通量参数化、城区复杂下垫面三维信息提取以及城区地表天空视域因子参数化。这些前沿性内容设计，凸显了遥感技术应用于城市要素、形态与作用研究的技术优势。

本书内容上力求做到深入浅出，不仅具有一定的深度和广度，还能反映城市遥感的新动向和新热点，介绍城市遥感的新成果和新内容。本书可作为高等学校遥感与测绘、地理和城市规划等相关专业研究生的参考书，也可供从事以上领域研究的科技人员参考。

图书在版编目（CIP）数据

城市遥感：要素、形态与作用/胡德勇著. —北京：科学出版社，2019.10
（地球信息科学基础丛书）
ISBN 978-7-03-062591-5

Ⅰ.①城…　Ⅱ.①胡…　Ⅲ.①城市环境–环境遥感–研究–华北地区
Ⅳ.①X87

中国版本图书馆 CIP 数据核字(2019)第 224302 号

责任编辑：苗李莉　李秋艳　李　静 / 责任校对：樊雅琼
责任印制：吴兆东 / 封面设计：图阅盛世

科学出版社 出版
北京东黄城根北街 16 号
邮政编码：100717
http://www.sciencep.com

北京虎彩文化传播有限公司 印刷
科学出版社发行　各地新华书店经销
*
2019 年 10 月第　一　版　开本：787×1092　1/16
2023 年　1 月第三次印刷　印张：13 3/4
字数：330 000
定价：109.00 元
(如有印装质量问题，我社负责调换)

# 前　言

　　城市化是社会发展、经济发展与科技进步的必然过程，一方面，它造就了城市文明和物质繁荣，给人们带来了极大的生活便利；另一方面，它也改变了原有的自然环境，带来了环境污染、耕地占用、绿地减少、城市热岛和生态系统退化等一系列城市问题。城市遥感是指遥感技术在城市的应用，近年来在数据处理、信息提取等方面取得了快速发展，为城市管理者与决策者提供了有效支持。城市遥感已成为城市现代化和科学化管理水平高低的一个重要标志。

　　21 世纪，中国正处于城市化的快速发展时期。正如诺贝尔经济学奖获得者、世界银行前副行长斯蒂格利茨所说"中国城市化与美国的高科技发展将是影响 21 世纪人类社会发展进程的两件大事"。随着中国新型城镇化规划、生态文明和智慧城市建设的推进，城市遥感既迎来了重要的发展机遇，又面临新的挑战。面向新时代国家的需求和科技进步，中国城市遥感的理论水平和实践能力都亟待提高，在此背景下，《城市遥感：要素、形态与作用》一书应运而生。

　　随着遥感技术的发展与应用研究的不断深入，城市遥感从关注城市空间结构与格局的综合性描述逐步走向以要素与作用为基础的定量描述、从对单一要素的变化与过程分析走向多要素相互作用的耦合机理探究、从对传统的二维平面监测过渡到二、三维一体化动态监测。只有准确把握住城市遥感发展的这种脉络，才能更好地将其服务于智慧城市建设与城市科学化管理，化解城市化过程中产生的一系列问题。不同于结构与格局的综合性描述（如城市建成区扩展、土地利用/覆被变化），要素与作用重点关注对城市各种关键要素，如建筑物、植被、不透水面、水资源和水环境、空气质量等进行定性、定量的专题描述与分析，对多种要素的相互作用（如地表温度与不透水面、植被与生态环境）、人类活动与城市自然系统相互影响的定量分析与模型模拟。要素与作用分析是综合研究城市结构、要素演变，以及耦合城市多源遥感信息和综合评价的基础。只有准确量化城市关键要素及其作用，系统监测城市空间要素的动态演变，才有可能真正全面把握城市发展的深层机理，从而使城市遥感技术真正助力于区域可持续发展。

　　同时，随着数字化时代的到来，人们对于城市三维空间信息的需求越来越迫切，尤其是"数字城市"和"智慧城市"建设，都要求建立城市三维模型。多种遥感数据获取技术和城市三维建模技术得到了应用，尤其是机载 LiDAR、无人机遥感、倾斜摄影技术等为城市三维建模提供了全新的技术手段。更近一步，突破传统二维城市空间中"平坦地表"的限制，研究三维城市空间中各种自然过程和人为活动的演变趋势及其生态环境和气候变化响应，既是提升城市管理与服务水平的有效途径，也是实现城市遥感精细化研究的必由之路。

　　本书聚焦于城市遥感的理论基础分析与技术应用，全面梳理了当前上述具体需求的应用前沿和技术特点，并选择具体研究区开展了应用实践。为了便于读者了解城市遥感要素、形态与作用的概念、方法与应用，本书使用了大量插图和表格，附带了大量的参考文献。相比于同类城市遥感书籍，本书具有以下特点。

**（1）应用领域的前沿性**。本书涵盖了近期城市遥感前沿应用主要方向，包括：地表不透水面的提取、城市热场空间特征及其变化、地表不透水面与地表温度相关性、城区和近郊区地表净辐射空间特征、城区人为热通量参数化、城区复杂下垫面三维信息提取，以及城区地表天空视域因子参数化。这些前沿性内容设计，凸显了遥感技术应用于城市要素、形态与作用研究的技术优势。

**（2）理论方法与技术应用的全面性**。本书既有对城市遥感的要素、形态与作用等基本理论的归纳，也包含了作者多年从事该方向的应用案例。在内容结构和布局谋篇方面，注重从理论方法过渡到实际应用和案例分析，注重从处理过程回顾基本理论框架，强调对理论技术的归纳、总结与讨论。

**（3）遥感数据的多源性**。本书涉及城市遥感中多种类型遥感数据的处理范式和方法，案例使用的遥感数据具有多获取方式、多平台、多光谱、多时相、多角度及多分辨率的特点。获取方式上既包括主动遥感也包含被动遥感，如机载 LiDAR 点云数据、光学影像；传感器平台类型从星载、航空到地面实测；分辨率尺度囊括了粗分辨率的MODIS 数据、DMSP 夜间灯光数据，以及中分辨率的陆地卫星 Landsat 系列数据和高分辨率的 ZY-3、QuickBird 遥感影像、航空遥感影像数据等。

全书共分为 11 章，第 1 章导论介绍了城市遥感基本概念、国内外城市遥感的发展、城市遥感的研究框架和研究方向，以及城市遥感的发展前景。

第 2、3 章主要关注地表不透水面要素，其中第 2 章主要讨论利用中分辨率遥感图像提取较大区域地表不透水面盖度的技术方法，以北京市区域地表不透水面盖度专题信息提取为例，综合利用中、高分辨率遥感数据，构建不同的模型输入变量，对估算模型及其估算结果进行对比分析，选取出适用于典型温带半干旱地区的地表不透水面盖度提取方法，并提出多时序地表不透水面盖度制图方案；第 3 章则将该套制图流程推广到京津唐地区，对该区域的地表不透水面进行深入研究，量化该区域城市扩张过程及其影响。

第 4、5 章主要关注地表温度要素，其中第 4 章综合 Landsat 8 TIRS 数据特性和热辐射传输方程，建模地表温度和亮温、大气平均作用温度、大气透过率和地表发射率等参数之间的关系，然后利用 Landsat 8 图像完成研究区的地表温度反演及结果精度验证，分析单窗算法中相关输入变量的敏感性；第 5 章开展京津唐地区的地表热场遥感监测，并积极探寻地表热场类型的分区方案。通过对多时期热红外影像数据的处理，利用热点聚集方法获得研究区范围的温度分级结果，结合提取得到的地表不透水面专题信息，建立京津唐地区地表热场类型分区方案，并对地表热场类型的空间特征及变化展开分析，探讨地表热场的分布及变化规律。

第 6 章主要揭示了地表不透水面与地表温度的相互关系。根据北京城区发展的特点，对北京城区各环路区域不透水地表盖度，以及地表温度之间的关系进行相关分析，为北京城区及近郊区今后的进一步建设规划和环境治理提供参考。

第 7~9 章主要开展了城市气候变化物理机制的遥感探索。其中，第 7 章着重研究北京城区和近郊区地表净辐射的空间分布特征，以及不同下垫面的地表净辐射差异特征，分析北京城市区 2004 年夏、2004 年冬、2013 年冬、2014 年夏的地表净辐射差异，总结地表净辐射的时空变化规律,分析北京城市区地表净辐射的年际变化特征和季节性变化特征。第 8 章通过收集覆盖北京城区的 ASTER 遥感图像,并获取了和遥感图像观测时间同步的地面气象站点观测数据作为辅助数据,利用 ASTER 可见光、近红外遥感数据反演地表反照率、热红外遥感数据反演地表温度等参数,在 ASTER 遥感数据定量反演的基础上,结合城市地表气象观测数据,定量反演净辐射、感热通量、潜热通量、储热通量等,基于城市冠层能量平衡方程估算城区人为热排放能量通量,对城区人为热排放开展了初步分析和对比。第 9 章以建立大范围精细化人为热通量参数化方案为研究目标,在综合分析社会经济数据和能源消费数据的基础上,采用"自上而下"的能源清单法,计算北京市各县区的人为热年排放总量和人为热排放通量年均值;然后,基于多源遥感数据提取表征地表人类活动特征的参数,建立京津冀各县区的人为热排放通量估算模型;同时,利用 Suomi-NPP VIIRS 数据和 MODIS 等多源遥感数据,通过对比分析和遥感参量建模,构建县、区单位格网人为热排放通量空间化法则,从而生成精细化的人为热通量网格化数据。

不同于第 2~9 章的主要内容,它们主要关注二维城市的要素与作用,第 10、11 章尝试探索三维城市遥感的技术方法,主要关注城市形态参数的提取。其中,第 10 章利用 ZY-3 同轨与异轨两种立体像对模式,分别构建不同视角立体像对和高程模型,通过图像匹配处理,生成了多个像对的高程点云数据,然后分析和对比不同情境下的点云融合效果,构建了 ZY-3 卫星多视角图像点云融合的优化路径;进一步,利用 ZY-3 卫星多光谱数据提取土地覆被类型及城区建筑物,并选择光学点云数值指标,在高精度 LiDAR 点云数据的辅助下,构建了城区建筑物高度拟合模型,从而确定了城区复杂下垫面的建筑物高度;最后,利用多视角点云融合数据和建筑物高度数据,二者组合生成了城区 DSM 结果。第 11 章开展了利用 DSM 数据进行城市复杂下垫面区域的"天空视域系数"提取的方法研究,以北京市鸟巢及其周边区域为例,将当前算法应用于城市地表"天空视域系数"的快速获取,通过 DSM 获得城市地表"天空视域系数"结果,同时以利用鱼眼相机拍摄相片作为评价数据,验证所提取区域"天空视域系数"值的可靠性,并进一步探讨利用 DSM 数据开展大范围城市下垫面"天空视域系数"提取的技术方案。

在当前京津冀协同化发展大背景下,本书的研究区聚焦于京津冀城市群,从局部到城市、从局部城市到京津城市群,再到京津冀国家级城市群。不同维度、不同尺度地揭示了京津冀城市群城市化过程中地表要素的空间分布及形态特征,涉及空间要素的格局、演变过程及其作用机理。

本书是在国家自然科学基金项目"基于三维建模与天空视域系数的城市地表辐射和能量收支参数化"(41671339)支持下完成的,博士研究生曹诗颂、于琛,硕士研究生乔琨、季国华、陈姗姗、张旸、张亚妮、段欣等都参与了大量的工作。另外,撰写过程中也得到了首都师范大学地理学团队的鼎力支持,在此一并致谢!

由于作者水平有限,书中难免存在不妥之处,恳请读者批评指正。

作  者

2018 年 8 月 15 日

# 目　　录

# 第1章 导　论

## 1.1　城　市　遥　感

在过去的几十年里，城市的自然规模和人口数量都经历了爆炸式地增长。目前全球范围内城市区域的增长（或城市化）没有丝毫减缓的迹象，甚至可能在接下来的几十年内仍然不会减缓。

城市不仅是人口的聚居地，同时也是当今制造业和服务业的集中地，城市化速度的快慢经常被视为区域经济活力的标志。然而，如此大规模的城市化加大了生态系统的环境压力，给城市规划者和城市管理人员带来了巨大的负担，必须制定和实施有效的政策和规划，以更好地管理城市资源和提供更优质的服务。在这些城市管理和服务过程中，需要给相关人员提供准确的信息和成熟的分析技术，并提出与城市发展相关的决策支持。

简单地说，城市遥感是指以城市为对象的遥感技术应用。城市遥感可以迅速、真实、全面地获取城市空间信息，而这些信息可以适时、直观地反映出城市的各种面貌及其动态变化，分析这些信息可以及时地发现城市发展过程中存在的问题。例如，城市遥感可以应用于城市土地利用、建筑物分布现状（如建筑物密度、空间布局等）、城市园林绿化调查，也可以应用于城市环境污染状况、公共设施布局、城市热岛效应分析等，它可以为城市建设、规划与发展提供基础资料，基于这些资料可进一步探讨过去制定的城市发展战略及决策的正确程度，并提出改造措施与途径。

目前，城市遥感的技术手段主要是采用航空与航天遥感相结合，并配以地面调查。航天遥感卫星平台搭载的传感器可以实现较长时间的城市空间信息数据采集，而航空遥感可以完成各种不定期的、按需规划设计的数据获取任务，二者相互补充，为城市遥感提供了充足的数据支持。可见光和彩红外航空摄影、多光谱扫描、热红外扫描、激光扫描、主被动雷达探测等多种航天和航空遥感技术的使用，使得多分辨率、多光谱、多频段的动态城市空间信息的获取成为可能。

总之，城市遥感已成为城市管理、城市规划等领域的重要支撑技术，城市遥感也是衡量一座城市现代化和科学化管理的水平高低的重要标志之一。

## 1.2　国内外城市遥感的发展

### 1.2.1　国外城市遥感的开端及早期发展

国外的城市遥感起步比较早，最早可以追溯到19世纪50年代在法国巴黎进行的航空摄影（Cracknell，2018），但是城市资源环境调查和其他相关应用研究中切实应用航空遥感技术，准确地说应该是从 20 世纪 40 年代开始的。

应用遥感技术对城市进行研究，最初是利用航空相片进行判读，采集城市基础地理信息。例如，布兰奇在 1948 年曾尝试利用航空像片为基础资料作城市人口分析，提出用黑白航空相片的解译资料预测社会经济变量，供社会经济学和人口统计学分析研究使用；D. M. Richter 利用 1940 年、1950 年、1956 年和 1963 年等不同年份的航空像片进行遥感解译，划分了城市工业用地类型，研究了总人口小于 5 万的某城镇的工业扩张动态、土地利用变化状况等；1958 年，Thomas C. Chisnell 和 Cordon E. Cole 分析了大量黑白航空相片，建立了一套比较完整的工业区影像判读标志，可使未受过专门训练的人根据影像标志把工业区划分为采矿业、机械加工业、热处理工业、重制造业、轻制造业等不同类型（陈丙咸和宫鹏，1987）。随着航空遥感技术的发展，在 20 世纪 60~70 年代遥感方法也变得多样化了，由单一的黑白航空摄影逐渐发展为彩色、彩红外、多波段等摄影技术，形成了一种小比例尺、大覆盖的趋势。例如，1968~1970 年，美国西北大学和加利福尼亚大学河边分校等应用多波段、彩红外航空摄影对街道环境和住房质量进行了研究与评估，取得了较好的效果。

以下通过几个城市或地区的具体应用实例（Coiner and Levine，1979），分别介绍国外城市遥感应用的开端及其早期发展情况，分航空遥感数据应用和卫星遥感数据应用两部分介绍。

**1. 航空遥感数据应用**

1）堪萨斯城

堪萨斯州的堪萨斯城位于密苏里河和堪萨斯河的交汇处，它是大都市区的组成部分。为促进堪萨斯的城市发展，面向大都市区提升城市服务功能，需要了解最新的城市发展状况，并满足不断增长的需求。

1973 年 10 月在堪萨斯城和密苏里河发生的洪水灾害事件是其遥感应用的开端。通过航空摄影识别堤坝受损和桥梁破坏情况，快速获知被桥梁残骸堵塞的地段，从而及时评估洪水灾害的损失，为民防管理工作提供支持。如果没有航空摄影技术的支持，这次洪水灾害事件带来的人员伤亡数量可能会更多，灾害损失将会更加严重。航空摄影技术可以提供其他方式无法获取的准确、可靠的数据，有效地证明了遥感技术的优越性。

航空摄影技术在灾后救助和灾害重建等工作中也发挥了重要作用，堪萨斯城的规划和城市发展部将其成功地运用于灾后救助相关项目，他们使用了航空摄影高分辨率彩色影像和彩红外影像，利用美国 NASA 的 U-2 飞机获取的中等分辨率彩色影像和彩红外影像，以及低空航空摄影拍摄的真彩色影像等。这些灾后救助相关项目包括对市区灾后重建区居住单元状况的评估、环境影响评估、确定城内土地利用状况、确定联邦"社区发展行动基金"的项目实施效果及其社区监测、确定固体废弃物收集区的边界线以便有效地节约汽车燃油和提升废弃物收集效率等。

这些灾后救助相关项目实施后，取得的效果是非常明显的：由于城市的部分地区比较偏僻，导致 1970 年的人口普查数据太粗糙，无法准确估计较偏远区域住宅的数量。根据航空摄影拍摄的住宅照片获知，1970 年的人口普查低估了某些地区的建筑物数量和居民数量，后来利用航空摄影拍摄两个农村人口普查区的住宅数目，并和其他人口普查数据进行编码，存入了现有的地理数据库；监测项目发现"社区发展行动基金"支持下社区发生重大变化，像建筑物屋顶、街道、人行道和停车场等都发生明显变化，而没有资金支持的街区也被航拍并标注其变化，这些有用信息被用作确定未来申请联邦"社区发展行动基金"是否获批优先权的基本标准；为了有效地节约汽车燃油和提升废弃物收集效率，他们将城市划分为五个废物处理区，目的是将全市唯一的废物收集承包方式分割为五个较小的承包商。利用地理数据库确定了吨位相同的收集区，为投标人准确估计每个区域的住宅单位数量提供了支持，从而降低了投标人的风险。

堪萨斯市将城市信息系统数据库从完全依靠联系方式获取转换为利用遥感方式获取，并且通过遥感获取的数据成为城市地理基础数据和城市信息系统输入部分。自此之后，遥感应用领域得到扩展，城市规划部门和发展部门都利用航空摄影开展工作。

2）休斯敦

休斯敦位于得克萨斯州东南部，市政府发起了休斯敦老城区"促进社区发展的街区计划"，选定部分街区，并提供发展资金支持。为了确立最需要修复房屋的街区，市政府需要掌握房屋建筑结构相关数据。调查员认为，传统数据搜集方式——挡风玻璃式调查（the windshield survey）费用太高、耗时过多，无法满足财政需求和项目计划的时间要求，由于航空摄影既便宜又快捷，可以尝试应用于该项目的房屋建筑结构相关数据调查。因此，利用航空摄影对大约 40mi$^2$（1mi$^2$=2.589 988km$^2$）的范围里超过 52000 幢建筑进行了调查试验，对研究区域进行了低空航拍，为了获取房屋结构的侧面图像，使用了倾斜摄影而不是传统的垂直摄影，照片以大约 1∶4800 比例进行拍摄，并允许将原始图像放大 10 倍进行图片解译，因而有足够的细节可以清楚地看出弯曲的瓦片、外部墙面上的石膏和砂浆中的裂缝，以及可以沿着屋檐和墙壁的扭曲程度进行结构分析，还可以从图像中辨别垃圾桶和邮箱，以及街道和住宅的建筑材质的差异。

根据航摄图像，在 40mi$^2$ 范围内，挨家挨户对房屋建筑结构的质量进行评估，并进行汇总；这些图像也被用来获取邻里质量（neighborhood quality）、房屋的空置率和土地利用方式等数据，还可以将影像数据、现有的社会统计和邻里质量数据（如收入数据和健康数据），以及房屋的空置数据进行关联，图像也可以用来更新和补充现有的数据。此外，还研究了城市发展进程的其他组成部分及其变化，如城区建筑的类型和范围；分析了通达度问题（accessibility questions），如某地到达学校、购物中心和公园的便捷性，这些信息构成了邻里质量高低的基础。这些图像对于确定工业化程度、交通便利度，以及就业机会也很有价值。

除了应用于房屋建筑结构调查之外，还使用了航空热遥感技术来确定建筑的热损失。这些数据是在夜间使用热红外扫描仪获取的。因为白天有屋顶的太阳能加热，因此需要单独的夜间航空拍摄。为了确定每座建筑的热能损失，需要将白天航空摄影图像与夜间红外图像关联起来，然后将这两组数据汇总到相同的人口普查区块。获取的热量损失信息，便于居住在易漏热的房屋中的人有资格获得政府提供的资金，以对房屋进行隔热处理和维修处理。

该项目最后成果包括各个社区的彩色图集、计算机分区打印输出人口普查区和社区发展专题地图、热损失专题图，以及用地图展示每个社区的房屋建筑质量、社区质量和房屋空置率等。

该项目实施效果表明，应用遥感技术的调查方式比挡风玻璃式调查更便宜、更快捷。利用遥感调查的费用约 25000 美元，而挡风玻璃式调查估计费用约 75000 美元。此外，遥感方法还可以获得关于邻里质量、住房空置率和热损失等方面的信息。尽管遥感数据要耗费三个月的时间才能为决策者提供需要的信息，但是挡风玻璃式调查需要约七个月的时间，可以看出，遥感调查方式节省了一半以上的时间。

### 2. 卫星遥感数据应用

#### 1）洛杉矶

洛杉矶位于美国加利福尼亚州西南部，是美国第二大城市，也是美国西部最大的城市。1973~1974 年，洛杉矶规划局评估了 Landsat 数据在城市规划中的应用。

根据洛杉矶所辖县规划局官员的测试评估结果，这是规划人员第一次能整体地、综合地对整个城市规划进行研究，从而让他们能够对当前城市发展模式进行分析和评估，并及时纠正原来不合理的规划内容。可以利用 Landsat 图像确定植被密度和植被类型、不同的土地利用方式等，它们是邻里质量评价所需指标之一，这些要素在 Landsat 影像上的差异很明显，很容易从图像上识别出不同的评价指标要素。例如，洛杉矶中部的学校游乐场通常使用沥青材料施工，而位于城市郊区的学校游乐场通常用自然草地，该类不同的土地覆盖特征很容易从 Landsat 图像上区分。

尽管使用 Landsat 图像具有独特视角和其他优势，能够识别城市区域的当前发展模式，但他们的评估结果是：在城市规划中遥感图像的应用效果并不理想。他们发现遥感图像不是一种常规数据源，在规划操作层面上效果不是很好，特别是在局地规划层面上，并没有产生可靠的、和传统手段获取相近的土地利用信息。

尽管从 Landsat 图像获取数据的详细程度不高，不能进行局地的城市规划和分析，但这些图像确实给了规划者对土地利用方式及其变化的新认识，并有助于分析土地变化的原因。例如，在圣莫尼卡山区，未开发用地的可能利用方式包括：石油钻井、石料开采场、垃圾填埋场、娱乐及住房开发等，Landsat 的图像可以提供这个地区目前土地利用情况的总体视图，允许分析者更好地了解该区土地利用状态，然后规划该区域将来的土地利用方式。

通过卫星遥感 Landsat 图像可以监测洛杉矶地区的土地利用变化，是该地区现势数据重要的获取手段，可以为洛杉矶地区城市信息系统提供大量的数据支持。例如，在加利福尼亚南部，全年都在进行施工，因此，不可能通过建筑许可证和其他可用数据监测该区域土地利用方式在一年内的变化。这种类型的发展甚至不能被航空遥感监控，因为其他原因的限制，它只能每年平均航飞一次，不能及时反映年内土地利用变化的具体情况。

#### 2）纽约市

1975 年，康涅狄格州、新泽西州和纽约州成立协调机构，由该三州的地区规划委员会开展 Landsat 图像应用于大都会区的城市规划研究，测试 Landsat 图像在纽约市大都市区规划中的效用。据规划委员会的一名工作人员说，Landsat 数据有助于环境调查和植被分析，也有利于对发展变化状况进行监测。

利用 Landsat 图像数据可以知道未开发地区发生变化的时间，虽然可能不会知道这些变化的确切情况和性质，但由于缺乏解决方法，了解变化本身就很重要。了解这种早期信息在建筑物高度集聚的纽约大都市区尤为重要，在这个地区大约有 60%建筑物的增长是通过在已经建成的社区里"填补"建筑来实现的。一般数据来源并不能提供在开发地区和未开发地区建造房屋或其他建筑物的时间；另外，使用建筑许可证等通常的数据来源也会有时效性及其他不便的问题。

通过对 Landsat 数据的判读，找出了其中约 40%重点新增加建筑，它们代表了城市蔓延（urban sprawl）状况（城市蔓延是指一种低密度的、依赖交通工具而发展起来的居住模式，即从城市中心蔓延到工作与服务范围以外的乡村与未开发地区，是由于城市远郊土地的开发与利用所带来的新型城市空间形态特征），利用这些判读结果，进一步分析它们带来的环境影响和新的土地利用模式变化。如果在纽约大都市区设置专门接收和解译 Landsat 影像数据的工作单位，这样就可以向政府规划部门通报每月的变化情况。这样，地方官员只有在了解到这些变化之后，才能减少不利影响，并及时调整政府相关政策。

3）亚特兰大

亚特兰大位于美国东南部佐治亚州，是美国快速发展的"朝阳带"城市之一。1973年，美国地质调查局（United States Geological Survey，USGS）选择亚特兰大地区进行土地利用调查和制图，该项目的目标是绘制比例尺为 1∶10 万的土地利用图、正射影像图，完成数字化数据文件制作等。所有项目的数据由地质调查局、亚拉巴马州和亚特兰大地区委员会一起处理，按照项目规定的土地利用类别进行图像分类处理，并最终以10acre（1acre=0.404856hm$^2$）为单位，向亚特兰大地区委员会提供 2000mi$^2$ 地区的土地利用类型的数据文件，亚特兰大地区委员会打算使用这些数据文件进行土地利用规划。

可是，在项目实施过程中遇到难以解决的技术问题，因为该项目的影像数据是 1974年拍摄的航空照片，由于该地区的快速发展，土地利用类型出现了较大变化，1974 年的航摄数据无法完全适用于 1978 年土地利用调查和制图。如果使用航空摄影方式更新整个地区数据，成本太高，因此讨论和制订了其他替代方案，即使用 Landsat 影像开展自1974 年以来的土地利用变化检测。为了测试 Landsat 卫星影像的可靠性，需要检测是否可以从 Landsat 图像中识别土地利用类型发生变化的区域。项目人员比较了 1972 年和1974 年 Landsat 卫星的影像数据，特别是森林或农业用地变为商业或住宅用途的区域，从 Landsat 影像数据识别变化区域的准确率为 95%~97%，因此可以识别该区域已经发生土地利用类型变化的区域。在项目实施过程中，确定土地利用类型变化区域，都是结合现有的航空相片和 Landsat 影像，相互补充，通过分析和比较确保最终识别区域的准确性。虽然具体的土地利用类型变化方向不能单靠 Landsat 数据来确定，即不可能单靠Landsat 图像数据确定新的土地利用变化的具体类型是公寓楼、办公楼还是工业设施，但是认识到土地利用类型已经发生了变化，以及知道变化的具体位置也是很有价值的。

该次土地利用调查和制图取得了不错的成绩，得到了亚特兰大地区委员会的认可，因而他们计划利用 Landsat 卫星数据更新每年土地利用数据文件，以及时获知城市发展的情况。

### 1.2.2　我国城市遥感的发展

我国的遥感事业起步在国际上并不甚晚，在 20 世纪 70 年代末、80 年代初期已经形成规模，基本上与我国国民经济的改革开放同步发展。

**1. 起始阶段**

国内城市遥感是在腾冲航空遥感综合试验的基础上发展起来的。20 世纪 80 年代初，各部门、地区结合各自的专业特点，陆续开展了针对城市环境质量的遥感调查，如北京航空遥感试验、重庆航空遥感综合试验、南京资源环境综合试验、上海综合遥感调查等，这些地区应用航空、航天遥感技术，开展了环境监测、土地资源调查和规划、管理等方面应用的尝试（陈述彭和谢传节，2000）。

以下通过几个城市或地区的具体应用实例（朱振海等，2002），分别介绍我国城市遥感应用的开端及其早期发展情况。

1）天津市

1980 年，天津市率先进行航空遥感监测实验，开展土地利用调查和生态环境质量评价。通过航空彩红外相片判读技术，编制了《天津市 1∶1 万土地利用与土地覆盖图》；在生态环境评价工作中，综合运用大气气溶胶采样及地面大气污染监测数据、航空遥感数据等，对大气、飘尘和 $SO_2$ 含量等进行了量化处理，在此基础上完成了环境质量评价，并完成了 500m×500m 空间分辨率环境质量评价栅格图的制作，编绘出版了《天津市环境质量图集》。

同时，应用航空遥感技术支持天津市政建设发展，为相关部门提供了大量遥感图件及专题数据，主要包括以下方面：防治海河水体污染、规划新的公路立交桥、检查绿化植树成活率、监测海港淤积、沿海滩地开发等，这些开拓性的遥感技术应用为天津市申报世界银行市政基础设施贷款提供了科学依据。

美国第一颗陆地卫星 Landsat 发射以后，卫星遥感影像在生态环境调查和评价中的应用如雨后春笋般发展开来。在前期利用航空遥感技术制作环境质量专题图的基础上，1983 年天津市又利用 NOAA 和 Landsat 等卫星图像，将天津市监测范围扩展至京津唐区域，编绘出版了《京津唐生态与环境图集》。

2）北京市

1983 年北京市进行了第一次城市遥感实验，利用彩红外航空摄影技术，开展了 27 项资源与环境调查。在北京市的这些调查项目中，有关城市交通、城市热岛调查等方面取得了丰硕成果，特别在旅游资源调查、土地资源调查监测方面取得的成果更加明显，如有关长城旅游资源调查方面，查明了北京市境内长城遗址，其长度也由原来 276km 增加到 673km，为万里长城旅游景点增设了 7 个观光处；同时，在城市环境调查过程中，查明了北京二环与三环之间的垃圾堆与施工工地，为集中设计 7 个垃圾处理场提供了依据，也为即将召开第 11 届亚洲运动会的选址提供了支撑。

随着 Landsat 卫星图像应用的深入，北京市也使用卫星遥感数据进行城市遥感研究，对北京市的城市扩展作出了多次监测与历史分析（Dai et al., 1996）：选用 1987 年 9 月 26 日的 Landsat TM 图像（WRS 132/32），与 1989 年 10 月 17 日、1992 年 10 月 25 日及 1994 年 9 月 7 日的 Landsat TM 图像作比较，经过几何校正与辐射校正的预处理及地面控制点几何纠正，达到了半个像元级的精度，保证了多时相 Landsat TM 的可比性。通过光谱分类获取了多时期城市和郊区土地利用类型，对比显示北京建筑物 1994 年比 1987 年增长了 39%，而且建筑物占用的正是当年的农田和菜地，而新的绿地则向农业用地和郊区迁移。1987 年北京及 8 个卫星城市的绿地约占总面积的 8.5%，而 1994 年增长到 16.93%，新的绿地主要源自苗圃、宾馆、立交桥和居民小区等附属绿地。显而易见，绿地比例不高，特别是在深秋季节，这些落叶树木和季节绿地的信息，格外微弱，说明了北京冬季绿化的艰难；另外，在城市交通调查方面，多期遥感图像分类结果对比显示，北京的交通网向郊区延伸十分迅速，1987 年三环与四环在 Landsat TM 影像上清晰可见，大约有 20 多处相交，而 1994 年超过 100 多处相交，可以见到，北京城市的交通路网飞速增长；北京是少数世界城市中缺乏江河的大型城市之一，在水环境调查方面，卫星遥感图像也可以提供较好的技术支持。本次遥感调查发现，20 世纪 80 年代中期仅有 5.9km$^2$ 的公共水面，90 年代增长到 20km$^2$，除北海、中南海之外，新增长的主要是鱼塘，且主要集中于市郊 4 县。

3）上海市

上海市作为一个特大城市，早在 1947 年就曾进行比例尺为 1∶8000 的航空摄影测量。1977 年，开展了第二次同比例尺的航空摄影测量，测量面积约 4400km$^2$。1987 年，第三次航空摄影扩大到全市范围。

1984 年开始的彩红外航空遥感综合调查，前后分 10 次航摄，分区进行，这些遥感综合调查的比例尺为 1∶10000~1∶35000，累计覆盖面积 16330km$^2$，广泛应用于城市建设现状、城市大气污染、城市绿化、生态环境与土地利用现状调查、考古、灾害研究等领域。1987 年秋，上海市与地质矿产部决定合作开展航空遥感综合调查，并于 1988 年年初成立"上海市航空遥感综合调查办公室"，负责组织、协调上海全市的遥感调查工作。从此以后，上海市的遥感应用技术获得了快速发展。

上海城市遥感调查除运用航空遥感技术以外，还将卫星遥感技术综合运用起来，开展多方面、多领域的遥感应用，总体上可归纳为以下方面（陶康华和钱彬，1998；程之牧等，1996）。

（1）采用以航空遥感为主，结合卫星数字图像及地面监测，紧密围绕环境问题开展城市水系（包括黄浦江、苏州河、长江口、杭州湾等）的水体污染、城市污水排放和烟尘污染、大气粉尘、固体垃圾污染的研究，取得了初步的成果；开展港口、道路，以及水陆交通统计和分析等工作，获得了可贵的现状数据和变化过程资料；进行地质、地貌分析，为某些水利工程规划、决策提供信息；利用彩红外航片完成沿岸滩涂生物资源调查；在土地利用现状调查、城市绿化调查、环境和生态效应和城市气候等方面开展遥感应用研究。

（2）编印市区街巷和崇明岛大比例尺影像地图，并着手编制城市人口、下垫面类型、土地利用现状等专题地图。例如，搜集和利用1993~1994年的遥感资料，结合地面调查，通过对遥感图像的判读，完成了全市6368km²的1：75000比例尺和1：25000比例尺市属14个市区（面积2047.86km²）的土地利用现状调查制图，以及1：20000比例尺外环线区域以内约658km²的土地结构研究，为修订上海市总体规划提供了基础资料。

同时，还对上海半个世纪以来城市化过程及其规律进行了多时相遥感解译研究。所用到的数据既有航空相片，也有卫星遥感影像，主要包括：上海市1947~1994年7个时相的航空相片，比例尺为1：4000~1：60000，共约14000幅；20世纪70~80年代Landsat MSS影像10余个时相；80年代初Landsat TM影像4~5个时相的图像；1985~1995年Landsat TM CCT影像4个时相。在航片和卫星影像综合处理过程中，以1989~1995年SPOT图像为主线，分类系统包括居住用地、工业用地、其他城市用地、在建工地、农村居民点、耕地、道路与水域8个大类，通过多源、多时相、多分辨率遥感图像的综合判读和解译，最后合并编成1：5万土地利用类型专题地图，并通过数字化技术，制成了1947~1996年7幅电子图。

通过多时相遥感解译研究，结果显示：上海在1947~1996年，城区面积由91.5km²扩大到364km²，共扩大了约4倍。这期间其增长速率是很不均匀的，大致可以分为以下几个阶段：1949~1964年为3.43km²/a，1964~1979年为1.31km²/a，1979~1996年为10.33km²/a。其中浦东区在开放以前，1947~1988年仅增长25km²，年平均0.61km²/a；1989年开放以后至1993年年底为78km²，1996年为96km²，7年间增长了57km²，平均增长率为8.14km²/a。

（3）利用航空遥感图像确定城市的改建规划、开发和管理、布设工程和规划厂区等。与此同时，研究分析了下列城市环境问题：市区的建筑密度、危房、棚户在建工地等专题信息提取；市区道路的几何尺度、施工占路状况、露天停车场数量等专题信息提取；估算机动车辆车速、密度、流量，获取同一瞬间市区交通总景观；对浦东新区的土地利用、绿化、固体废弃物堆放，地表水污染及禽畜饲养场分布对环境的影响研究，建立环境质量综合评价模型；市区绿化的三维立体结构定量研究，评价市区现有绿化环境的生态效益与直接经济效益；研究城市热岛与大气下垫面的类型与空间分布；全市暴雨积水的分析、评估与对策；浦西古沙堤的演变与古遗址研究。

4）其他城市

除了上面介绍的天津、北京和上海以外，1985~1995年，先后在太原、大连、广州等90多个大中城市陆续进行彩红外摄影的航空遥感。对城市化与土地利用调查、生态与环境等问题进行了比较深入的调查研究，出版了一些图集和专著。一些中等城市如洛阳、宜昌等，也得到世界银行的资助，利用航空遥感及SPOT卫星影像数据开展城市遥感应用工作，它们为我国城市规划和管理、城市基础设施建设等，提供了大量的参考图件和数据。

2. 拓展阶段

20世纪90年代以后，中国城市遥感开始向纵深发展，追溯城市化的过程和演变的历史，探索城市健康发展的新动向，为制订城市发展规划提供科学依据（陈述彭和谢传节，2000）。

这一阶段星载遥感技术手段突飞猛进，多波段扫描、热红外探测、雷达探测等遥感技术快速应用到城市相关工作中。采用星载遥感技术进行城市应用的范围也极大地拓广了，包括城市土地利用和土地覆盖的识别与分类、动态监测与评价、城市资源的管理与规划等多个领域。

在城市土地利用方面，为了贯彻可持续发展战略，合理利用土地，保护耕地，国家土地管理局自1996年以来，对全国大中城市土地占用情况组织遥感调查。从66个城市的统计表明，东部大平原各大城市占用耕地的比率最高，沿海及沿江丘陵地区较少。此项调查分析工作，在2000年前大约推广到全国85个大中城市。此后，国土资源部自2000年起首次大批量应用高分辨率卫星数据，成功地对全国50万人口以上城市的土地利用变化情况进行了监测。

从有关部门和众多专家学者对城市遥感的应用来看，我国应用遥感方法对城市进行研究的范围已经十分广泛，方法也日趋成熟。遥感技术逐步被城市各级决策管理人员及各部门专业人员接受，并为一批城市的规划建设及解决有关城市资源、环境等难题提供了全面、真实的现状资料。遥感技术应用的广度和深度迅速扩展，应用水平大大提高，展现了我国城市遥感工作的新局面。

### 3. 跨越阶段

1972年第一颗Landsat卫星成功发射之后，卫星遥感数据较好的性价比及较高的更新速率，使其成为城市遥感研究重要的数据源，此时的卫星遥感数据适于区域尺度的城市遥感研究，具有相对较高的空间分辨率（如Landsat卫星的MSS传感器达到80m）。

第二代遥感卫星传感器，如Landsat TM及SPOT HRV，进一步将空间分辨率分别提高到30m和10m，空间分辨率的提高，促使城市遥感应用领域持续地拓广、加深。1987年，日本遥感学会将东京陆地卫星Landsat TM数据与SPOT卫星HRV全色数据进行彩色合成处理，获得的东京彩色图像清楚地显示出东京心脏部位——皇宫及其周围的建筑景象，如政府街区的各个办公大楼、商业街区特有的各种大厦建筑物，以及四通八达的街道交通网等。可以看到，遥感影像数据融合技术的发展、数据处理算法的能力提升等，为该时间段的城市遥感应用提供了新技术和新方法，同时也拓展了城市遥感的研究方向和研究深度。

当前，卫星遥感呈现出"三高"（高空间分辨率、高光谱分辨率和高时间分辨率）和"三多"（多平台、多传感器和多角度）的发展趋势，卫星遥感影像的空间分辨率几乎每10年提高一个数量级，1~5m的空间分辨率成为21世纪以来新一代民用卫星的基本指标。

随着卫星遥感技术的突飞猛进和高分辨率遥感对地观测技术的快速发展，利用高分辨率卫星遥感影像对城市系统进行分析研究逐渐成为主流。在过去的十几年中，新一代商业高分辨率卫星的出现使得遥感影像的空间分辨率可以达到米级甚至亚米级，真正意义上的高分辨率遥感影像正式进入城市遥感应用。

目前，世界各国在轨运行的民用高分辨率遥感卫星达到几十颗，中国近10年也相继发射数颗高分辨率遥感卫星,我国的城市遥感应用也跨入了全新的发展阶段(表 1-1)。

表 1-1　中国 2010 年以来发射的高分辨率遥感卫星

| 遥感卫星 | 空间分辨率 | 重访周期 | 发射时间 |
| --- | --- | --- | --- |
| 天绘一号 01 星 | 全色 2m、三线阵全色 5m、多光谱 10m | 58 天 | 2010-8-24 |
| 资源一号卫星 02C 星(ZY-1 02C) | 全色相机 2.36/5m 和多光谱相机 10m | 3 天 | 2011-12-22 |
| 资源三号卫星(ZY-3) | 全色 2.1/3.5m,多光谱 6m,立体测图卫星 | 5 天 | 2012-1-9 |
| 天绘一号 02 星 | 全色 2m、三线阵全色 5m、多光谱 10m | | 2012-5-6 |
| 实践九号 A、B 星(SJ-9) | A 星全色 2.5m/多光谱 10m,B 星长波红外 73m | 4 天、8 天 | 2012-10-14 |
| 高分一号(GF-1) | 全色 2m、多光谱 8m、多光谱 16m | 4 天、2 天 | 2013-4-26 |
| 高分二号(GF-2) | 全色 1m、多光谱相机 4m | 5 天 | 2014-8-19 |
| 资源一号卫星 04 星(CBERS-04) | 全色多光谱相机 5m/10m、红外多光谱扫描仪 40m/80m | 3 天、26 天 | 2014-12-7 |
| 北京二号小卫星星座 | 由 3 颗卫星组成,全色 0.8m 和多光谱 3.2m | 1 天 | 2015-7-11 |
| 天绘一号 03 星 | 全色 2m、三线阵全色 5m、多光谱 10m | | 2015-10-26 |
| 高分四号(GF-4) | 可见光 50m/中波红外 400m,凝视相机 | 20s | 2015-12-29 |
| 资源三号 02 星(ZY3-02) | 全色 2.1/2.5m,多光谱 5.8m,立体测图卫星 | 3~5 天 | 2016-5-30 |
| 高分三号(GF-3) | C 频段多极化 SAR 卫星 1~500m | | 2016-8-10 |
| 高景一号 01、02 卫星 | 全色 0.5m / 多光谱 2m | 4 天 | 2016-12-28 |
| 高景一号 03、04 卫星 | 全色 0.5m / 多光谱 2m | 4 天 | 2018-1-9 |
| 高分五号(GF-5) | 高光谱卫星,成像光谱仪 20/40m | | 2018-5-9 |
| 高分六号(GF-6) | 全色 2m /多光谱 8m 和 16m | | 2018-6-2 |

高分辨率遥感影像的出现,使得空间分辨率比光谱分辨率在图像判读和解译中更为重要,人们可以识别传统影像中难以辨清的地物目标,因而城市遥感应用又迎来了一次质的飞跃,跨越到了更加广阔的遥感应用天地。

相比传统中低分辨率的遥感影像,高分辨率遥感影像在城市遥感应用中具有以下优势:

1)空间分辨率高

高分辨率遥感影像的空间分辨率能够达到米级甚至是亚米级别,通过影像人们可以识别传统影像中难以识别的细小目标,如城市中的建筑、道路、汽车、绿地、水源甚至单株树木等。

2)地物空间信息更加丰富明确

除去光谱特征信息外,影像的空间特征在城市遥感中得到越来越多的重视,如纹理、形状、大小、位置、阴影与周围地物的空间关系等,而高分辨率遥感影像恰恰以一种非常精细的方式观测地面,可以清楚地表达空间结构和表层纹理特征,地物边缘信息也更加清晰,从而为提取城市精确信息提供条件和基础。

3)有效提供三维信息

高分辨率遥感影像能够反映三维空间上的不同组分。例如,中国资源三号卫星(ZY-3)搭载的前、后、正视相机可以获取同一地区 3 个不同观测角度的立体像对,从而提供丰富的三维几何信息。城市发展不仅在二维平面扩张，第三维的高度也是城市空间格局的重要组成，利用高分辨遥感影像得到的城市建筑物、植被的高度信息将丰富城市土地利用/覆被研究。

4）时间分辨率高

随着卫星侧摆拍摄、卫星星座组网等新型技术发展，高分辨率遥感影像的时间分辨率一般能够控制在几天甚至一天以内。城市化进程正以前所未有的速度进行着，高分辨率遥感影像1~3天的时间分辨率能够满足城市土地利用遥感监测对数据源时间分辨率的需求。

综上所述，针对城市环境的复杂性，高分辨率遥感影像特别适用于开展城市遥感应用，因此通常被认为是城市遥感重要的数据源。然而，高分辨率遥感影像自身也具备一定的局限性，数据量庞大、光谱分辨率低、"同物异谱"现象突出、数据获取时间长、价格过高等因素不同程度增加了高分辨率遥感影像城市遥感应用的挑战。

# 1.3  城市遥感的理论框架和研究内容

## 1.3.1  城市遥感的理论框架

综合国内外城市遥感相关研究进展可以看出，目前城市遥感作为一个多学科交叉的复杂研究领域，其研究涉及城市自然环境和人文环境，涵盖水环境、土地系统、大气、生态、植被、人类活动等各个方面，结合地理学对人地关系、地域系统进行研究的方法，构建城市遥感理论框架（杜培军等，2018），如图1-1所示。

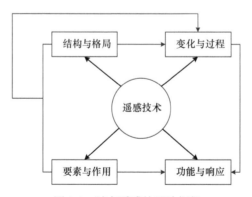

图 1-1  城市遥感的理论框架

该理论框架可以将目前从不同要素、不同方法、不同数据、不同目标出发的城市遥感相关研究予以总结归纳，更好地体现城市作为一个开放空间、城市化作为一个动态过程、城市内部各种要素相互作用、城市化与资源环境响应、人类活动与城市系统作用多方面的特性。

1）结构与格局

重点对城市构成、土地利用/覆盖进行描述，进而结合各种格局分析方法，如景观生态指数，对城市的空间构成进行综合描述。

2）要素与作用

重点对城市各种关键要素如植被、不透水面、水资源和水环境、空气质量等进行定性、定量的专题描述与分析，对多种要素的相互作用（如地表温度与不透水面、植被与生态环境）、人类活动与城市自然系统的相互影响进行研究。

3）变化与过程

重点以动态视角对城市扩展、城市要素变化进行分析，充分利用多时相遥感影像对城市结构、要素演变进行综合研究，实现对城市扩展时空过程的综合描述。

4）功能与响应

将城市自然系统所具备的服务功能、人类活动影响下城市系统的响应，以及不同地理空间范围内城市与区域相互作用与响应作为一个整体，耦合城市多源遥感信息和各种专题分析模型，实现对城市问题的综合研究。

### 1.3.2 城市遥感的主要研究内容

综合国内外城市遥感的发展情况、当前相关研究内容，目前城市遥感主要的方向可概括为如下七个方面（杜培军等，2018）。

1）城市土地利用/土地覆盖分类

城市土地利用/土地覆盖遥感分类主要是利用中、高分辨率遥感数据和各种遥感分类器，对城市土地覆盖进行分类，结合各种先验知识、语义信息等构建转换和识别规则，实现城市土地覆盖到土地利用的转换。新型分类器如支持向量机、旋转森林、多分类器等在城市土地覆盖分类中得到有效应用，空间-光谱特征综合则是提高分类精度的有效途径。在基于像素分类的基础上，针对城市要素分布特点，面向对象分类方法也得到了较好的应用。基于土地利用/土地覆盖分类结果，可以对城市构成、结构进行系统、全面的分析，进一步可以和景观格局分析软件结合，对城市景观结构进行综合分析。

2）城市环境遥感监测

遥感信息能够识别叶绿素 a、悬浮物浓度、TN 和 TP 等水体环境质量指标，进而实现水体环境评价和水质遥感分级。遥感技术在空气污染和大气环境监测中具有非常重要的应用价值，可用于近地面空气质量（颗粒污染物、$NO_2$、$O_3$、CO 等）监测、地表排放估算（如氮氧化物、挥发性有机化合物、CO、气溶胶污染源等）等方面。

3）城市植被遥感

植被在城市生态系统中发挥着生态功能、景观功能和生产功能，城市植被遥感主要包括植被生长过程的遥感监测、地表辐射能量收支、地表湿度和温度变化、植被覆盖和土地退化、植被生物量和净初级生产量（NPP）、植被结构和生态参数、地表生态过程、土地利用和农用植被提取、陆面植被生态过程研究等。

4）城市不透水面遥感

不透水面是指城市中各种不透水建筑材料所覆盖的表面，包括公路、车道、人行道、停车场、屋顶等。城市不透水面的空间格局和动态变化引发城市热岛、城市点源污染等一系列环境问题。目前用于估算不透水层应用较多的是基于混合像元分解的亚像元级估算方法和基于硬分类的直接识别方法，植被-不透水面-土壤模型（vegetation-impervious surface-soil，VIS）和混合像元分解模型在不透水面信息提取中应用较广泛。

5）城市热环境遥感

热环境时空分析是城市环境定量遥感最为活跃的研究方向，大体可分为 3 个阶段：①利用卫星遥感数据结合气象观测分析城市热岛的平面结构和垂直结构，解释城市下垫面热信息的分布和结构特征；②研究热岛强度的变化规律和变化过程，以发现城市热岛的周期性变化和非周期性变化规律；③通过分析变化背后的各种驱动力以揭示城市空间热环境变化机制，建立热岛强度与各种可能的影响因素如归一化植被指数（normal different vegetation index，NDVI）、植被覆盖度、土地利用类型、人口密度、容积率等的定量关系。

6）城市环境遥感变化检测与动态分析

为了实现对城市环境动态变化及其驱动影响因素的综合分析，基于多时相遥感信息的城市环境变化检测和动态分析得到了研究人员的高度重视。一方面，可以通过多时相遥感影像变化检测或分类后比较等操作，实现对特定城市要素动态变化的分析；另一方面，利用多时相遥感信息支持下的综合评价结果，可以实现对城市演变的综合动态分析。

7）城市生态安全与人居环境遥感综合评价

将遥感数据及派生信息、调查统计数据、实地观测数据和各种生态环境专题模型结合，实现遥感支持下的城市生态环境综合评价，是提升城市遥感应用水平的重要方面。遥感技术已在城市生态安全、人居环境、生态风险评价、生态承载力评价等方面得到了较多的应用，并成为当前和今后城市遥感最为重要的研究方向之一。

# 1.4 城市遥感的发展趋势

目前，遥感技术应用的深度和广度都在不断地拓展，正从单一遥感资料的分析，向多时相、多数据源的信息复合与综合分析过渡，从区域静态分析研究向动态监测和过程预测过渡，从定性调查、系列制图，向计算机辅助的数字处理、定量自动制图过渡，从对各种事物的表面性的描述向内在规律分析、定量化分析过渡。随着国家新型城镇化规划的实施以及生态文明和智慧城市的建设，绿色、低碳、健康、智慧等已成为城市发展新的理念，也对城市遥感提出了新的需求和挑战（陆大道和陈明星，2015）。遥感数据资源的日益丰富、大数据和人工智能时代信息处理理论与方法的突破，则为城市遥感提供了新的机遇和支持。在新的机遇和挑战下，预计在未来一段时期，城市遥感将在以下一些方面有较大的发展。

### 1.4.1 提升城市遥感的数据获取和处理能力

随着遥感数据获取技术的发展、新型传感器研发水平的提高，以及城市遥感对各类数据需求的增加，采用多平台、多分辨率、多观测谱段的遥感数据为更加客观、综合的研究提供了支持。高分辨率卫星遥感数据在城市中得以广泛应用，尤其是商业卫星的成功发射和运行，将逐步取代航空遥感数据成为城市遥感的主要数据源，高分辨率卫星数据在城市规划、城市土地调查、环境监测、城市地图和专题地图更新等方面会发挥重要的作用。

同时，近年来遥感数据和各种社会感知数据、实地观测数据、统计分析资料的结合为城市遥感提供了新的发展动力（刘经南等，2014；刘瑜，2016；刘瑜等，2018；龚健雅，2018）。随着地理大数据、时空大数据等研究的发展，采用更加丰富的遥感、监测和调查数据将成为一个必然的发展趋势。特别是国内外诸多机构正在提供越来越多的解译产品，对于全球用户而言，无论身在何处，都能够更方便地采用联机方式直接定购和接收产品，相关遥感数据信息能以数字方式传输，在几小时内就可以获取相关数据，利用这些遥感产品开展综合分析，将极大地拓展城市遥感的研究深度和广度，并极大地拓展城市遥感的研究和应用群体。

由遥感（RS）、地理信息系统（GIS）和全球定位系统（GPS）作为主体构成的空间信息集成技术系统，将完成其从理论、方法、技术框架到实施步骤的研究和应用，最终形成具有多维城市信息获取与实时处理特点的新的综合技术领域，切实提升城市遥感的数据获取和处理能力。其中，遥感可为地理信息系统提供海量的空间数据信息，地理信息系统为遥感影像处理分析提供高效的辅助工具，全球定位系统为遥感对地观测信息提供实时的定位信息和地面高程模型。"3S"一体化集成将最终建成新型的城市三维信息获取系统，并形成高效、高精度的信息处理分析流程，这对遥感技术在城市系统的应用与发展产生深远的影响。

同时，遥感数据获取的快速发展提供了海量的遥感影像，信息处理技术是从海量影像中提取有用信息的关键。一方面，需要将人工智能、机器学习的新理论、新方法（如深度学习、迁移学习、集成学习等）用于城市遥感图像处理，以提高数据处理的自动化、智能化程度，降低训练样本不足、数据质量不够等影响；另一方面，需要发展有效的多源数据融合模型、多种信息综合分析模型，以实现针对特定任务的多源数据、资料的综合分析。

### 1.4.2 构建新型城市遥感信息模型

遥感信息模型是集地形模型、数学模型和物理模型之大成，它是利用遥感信息和地理信息影像化方法建立起来的一种可视化模型，是一种注重知识表达和影像理解的模型（马蔼乃，1996）。城市遥感信息模型是遥感技术应用深入发展的关键，构建各类针对具体研究对象的城市遥感信息模型，可计算和反演对实际应用非常有价值的城市环境参数。

早期的城市遥感研究重点是从遥感影像中提取反映城市结构、格局、变化的信息进行分析，随着定量遥感的快速发展，基于遥感信息的城市生态环境参数定量描述已成为新的研究热点，实现不同分辨率上对几何和物理属性定性、定量的精细表达。在过去几十年中，尽管人们发展了许多遥感信息模型，如植被指数和植被覆盖度模型、地表蒸散估算模型、城市地表不透水层模型、地表温度指数及归一化水体指数模型等，但远不能满足当前城市遥感应用的需要，城市遥感既要提供二维平面的专题信息，还要服务于三维空间的表达和分析，如基于 LiDAR、无人机遥感、倾斜摄影等的三维城市建模、地面沉降分析和地质灾害监测等。更进一步，需要将三维空间中各种几何、物理和社会经济信息复合，研究三维城市空间中各种自然过程和人为活动的演变趋势及其资源环境响应，实现对城市结构、格局和功能更精细化的表达。

因此发展新的遥感信息模型仍然是当前城市遥感技术研究的前沿，需要针对复杂背景下物理环境的特殊性，建立有效的地表参数定量遥感模型，发展更先进的参数反演新方法。

### 1.4.3 提升城市遥感的预测决策能力

城市遥感需要面向国际和国内重大需求，支持城市绿色、低碳、智慧发展的重大需求，需要与国家相关规划和重点工程对接，研究和解决其中的关键问题，如《国家新型城镇化规划（2014—2020 年）》提出"统筹规划城市空间功能布局，促进城市用地功能适度混合。合理设定不同功能区土地开发利用的容积率、绿化率、地面渗透率等规范性要求"，如何利用遥感技术辅助城市空间功能布局，计算土地开发利用的容积率、绿化率、地面渗透率等指标，都需要城市遥感在数据获取、信息提取、指标设计、模型构建等方面有新的突破。

另外，随着遥感数据获取和处理能力的提升，驱使城市遥感朝向精准化、精细化等方向发展。城市遥感需要从空间上的城市扩展与土地利用变化、城市环境分析转变到人口估算、能源消耗、经济分析、环境健康评价、公共安全与应急管理等社会科学方面的遥感应用，进一步拓展到生态环境、人居环境、热环境、环境容量、景观生态、生态承载力、生态安全等方面。在推进城市现象、格局和功能解释性研究的同时，面向城市病、城市功能和城市演变开展诊断性研究，进一步综合利用长时序遥感数据，为城市环境健康评价、风险防控等提供支持，推进城市遥感的目标向预测性和决策性发展。对研究对象而言，不仅要关注典型城市，更要重视城市群、城镇一体化、村镇等的需求。除了空间尺度，对于城市遥感研究的时间尺度也应予以重视，实现对城市化与资源环境响应定位、定性和定时的综合研究。

### 1.4.4 为"智慧城市"建设提供关键性技术

城市遥感研究应更加注重同应用目标的衔接，服务更广泛的对象，与城市不同应用部门、行业需求的精准对接，提供可解释、可应用、可支持决策的产品。"智慧城市"是城市信息化的战略目标和城市现代化的重要标志，城市遥感应该为"智慧城市"建设提供关键性技术和数据产品（李德仁等，2014；甄峰等，2015）。

遥感技术在"智慧城市"的建设过程中扮演举足轻重的角色，遥感信息是"智慧城市"的多源信息的一个重要的分支，与城市发展的其他信息相比，有其显著的特点和应用优势。作为"智慧城市"建设中的关键性支撑技术之一，遥感信息的获取与处理技术随着数字化时代的到来正在高速发展，在城市遥感信息模型的基础上，人们对城市规划和管理等方面的预测和决策能力也越来越强，对遥感信息内在规律与实用价值的认识也越加深入。因此，遥感技术在城市领域的应用将越来越广泛，这必将推动"数字城市"和"智慧城市"建设，对于提升城市规划和管理决策水平，提高城市建设的社会、经济、生态环境等的综合效益，以及推进城市的科学发展将起到十分重要的作用。

# 参 考 文 献

陈丙咸, 宫鹏. 1987. 国外城市遥感研究. 遥感技术动态, (1): 1-5

陈述彭, 谢传节. 2000. 城市遥感与城市信息系统. 测绘科学, 25(1): 1-8

程之牧, 孙建中, 姜志祥. 1996. 上海城市遥感应用研究现状与展望. 国土资源遥感, (27): 1-8

杜培军, 白旭宇, 罗洁琼, 李二珠, 林聪. 2018. 城市遥感研究进展. 南京信息工程大学学报(自然科学版), (10): 16-29

龚健雅. 2018. 人工智能时代测绘遥感技术的发展机遇与挑战. 武汉大学学报 (信息科学版), 43(12): 1788-1796

李德仁, 姚远, 邵振峰. 2014. 智慧城市中的大数据. 武汉大学学报 (信息科学版), 39(6): 631-640

刘经南, 方媛, 郭迟, 高柯夫. 2014. 位置大数据的分析处理研究进展. 武汉大学学报 (信息科学版), 39(4): 380-385

刘瑜. 2016. 社会感知视角下的若干人文地理学基本问题再思考. 地理学报, 71(4): 564-575

刘瑜, 詹朝晖, 朱递, 柴彦威, 马修军, 邬伦. 2018. 集成多源地理大数据感知城市空间分异格局. 武汉大学学报 (信息科学版), 40(3): 327-335

陆大道, 陈明星. 2015. 关于《国家新型城镇化规划(2014—2020)》编制大背景的几点认识. 地理学报, 70(2): 179-185

马蔼乃. 1996. 地理遥感信息模型. 地理学报, 51(3): 266-271

陶康华, 钱彬. 1988. 上海城市遥感现状应用和展望. 遥感信息, (2): 5-17

甄峰, 席广亮, 秦萧. 2015. 基于地理视角的智慧城市规划与建设的理论思考. 地理科学进展, 34(4): 402-409

朱振海, 黄晓霞, 李红旮, 燕守勋. 2002. 中国遥感的回顾与展望. 地球物理学进展, 17(2): 310-316

Coiner J C, Levine A L. 1979. Applications of remote sensing to urban problems. Urban Systems, 4(3-4): 205-219

Cracknell A P. 2018. The development of remote sensing in the last 40 years. International Journal of Remote Sensing, 39: 23: 8387-8427

Dai C, Tang L, Jiang P, Lin J. 1996. Satellite remote sensing for monitoring urban expansion and environmental remediation. Population Dynamics and Management of Urban Environment, 9-16

# 第2章 利用遥感数据和 CART 算法提取地表不透水面

## 2.1 概　述

地表不透水面是指诸如屋顶、沥青或水泥道路，以及停车场等具有不透水性的地表面，与透水性的植被和土壤地表面相对（Arnold and Gibbons，1996）。它作为快速城市化过程中人为改造地表活动的特征产物，其面积的迅速增加很大程度上影响着区域生态环境变化并主导着城市景观格局演变过程（Li et al.，2011；Xiao et al.，2007）。地表不透水面面积、盖度和空间格局在一定程度上能够代表城镇化的程度，因此准确提取地表不透水面具有十分重要的意义。

对地观测技术的快速发展，为大区域地表不透水面提取和制图提供了技术支撑。国内外学者在地表不透水面的遥感提取方面进行了大量的研究工作，主要提取方法包括以下几种。

1）基于影像分类的地表不透水面提取

基于影像分类的地表不透水面提取就是根据不透水面与其他地物存在的光谱、空间和几何特征差异，运用分类技术来获得地表不透水面的空间分布信息。王俊松等（2008）以高分辨率 QuickBird 遥感影像为数据源，结合比值植被指数（RVI）和主成分分析，利用传统的监督分类得到高精度的透水面信息，进而得到城市不透水面信息。Hodgson 等（2003）将正射影像与 LiDAR 提取得到的地物高度特征进行结合，采用最大似然分类器、ISODATA 光谱聚类分类器及 C5 决策树分类器提取了美国里奇兰德市的地表不透水面信息，均取得较好的结果。李彩丽等（2009）利用 IKONOS 影像采用面向对象分类方法提取了地表不透水面，初步解决了高分辨率影像中阴影的归类问题，提高了地表不透水面的提取精度。

2）基于光谱指数的地表不透水面提取

该方法就是利用遥感影像的不同波段和现有的光谱指数构建与地表不透水面相关的光谱指数来获取地表不透水面的空间分布信息。Zha 等（2003）将归一化差值建筑指数（NDBI）和归一化植被指数（NDVI）结合起来，提取了南京市的地表不透水面信息，提取精度可达 92.6%。徐涵秋（2008）提出一种快速提取地表不透水面的新型遥感指数——归一化不透水层指数（NDISI），该指数结合了遥感影像的多个红外波段及可见光波段，能够有效地增强地表不透水面信息，并具有较高的提取精度。Xu（2008）在现有指数，包括土壤调节指数（SAVI）、归一化不透水层指数（NDISI）及增强归一化水体指数（MNDWI）的基础上提出了建筑指数（IBI），并将该指数运用到福州城市不透水面的提取中，提取结果较好，能够有效抑制城市区域的背景信息。杨智翔和何秀凤（2010）根据主要地物的光谱特征，对传统的归一化差值建筑指数（NDBI）进行了改进，改进后的指数能够有效去除稀疏植被对城镇用地信息精度的影响，提高了城市不透水面的提取质量。

3）亚像元级别的地表不透水面提取

此种方法是目前研究最广泛的地表不透水面提取方法，它能够综合中、高分辨率遥感影像各自的优势，将相关信息有效地结合起来，获取亚像元级别的地表不透水面信息。

长期对地观测、运行时间最久的 Landsat 系列遥感数据，为陆地地表的长期观测提供了宝贵的数据源（Zhang and Weng，2016），但空间分辨率的限制和城市地表构成的复杂性，使得影像单个像元中往往包含有多种地物，形成混合像元（Weng，2012）。若能提取每个像元内的地表不透水面百分比（impervious surface percent，ISP）信息，则能够有效地实现亚像元级的地表不透水面信息提取。可以利用高分辨率遥感图像提取得到地表不透水面和地表透水面专题信息，然后基于高分辨率提取结果进行升尺度处理，得到较粗地面分辨率格网的不透水面积占比值，定义为地表不透水面盖度（impervious surface percent，ISP）。

目前提取亚像元地表不透水面常用的方法大多是基于统计模型、机器学习方法等，如多元回归法（Jin and Mountrakis，2013；Yang，2006）、人工神经网络法（曹丽琴等，2012；Patel and Mukherjee，2015；Lee and Lathrop，2006）、决策树方法（Xian and Crane，2005；Yang et al.，2003）、光谱混合模型（王浩等，2011；周纪等，2007；Wu and Murray，2003）等。Elvidge 等（2007）用 DMSP /OLS 夜间灯光数据和 USGS 调查得到的 30m 分辨率的地表不透水面数据建立回归模型估算了全球分辨率为 1km 的地表不透水面盖度分布图。Ridd（1995）提出了 V-I-S 概念模型，该模型与线性光谱混合分析模型相结合，有效地解决了遥感影像中的光谱混合问题。单丹丹等（2011）基于 V-I-S 模型，成功利用线性光谱混合模型(LSMM)、多层感知器(MLP) 神经网络和自组织映射(SOM) 神经网络 3 种混合像元分解方法提取了徐州市的地表不透水面盖度，结果表明，MLP 方法优于其他两种方法，能够比较清晰地反映出徐州市城市化的发展。为减少同种地物端元光谱亮度差异而产生地表不透水面盖度提取误差，Wu（2004）提出了亮度归一化的 LSMM 模型(NSMM)，研究结果表明其地表不透水面盖度估算结果要优于 LSMM 模型。Lee 和 Lathrop（2006）运用自组织映射(SOM)神经网络和 Landsat ETM[+]数据得到典型城市/郊区景观亚像元级别的地表不透水面结果，与高分辨率航拍照片和 IKONOS 卫星影像分类获得地表不透水面结果具有相似的精度，效果较好。

决策树方法通过一系列树形结构的决策规则来建立 ISP 预测模型，决策树在连续变量回归问题中具有非线性学习能力，且实现简单，运算效率高。分类与回归树分析(classification and regression tree，CART)是一种通用的决策树构建算法，它可以实例化为各种不同的决策树，当因变量或目标变量为离散的分类类别值时称为分类树，而为连续值时称为回归树（Breiman et al.，1984）。CART 继承了一般决策树具备的所有优点，既可以用于分类研究，又能够进行连续变量的预测和回归（Lawrence et al.，2004；Friedl et al.，1999），因而它优于其他简单线性回归模型。Yang 等（2003）和 Xian 和 Crane（2005）等综合分析 Landsat 影像不同时相的波段特性，率先使用 CART 模型估算了不同空间尺度的地表不透水面覆盖率，目前该方法已经成为美国地区土地覆盖数据集制作的主要的技术支撑（Homer et al.，2015）。廖明生等（2007）成功将 CART 模型运用到上海浦东新区地表不透水面的提取中，并在模型中引入了 Boosting 重采样技术，提高了提取精度。高志宏等（2010）利用 QuickBird 和 Landsat TM 影像，基于 CART 模型对泰安市 2002 年和 2006 年地表不透水面盖度进行变化检测，进而分析了泰安市的土地利用变化趋势。

CART 算法构建过程中，输入变量的选择对模型估计结果影响较大，已有研究者开展了大量研究，如 Yang 等（2009）针对美国不同尺度的区域采用不同的输入变量：①小尺度区域仅采用生长季遥感影像作为输入变量；②中尺度区域采用生长季 Landsat TM 遥感影像的 1、4、5、6、7 波段作为输入变量；③大尺度区域采用生长季和落叶季遥感影像的缨帽变换提取出的亮度、绿度和湿度，以及第 6 波段作为输入变量。通过实例研究和分析对比，发现三个不同尺度的预测模型平均误差分别为 9.6%、9.1%、9.3%。另外，他还将 SPOT5 高分辨率几何图像的四个光谱波段和从 ERS-2 合成孔径雷达图像中提取的 3 个参数作为 CART 算法的输入变量来提取 ISP，模型相对误差为 12.9%，相关系数为 0.77（Yang et al.，2009）。高志宏等（2010）使用 Landsat TM 影像除热红外波段以外的 6 个波段的光谱反射率作为模型的输入变量，模型相关系数为 0.71，相对误差为 0.64，平均误差为 15.1%。张路等（2010）针对 3 种不同中分辨率影像建立 CART 模型，结果表明近红外波段对 ISP 估算结果贡献率最大。李晓宁等（2013）提出了一种基于 CART 集成学习的 ISP 估算方法，模型相关系数为 0.89，平均误差为 9.5%，但需要大量的指数模型支撑。通过对以上研究的分析可以看出，输入变量的选择受制于研究区的自然地理特征，加上研究区域地面物候的年内变化也会影响地表覆盖物的影像特征，这些因素给建模过程带来不确定性；另一方面，CART 模型的优化，需要加入其他辅助数据，这些都是不同地理地域的 ISP 专题信息提取建模需要进一步研究的方向。

本章主要讨论利用中分辨率遥感图像提取较大区域地表不透水面盖度的技术方法，以北京市区域地表不透水面盖度专题信息估算为例，综合利用中、高分辨率遥感数据，构建不同的回归树输入变量，对预测模型及其预测结果进行对比分析，选取出适用于典型温带半干旱地区的 ISP 提取方法，并提出适于植被覆盖年内变化较大区域的多时序 ISP 制图方案。依据该研究主线，本章首先估算了研究区的 2005 年 ISP 值，然后在此基础上实现了该研究区 2011 年 ISP 估算和制图，通过模型对比和结果分析，验证了本章提出的集成 CART 算法和多源遥感数据估算多时序地表不透水面盖度专题信息的可行性。

## 2.2　原理和方法

### 2.2.1　CART 算法

CART 算法是空间数据挖掘方法之一，是一种非参数统计模式识别算法，用于创建分类树（classification tree）、回归树（regression tree）。CART 算法是一个二进制递归分区过程，该过程将每一个父节点分为两个子节点，并把每一个子节点作为下一个潜在的父节点，利用训练样本建立基于规则的模型，每一个规则集均定义了多元线性回归模型建立的条件；另外，CART 算法以训练数据为基础产生规则，并以此为基础预测连续变量。CART 模型也能够解释输入变量和目标变量之间的非线性关系，并且离散变量和连续变量均可作为输入变量。

CART 模型的精度和预见性已经被证实比简单线性回归模型的要好（Liu et al., 2005；Huang and Townshend，2003）。

### 2.2.2 估算模型的性能评估参量

本章的关键是"确立基于 CART 算法的 ISP 估算方案"，它是通过构建 CART 模型来实现的。CART 模型建立起因变量和自变量之间的函数关系，利用该函数关系即可得到各像素单位的 ISP 值。在该过程中，所建立的 CART 估算模型的性能对于最终结果数据输出至关重要，因此制定该估算模型的性能评估方法和技术路线，是提升 ISP 估算结果精度的重要环节。

本章采用平均误差、相对误差和相关系数 3 个定量参数进行评估，只有当所建立的回归树模型的参数指标达到一定要求，才能允许所建 CART 模型通过；不然的话，需要通过不断调整模型输入自变量数据、重复多次构建 CART 模型等方式来修正 CART 模型，并最终建立满足 ISP 估算的技术方案。

平均误差(AE)表达式如下：

$$AE(T) = \frac{1}{N} \sum_{i=1}^{n} \left| y_i - g(\vec{x_i}) \right| \tag{2-1}$$

式中，函数 $g(\vec{x_i})$ 为例子设定的回归平面；$N$ 为建立回归树所需的样本数；$y_i$ 为输入变量的实际值。

相对误差(RE)通常用来比较多个回归树的质量，相对误差的定义如下：

$$RE(T) = \frac{AE(T)}{AE(u)} \tag{2-2}$$

式中，$AE(u)$ 为来自平时预测均值所产生的平均误差，用来标准化平均误差 $AE(T)$。

实际值和预测值之间的 Pearson 相关系数 $r$，定义为

$$r = \frac{N \sum XY - \sum X \sum Y}{\sqrt{N \sum X^2 - (\sum X)^2} \sqrt{N \sum Y^2 - (\sum Y)^2}} \tag{2-3}$$

式中，$X$ 为实际值；$Y$ 为预测值。

CART 算法的实现可以采用 Rulequest 公司的数据挖掘工具软件 Cubist。Cubist 的另一个特征是运用 $n$ 倍交叉验证来估算预测精度，运用这一个选项可将训练样本集划分为 $n$ 块，依次轮流对每一块进行验证，剩下的块用来建立模型，保留的块用来测试验证（Michie et al.，1994）。

## 2.3　总体技术流程

利用多源遥感数据和 CART 算法估算 ISP 主要包括以下几步：①训练数据和验证数

据的生成，包括 ISP 样本和 CART 模型输入的自变量等；②输入变量的选择，开展不同变量组合方案 ISP 估算精度对比，选择适合研究区的变量组合方案；③开展 2005 年研究区 ISP 估算和制图，包括输出结果的分析和精度验证；④该 ISP 制图方案推广，以 2011 年 ISP 估算为例，在前期 2005 年 ISP 估算基础上，实现后期 CART 建模和 ISP 制图。总体技术流程如图 2-1 所示。

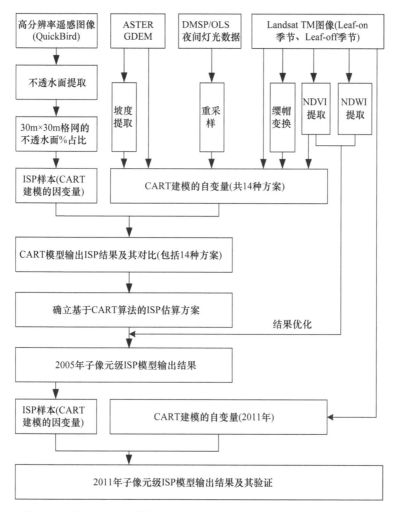

图 2-1  利用多源遥感数据和 CART 算法进行 ISP 制图的总体技术流程

## 2.4  研究区概况

选择北京市作为研究区，包括北京城区及其郊县。研究区地理位置位于 115.70°~117.40°E，39.40°~41.60°N。该区地处华北平原北部，属于典型的温带季风气候。气候四季分明，夏季炎热多雨，冬季寒冷干燥。地表植物冬枯夏荣，季相变化十分鲜明。

研究区内主要土地利用类型有城镇和居民用地、林地、荒草地、农用地、裸露土地、水域等，整个研究区内各种地物类型交错分布，地块较为细碎，如图 2-2 所示。

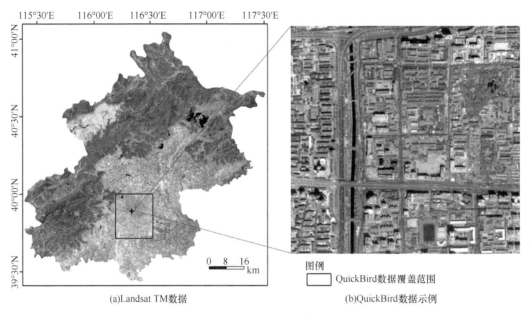

<table>
<tr><td>115°30′E</td><td>116°00′E</td><td>116°30′E</td><td>117°00′E</td><td>117°30′E</td></tr>
</table>

(a)Landsat TM数据

图例

☐ QuickBird数据覆盖范围

(b)QuickBird数据示例

图 2-2　研究区影像

# 2.5　遥感数据收集及其预处理

## 2.5.1　Landsat 影像数据

选择 Landsat 5 TM 影像作为 ISP 制图的主要数据源。Landsat 5 卫星是美国发射的第五颗光学对地观测卫星，发射时间为 1984 年 3 月。Landsat 5 的运行轨道高度约为 705km、轨道倾角 98.2°，一天可环绕地球 15 圈，重访周期为 16 天，每景影像覆盖范围 185km×185km。Landsat 5 星上搭载的是 TM（thematic mapper）专题绘图仪，包括可见光、近红外以及热红外等波段范围，如表 2-1 所示。

表 2-1　Landsat 5 TM 波段设置及参数信息

| 波段号 | 波段 | 频谱范围/μm | 分辨率/m | 主要作用 |
|---|---|---|---|---|
| 1 | 蓝 | 0.45~0.52 | 30 | 常用于土壤和植被，落叶林和针叶林的鉴别 |
| 2 | 绿 | 0.52~0.60 | 30 | 对水体有一定的穿透力，可做沉积物估计及浊水测量 |
| 3 | 红 | 0.63~0.69 | 30 | 可根据叶绿素的吸收进行植物分类 |
| 4 | 近红外 | 0.76~0.90 | 30 | 反映植物的强反射，可用于估算生物量、确定植被类、绘制水体边界和土壤湿度，也可以用来增强土壤与农作物和陆地与水域之间的反差 |
| 5 | 短波红外 | 1.55~1.75 | 30 | 该波段雪与云反射率有较大差别，可做雪云鉴别 |
| 6 | 热红外 | 10.40~12.5 | 120 | 对热辐射敏感，可根据地物热辐射差异，用以监测城市热环境变化 |
| 7 | 短波红外 | 2.08~2.35 | 30 | 为地质调查追加波段，对岩石及特定矿物反应敏感，可区分岩石类型、水热蚀变等 |

挑选卫星过境时研究区上空晴朗无云、影像质量较好的数据：2005 年 5 月 6 日和 2005 年 11 月 14 日，分别代表生长季（leaf-on）和落叶季（leaf-off）；选择 2011 年 6 月

8 日和 2011 年 1 月 31 日的 Landsat 5 TM 影像作为 2011 年 ISP 提取的主要数据源,用于进一步验证制图方案的有效性。为包含整个北京市,需要轨道号 123、行号 32 和轨道号 123、行号 33 的两景影像产品。

### 2.5.2 高分辨率数据

选取了同期覆盖研究区的高分辨率多光谱遥感影像(QuickBird,分辨率为 2.4m)作为地物目视判读的参考数据,同时也是 ISP 训练数据的主要数据源。

QuickBird 卫星由美国 DigitalGlobe 公司于 2001 年 10 月在范登堡空军基地发射,是高空间分辨率的商用卫星,其包含的多光谱主要是红、绿、蓝、近红外四个波段,如表 2-2 所示。

**表 2-2　QuickBird 波段设置及参数信息**

| 波段号 | 波段 | 频谱范围/nm | 分辨率/m | 主要作用 |
| --- | --- | --- | --- | --- |
| 1 | 蓝 | 450~520 | 2.44 | 从影像中可以很清晰地获得地物相交处的边界信息,在解译中此波段所起的作用很大 |
| 2 | 绿 | 520~600 | 2.44 | 用于探测健康植物绿色反射率和反映水下特征 |
| 3 | 红 | 630~690 | 2.44 | 用于测量植物叶绿素吸收率、进行植被分类 |
| 4 | 近红外 | 760~900 | 2.44 | 用于测定生物量和作物走势,确定水体轮廓 |

所收集影像数据拍摄于 2005 年,影像无云,成像质量较好,图 2-2(b)为高分影像示例,高分影像覆盖范围为研究区的核心城区,如图 2-2 矩形框所示。

### 2.5.3 夜间灯光数据

夜间灯光遥感数据源于美国军事气象卫星 DMSP(defense meteorological satellite program)搭载的 OLS(operational linescan system)传感器,运行高度约 830km,扫描条带宽度 3000km,周期约为 101 分钟,每天可绕地球飞行 14 圈,得到 4 次全球覆盖图。与传统的传感器不同,OLS 具有较强的放大光电的能力,能够在夜间探测到城市灯光,甚至小规模居民地、车流等发出的低强度灯光,使之与黑暗的乡村背景形成了明显对比(舒松等,2011)。夜间灯光数据因其可以表征人类活动的强度和广度,又与城市规模的评估指标存在相关关系而常用于城市范围的提取(吴健生等,2014;王晓慧,2013;何春阳等,2006)。

收集了 2005 年的 DMSP/OLS 夜间灯光数据,图像数据的空间分辨率为 1000m。

### 2.5.4 数据预处理

另外,还收集了覆盖整个研究区的其他数据,包括 GDEM 数字高程模型数据(分辨率为 30m)以及由其提取的坡度数据、基础地理数据等。

为了便于后续处理,对上述影像数据进行了预处理。首先对 QuickBird 影像和 Landsat TM 影像进行精确的几何配准,然后经投影和坐标转换后统一到 UTM/WGS-84 投影坐标系下,其次还要对夜间灯光数据进行重采样。

为满足 CART 模型输入变量的需要,对 Landsat TM 影像进行进一步的信息提取:

(1)对 Landsat TM 影像进行缨帽变换提取出亮度、湿度和绿度;

(2)提取归一化植被指数(NDVI)和归一化水体指数(NDWI)。

## 2.6 模型构建及不同模型性能对比

### 2.6.1 训练数据和验证数据的准备

构建 ISP 估算模型，需要利用多源遥感数据（自变量）和地表不透水面盖度数据（因变量）开展训练，因而准备样本数据是其关键技术环节。在研究区域内收集足够的训练样本，分别代表不同估算单元的不透水面特征和相应像元的不透水面盖度数值。

训练数据和验证数据的制备是其关键步骤，直接决定了估算模型的有效性和估算结果精度的高低。

1）高分辨率影像分类

首先对高分辨率遥感影像（QuickBird 影像）进行分类，提取的城市土地利用/覆盖类型包括：水体、不透水面、植被、裸土和阴影等不同类型。由于"异物同谱"的出现，造成部分裸土误分为不透水层，顶部为绿色、蓝色和黄色的建筑误分为植被等误分现象，因而对误分区域进行修改；同时，对阴影覆盖的区域也进行了调整，结合高分辨率的遥感影像或根据阴影周围的环境，将阴影覆盖的区域调整为相对应的土地覆盖类型。最终将分类结果调整为水体、不透水层、植被和裸土 4 种地表覆盖类型，结果如图 2-3 所示，并对分类结果进行了验证，总体分类精度为 93.30%，Kappa 系数为 0.87。

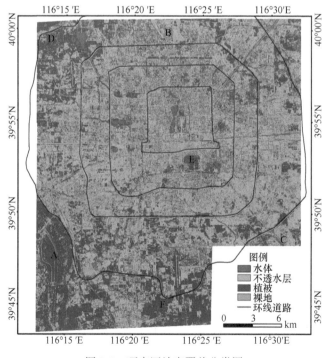

图 2-3 研究区地表覆盖分类图

2）不透水面盖度数据的准备

计算不透水面盖度的工具软件是采用 MDA 信息公司提供的国家土地覆盖数据集制图工具（national land cover dataset (NLCD) mapping tool）对分类后的高分辨率影像进行后处理得到的。NLCD mapping tool 在计算不透水面盖度时要求目标特征区域（分类结果中不透水层对应的区域）的值应为 1，非目标特征区域（透水层，主要包括分类结果中水体、裸土、植被等对应的区域）值为 0，不在统计区域内影像像元的值为 2。具体处理流程为：首先对研究区高分辨率遥感影像分类结果进行重新编码，分类结果中不透水层对应区域的像元值赋值为 1，水体、植被、裸土对应区域的像元值赋值为 0，其他不参与统计区域的像元值赋值为 2；其次，将重编码后的影像重采样到 1m，利用 NLCD Mapping Tool 估算不透水面盖度值；最后，将估算的结果重采样至 Landsat TM 影像对应的 30m×30m 分辨率，得到不透水面盖度样本数据，结果如图 2-4 所示，作为基于训练数据构建估算模型的因变量。

在理想条件下，训练样本和测试样本应该由不同的数据源获得并且空间上独立。本章所使用的从高分辨率数据中提取的 30m×30m 分辨率 ISP 训练数据，被分成多组，通过组与组之间的交叉验证，可以尽量减少测试与训练样本间的空间自相关性。

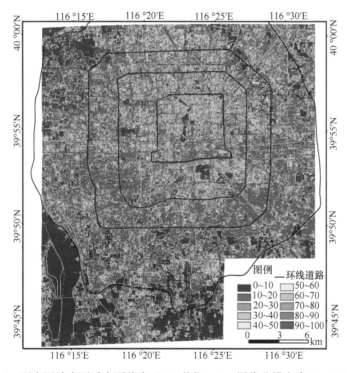

图 2-4  研究区地表不透水面盖度（ISP 单位：%；图像分辨率为 30m×30m）

### 2.6.2  输入变量的选定

在建立估算模型时，模型的输入变量决定了估算结果的精度，为探寻出适合研究区构建模型的输入变量，制订的具体技术方案是：选择与地表不透水面相关的多种数据作为输入变量，进行多种组合实验，从不同实验方案对比分析确定最优方案。

1）遥感影像

对于 Landsat TM 影像而言，可见光-近红外 6 个波段的数据蕴含着很丰富的地物信息和纹理信息，在地物信息提取方面应用广泛，因而在构建模型时可见光-近红外 6 个波段作为独立变量参与模型构建。由于 Landsta TM 影像获取的时间不同，获取的影像受到季节的影响，获取的地面信息会有差异；同时，由于天气状况的影响，获取的影像的质量也会有差异，无法保证生长季和落叶季两个时像都有成像质量较好的 Landsat TM 影像，因而从生长季和落叶季两个时相出发，分析和对比 Landsat TM 影像与地表不透水面输出结果之间的相关性，并寻找出适合于研究区的时相组合。

2）缨帽变换处理

缨帽变换通过将具有相关性的多波段数据压缩到完全独立的具有明确物理属性的少量波段，而使图像更易于解译，在图像解译方面具有广泛的应用。经缨帽变换后的遥感影像能够很好地区分城市间地物，特别是在零星绿地提取中效果显著，能够突出细小地物；同时，在提取的结果中植被与建筑物之间的边界清晰、结构完整，光谱保持能力较好（陈超等，2009），对植被、土壤等地面景物作更为细致、准确的分析。因而，在构建模型时，也将经过缨帽变换生成的波段作为模型的自变量备选对象。

3）热红外波段

自然界中，物体都在不断地向外发射电磁波，而电磁波的强度则由物体的热辐射强度决定。由于 Landsat TM 影像的热红外波段记录的正是这种电磁波信息，因而对地物热辐射敏感。根据辐射热差异可用于区分作物与森林，还可以识别水体、岩石等地表覆盖类型。因此，本章也将测试 Landsat TM 影像的热红外波段在预测地表不透水面中的作用。

4）夜间灯光数据

夜间灯光数据能够探测到城市灯光甚至小规模居民地、车流等发出的低强度灯光，使之明显区别于黑暗的乡村背景（杨眉等，2011）。夜间灯光数据的两个重要方面的应用是城镇扩展监测和城市化水平估计，能够很好地刻画与人类活动密切相关的区域。

5）归一化植被指数

归一化植被指数是目前应用最广泛的植被指数，不同 NDVI 的值代表不同的土地覆盖类型，已经广泛应用于土地覆盖分类方面的研究，在估算地表不透水面时也可以作为一个重要测试变量，它的定义为

$$\mathrm{NDVI} = \frac{\rho_{\mathrm{nir}} - \rho_{\mathrm{red}}}{\rho_{\mathrm{nir}} + \rho_{\mathrm{red}}} \qquad (2\text{-}4)$$

式中，$\rho_{\mathrm{nir}}$、$\rho_{\mathrm{red}}$ 分别为近红外波段、红光波段的反射率。

6）DEM 数据

由于海拔和地面地形的坡度也影响着地面地物种类的分布，因而也将数字高程数据

和坡度数据作为辅助数据参与到地表不透水面估算模型变量的测试。

综合以上考虑，为准备地表不透水面估算模型的输入变量数据，以生长季 Landsat TM 影像的 7 个波段、落叶季 Landsat TM 影像的 7 个波段、夜间灯光数据、数字高程模型数据、数字高程模型数据衍生出的坡度数据，以及每个时相的 Landsat TM 影像经过缨帽变换衍生出的波段作为估算模型的输入变量。

在 CART 建模之前，虽然作为输入变量（自变量）的所有波段数据都可以作为自变量数据，但全部放入肯定存在数据冗余，为减少数据量和简化计算，提高 CART 模型 ISP 预测效率，应在满足估算精度的前提下，找出影响估算结果的关键变量，以此作为 CART 的输入变量。最终参与 CART 模型建立的自变量组合方案共 14 种，如表 2-3 所示。

表 2-3 用于性能对比的估算模型及其自变量组合方案

| 序号 | on b1-7 | off b1-7 | on b145 | off b145 | on b1456 | off b1456 | on NDVI | off NDVI | onTC | offTC | DEM | light | slope |
|---|---|---|---|---|---|---|---|---|---|---|---|---|---|
| 方案 1 | √ | √ | | | | | | | | | | | |
| 方案 2 | √ | √ | | | | | | | √ | √ | √ | √ | √ |
| 方案 3 | √ | √ | | | | | | | √ | √ | | √ | |
| 方案 4 | √ | √ | | | | | | | | | | √ | |
| 方案 5 | √ | | | | | | | | | | | √ | |
| 方案 6 | | √ | | | | | | | | | | √ | |
| 方案 7 | | | √ | √ | | | | | | | | √ | |
| 方案 8 | | | √ | | | | | | | | | √ | |
| 方案 9 | | | | | √ | √ | | | | | | | |
| 方案 10 | | | | | √ | | | | | | | | |
| 方案 11 | | | | | √ | √ | √ | √ | | | | √ | |
| 方案 12 | | | | | √ | | √ | | | | | √ | |
| 方案 13 | | | | | √ | √ | | | | | | √ | |
| 方案 14 | | | | | √ | | | | | | | √ | |

注：onb1-7. 生长季 TM 数据的七个波段（可见光、近红外、中红外和热红外波段）；offb1-7. 落叶季 TM 数据的七个波段（可见光、近红外、中红外和热红外波段）；onb145. 生长季 TM 数据的 1、4、5 三个波段（蓝、近红外和中红外波段）；offb145. 落叶季 TM 数据的 1、4、5 三个波段（蓝、近红外和中红外波段）；onb1456. 生长季 TM 数据的 1、4、5、6 四个波段（蓝、近红外、中红外和热红外波段）；offb1456. 落叶季 TM 数据的 1、4、5、6 四个波段（蓝、近红外、中红外和热红外波段）；onNDVI. 生长季 TM 数据提取出的归一化植被指数；offNDVI. 落叶季 TM 数据提取出的归一化植被指数；onTC. 生长季 TM 数据做缨帽变换提取出的亮度、绿度和湿度；offTC. 落叶季 TM 数据做缨帽变换提取出的亮度、绿度和湿度；DEM. 高程数据；light. 夜间灯光数据；slope. 坡度数据。

将各模型中的输入变量输入至 Cubist 中作为自变量，以从 QuickBird 影像分类统计得到的 ISP 样本数据作为因变量。从上述自变量和因变量中随机抽取若干样本作为训练数据，运用 CART 算法对这些训练样本进行学习，分别建立估算研究区 ISP 专题信息的初始 CART 估算模型。

### 2.6.3 不同方案的性能对比

1）不同组合方案的评估结果

最终的 CART 模型由最相关自变量及因变量建立，不同组合方案形成不同的估算模型。这些模型皆可以用于估算 ISP，但其模型性能需要开展进一步评估，该项评估工作是由保留的测试样本来进行检验的。

通过训练数据分组，将组与组之间的数据进行交叉验证，即将估算得到的 ISP 数值与另外分组之间的 ISP 样本数值之间进行对比和分析，绘制出真实值与估计值二者之间的散点图，如图 2-5 所示，散点大都位于对角线附近，说明模型估计结果与真实值较为接近，所构建估算模型的性能可靠。

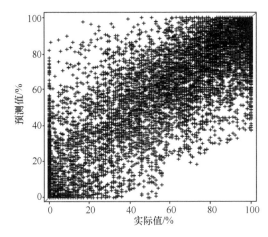

图 2-5　研究区 ISP 真实值与估计值二者之间的散点图

表 2-4 列出了不同组合方案所建模型的评估指标，包括平均误差、相对误差和 Pearson 相关系数 3 项指标，通过评估指标的对比即可评估所建立的 ISP 回归树模型的性能。

表 2-4　不同组合方案的模型性能评估结果对比

|  | 方案 1 | 方案 2 | 方案 3 | 方案 4 | 方案 5 | 方案 6 | 方案 7 | 方案 8 | 方案 9 | 方案 10 | 方案 11 | 方案 12 | 方案 13 | 方案 14 |
|---|---|---|---|---|---|---|---|---|---|---|---|---|---|---|
| AE/% | 13.5 | 13.6 | 12.7 | 12.8 | 13.6 | 15.2 | 13.4 | 14.2 | 13.4 | 14.6 | 12.9 | 13.7 | 13.2 | 14 |
| RE | 0.41 | 0.42 | 0.39 | 0.39 | 0.41 | 0.46 | 0.41 | 0.43 | 0.41 | 0.45 | 0.4 | 0.42 | 0.4 | 0.43 |
| $r$ | 0.84 | 0.84 | 0.86 | 0.86 | 0.84 | 0.81 | 0.85 | 0.83 | 0.85 | 0.81 | 0.86 | 0.84 | 0.85 | 0.83 |

从表 2-4 可以看出，方案 3、方案 4、方案 11 等的相关系数结果较好；相对误差分析，方案 3、方案 4 性能稍好；平均误差分析，也是方案 3、方案 4 性能稍好。

通过表 2-4 的结果分析，3 项定量评估指标可以确定入选模型的大致情况，但定性评价在确定最终模型时也是重要环节，可以通过 ISP 制图效果进行定性评估。

2）最优方案分析

对各模型输出的 ISP 结果进行对比分析，主要从两方面对估计结果进行评估，一方面是 ISP 范围的准确性，即根据 Landsat TM 影像与 ISP 估算结果的对应分析来判断其范围的准确性；另一方面则是 ISP 值的准确性。根据经验分析，发展程度高的城市中心拥有较高的 ISP 值（>50%），而近郊区拥有相对较低 ISP 值（20%~40%）。根据上述两个原则，对 14 种方案模型输出的 ISP 估计结果进行对比分析，选择最优输入变量组合方案。

图 2-6 展示了方案 2、方案 3、方案 4、方案 6、方案 11 的 ISP 估算输出结果图像，除方案 4 之外，其他模型均在研究区的山区出现大面积错估，即将植被覆盖的山区估为 ISP 低值类型，该估算输出的 ISP 结果显然不符合研究区的实际情况。

综合对比各模型输出的 ISP 结果图像和各组合方案的模型精度评估参数，无论是不透水面，还是透水面（如绿植、裸地、耕地、水体等）的 ISP 估算，方案 4 的 ISP 估算结果表现较好。

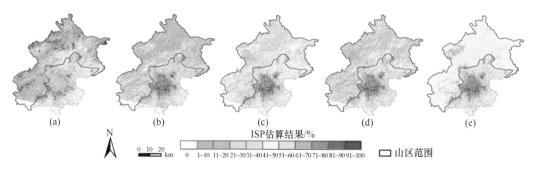

图 2-6　不同方案的模型输出结果对比

## 2.7　输入变量简化对建模的影响

为避免输入变量的数据冗余，在保证预测精度的前提下，建模过程中尝试减少 Landsat TM 数据的波段数量，以提高算法效率。

将每个时相的 Landsat TM 影像的 7 个波段都作为估算模型的自变量时，从 Cubist 中输出的各波段的模型贡献率（CR），以及线性回归时所用的条件百分比（conds）的统计结果（表 2-5）中看出：蓝波段（Band1）、近红外波段（Band4）、中红外波段（Band5）

表 2-5　线性回归时各波段贡献率及条件比例 　　　　　　（单位：%）

| 时相 | 波段 | CR | conds |
|---|---|---|---|
| leaf-on | Band4 | 93 | 64 |
| | Band1 | 99 | 61 |
| | Band5 | 96 | 55 |
| | Band6 | 71 | 49 |
| | Band3 | 90 | 46 |
| | Band2 | 72 | 0 |
| | Band7 | 91 | 1 |
| leaf-off | Band1 | 98 | 43 |
| | Band6 | 81 | 32 |
| | Band4 | 89 | 10 |
| | Band5 | 97 | 8 |
| | Band7 | 90 | 2 |
| | Band2 | 73 | 1 |
| | Band3 | 92 | 0 |

和热红外波段（Band6）在线性回归时所占的条件比例较大，因此将其单独组合作为预测模型的独立变量（方案7、方案8、方案9、方案13、方案14），并基于此来讨论波段对ISP估算建模的影响。

首先判断TM影像热红外波段（Band6）对回归树模型建立的影响。对方案8和方案14进行对比分析，输入变量的区别在于是否有Band6。就模型精度而言，输入变量有Band6的方案14的AE和RE分别为14%和0.43，而方案8的分别为14.2%和0.83，方案14精度较高；定性分析这两组估算ISP的结果可以发现，无Band6的方案8，其在水库及其周边裸地的ISP估算普遍出现误估现象，将透水地表估计为低值不透水地表，如图2-7 *A*、*B*所示，而加入热红外波段作为输入变量的方案14能有效减少这种误估。因此，输入变量加入热红外波段能改善模型的预测效果。

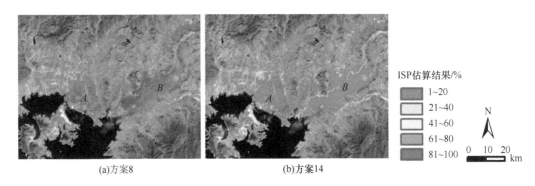

图2-7 裸地ISP错估举例（如*A*，*B*）

其次，对比方案1和方案9、方案4和方案13、方案5和方案14，分析是否能仅用Band1、4、5、6代替Band1~7。从模型精度来看，输入变量无夜间灯光数据的方案1和方案9，仅有Band1、4、5、6的方案9的AE值和RE值较低，且*r*值较高；输入变量有夜间灯光数据的方案4和方案13、方案5和方案14，则是Band1~7的预测精度较高，具体精度值如表2-4所示。对比分析各组模型ISP的估算结果，Band1、4、5、6和Band1~7没有明显的规律性差异。图2-8粗略统计了各组模型被错分的像元比例，可见当生长季和落叶季影像同时作为输入变量时，波段个数对估算结果没有显著影响，但当输入变量仅有生长季影像时，Band1、4、5、6的估算结果会更加准确。

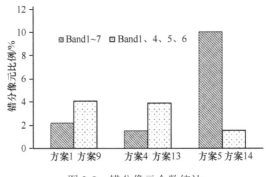

图2-8 错分像元个数统计

## 2.8　夜间灯光数据对建模的影响

判断夜间灯光数据（light）对回归树模型建立的影响，对方案 1 和方案 4、方案 9 和方案 13、方案 10 和方案 14 三组模型分别对比分析。

每组之间输入变量的区别仅相差一个夜间灯光数据，分析这三组预测 ISP 的结果可发现一些共同点：无夜间灯光数据的三组模型（方案 1、方案 9、方案 10）在城郊地区由于裸地与不透水表面光谱的高度相似性而出现大面积误估现象。

图 2-9 中（c）、（d）分别为输入变量有夜间灯光数据的方案 14 和无夜间灯光数据的方案 10 的 ISP 结果，方案 14 估计结果因夜间灯光数据的作用，在裸地估计中表现较优。除此之外，输入变量有夜间灯光数据的模型预测精度较优，如表 2-4 所示。

可以看出，夜间灯光数据能够有效改善由光谱相似性带来的裸露地表误分现象，而对于其因饱和导致的城市边缘区域植被覆盖区域，以及城区细小河流错估为低值 ISP 现象，可通过初步预测结果的进一步优化来改进。

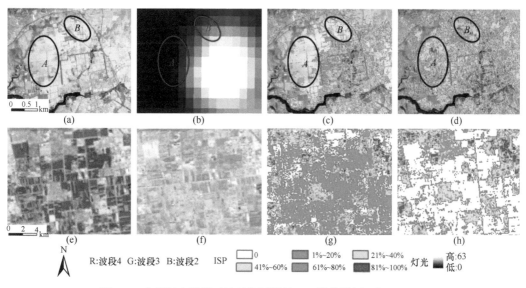

图 2-9　夜间灯光数据对比及郊区耕地 ISP 错估举例（如 *A*、*B*）

## 2.9　多季图像对提升 ISP 估算精度的作用

对方案 4 和方案 5、方案 13 和方案 14 两组模型分别进行对比分析，每组之间输入变量的区别在于输入变量是否结合生长季和落叶季遥感影像。

分析这两组预测 ISP 的结果可知：输入变量仅有单季节遥感影像的模型（方案 5 和方案 14），对研究区休耕地出现误估。如图 2-9 所示，（e）、（f）分别为植物生长季和落叶季的遥感影像，耕地表现出不同的光谱特征，仅使用生长季数据的方案 5 的对应 ISP 在耕地估计上出现了大面积误分，而同时使用多季节图像的方案 4 无此误估；相比之下，将生长季和落叶季影像同时作为输入变量的方案 4 和方案 13 的估算精度更高，如表 2-4 所示。

不同的耕作特征和植被物候会导致不同时相耕地光谱表现的差异性，可通过使用不同季节的图像有效地体现出这种差异性，从而优化建模过程、提高模型估算精度，并有效地改善研究区 ISP 估计效果。

## 2.10 长时序 ISP 的估算方案

### 2.10.1 基期 ISP 估算结果

通过上述对各模型输出结果的分析，方案 4 的 ISP 估计结果误差最低、相关系数最高，且最符合实际地表情况，因此，最后采用的输入变量是 Landsat TM 图像的 leaf-on、leaf-off 数据和 DMSP/OLS 夜间灯光数据。

为实现研究区地表不透水面盖度制图，还需要对 CART 模型输出结果进行进一步优化，提高 ISP 制图精度。由于夜间灯光数据在城区的饱和特性，会影响城市边缘区的植被覆盖地表，以及城区细小河流 ISP 估算结果，并可能将该区域定义为低值 ISP。为了解决该问题，在结果优化过程中，利用从 TM 数据提取的 NDVI 和 NDWI 图像，通过设置合适图像阈值大小，实现对 ISP 输出结果的优化（Su et al.，2015；Ma et al.，2014）。

最后，由最优输入变量模型估计 2005 年北京市 ISP 分布，如图 2-10 所示，该结果通过了对 ISP 空间布局的结果验证。

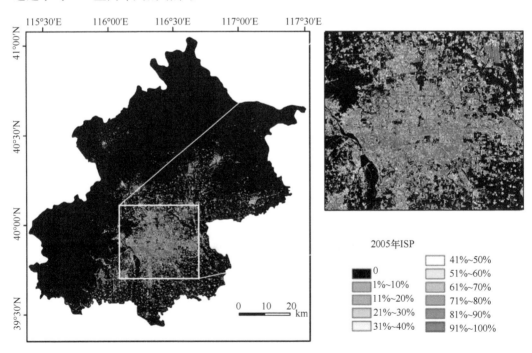

图 2-10　2005 年北京市 ISP 分布专题图

### 2.10.2 长时序 ISP 估算方法

本章"模型构建及不同模型性能对比"部分已经详细介绍了估算模型的建立过程，

对于单时相 ISP 估算提供了详细的技术方案。实际上，很多情况下需要制图较大区域的长时序 ISP，这就涉及如何估算长时序 ISP 值问题。具体说来，主要包括两方面技术问题：某一基期 ISP 结果确定下来后，利用该数据在时间维度上后推和前推该区域 ISP 变化情况：

1）由前期 ISP 推后期 ISP

以 2005 年 ISP 数据为基期，往后估算 2011 年 ISP 为例。在前期 2005 年 ISP 估算的基础上，利用夜间灯光数据设定合适的阈值，滤掉夜间灯光指数较低的区域，利用保留的高值区的 ISP 作为 CART 算法的因变量，训练得到后期 2011 年的 ISP 结果。

2）由后期 ISP 推前期 ISP

以 2005 年 ISP 数据为基期，往前估算 2001 年 ISP 为例。在后期 2005 年 ISP 估算的基础上，利用夜间灯光数据设定合适的阈值，滤掉夜间灯光指数较高的区域，利用保留中低值区的 ISP 作为 CART 算法的因变量，训练得到前期 2001 年的 ISP 结果。

具体规则可以表示为如下形式：

- 输入："2005 年夜间灯光数据" 和 "2005 年 ISP"
- 规则：if "2005 年夜间灯光数据"数值 > 20
  then "2001 年 ISP 训练样本" = "2005 年 ISP"
- 输出："2001 年 ISP 训练样本"

上述规则中，"2005 年夜间灯光数据"数值 > 20 为通过目视判断和先验经验设定的阈值，用于过滤夜间灯光亮度低值区域，保留代表城市化程度较高的高值区，作为进一步建模的训练样本提取区域；"2001 年 ISP 训练样本"为规则输出结果示意，它是用于进一步 CART 建模的因变量，用于估计基期前或者后期的 ISP 数值。

### 2.10.3　估算结果——应用实例

为进一步验证本模型对温带半干旱地域的 ISP 估计的有效性和推广性能，将优化后的 2005 年 ISP 结果作为模型因变量，2011 年的 Landsat TM 影像和夜间灯光数据作为自变量，估算 2011 年 ISP 估计结果。

建模过程中，样本数据的制备主要考虑到城市化进程大多是向前推进的，相应像元的 ISP 值大多会随着年度推进而增加，因而利用 2005 年夜间灯光数据和 ISP 估计结果的组合，收集了城市化程度比较高区域的样本数据。

2011 年亚像元级不透水面制图结果如图 2-11 所示。较 2005 年北京市 ISP 分布而言，2011 年北京市区周边许多农业用地转变为居民地和其他城市工地，不透水面积有显著增长。

对 2011 年 ISP 估算结果进行精度分析，结果显示 $r$ 为 0.84，AE 为 7.3%，RE 为 0.35。相对于 2005 年在高分辨率遥感图像基础上估算出来的结果，2011 年的估算结果具有一定的可信度，证明本章所提出来的多时序 ISP 估算的技术方案可行。

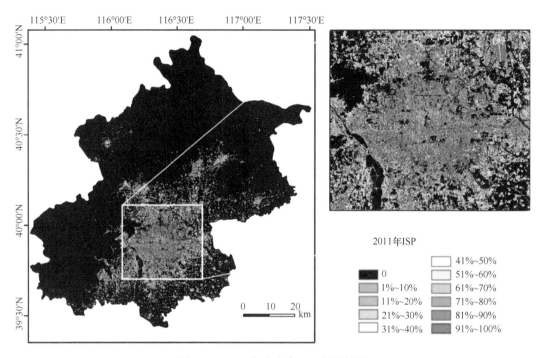

图 2-11   2011 年北京市 ISP 制图结果

# 2.11   小      结

本章利用 CART 算法建立了估计模型，使用 Landsat TM 影像、高分辨率影像、夜间灯光数据等多源遥感数据来估算地表不透水面盖度，并将其表达为 0~100 的连续变量。以北京城区及其周边区域为研究区，探究了地表植被季相变化鲜明的典型温带半干旱气候地区的 ISP 快速制图方法，结论为：

（1）针对地表植被季相变化鲜明地区，构建 ISP 估算模型的最佳输入变量为多季相 Landsat TM 遥感数据和夜间灯光数据。经过测试，模型模拟输出值与样本 ISP 值之间的 $r$、AE 和 RE 分别为 0.86、12.8% 和 0.39，具有较高 ISP 估算精度。

（2）利用优化后的 2005 年 ISP 数据作为基期数据，可以往前或往后推算和估计其他年份 ISP 值。基于本章提出的技术方案，测试 2011 年估算结果，经精度分析可知，$r$、AE 和 RE 分别为 0.84、7.3% 和 0.35。证明本章提出的估算方案可行，适于植被覆盖年内变化较大区域的长时序 ISP 制图。

## 参 考 文 献

曹丽琴, 李平湘, 张良培, 许雄. 2012. Fuzzy ARTMAP 算法在城市不透水面估算中的应用研究. 武汉大学学报(信息科学版), 37(10): 1236-1239

陈超, 江涛, 刘祥磊. 2009. 基于缨帽变换的遥感图像融合方法研究. 测绘科学, 34(3): 105-106

高志宏, 张路, 李新延, 廖明生, 邱建壮. 2010. 城市土地利用变化的不透水面覆盖度检测方法. 遥感学报, 14(3): 593-606

何春阳, 史培军, 李景刚, 陈晋, 潘耀忠, 李京. 2006. 基于 DMSP/OLS 夜间灯光数据和统计数据的中

国大陆 20 世纪 90 年代城市化空间过程重建研究. 科学通报, 51(7): 856-861

李彩丽, 都金康, 左天惠. 2009. 基于高分辨率遥感影像的不透水面信息提取方法研究. 遥感信息, 5: 36-40

李晓宁, 张友静, 佘远见, 陈立文, 陈静欣. 2013. CART 集成学习方法估算平原河网区不透水面覆盖度. 国土资源遥感, 25(4): 174-179

廖明生, 江利明, 林珲, 杨立民. 2007. 基于 CART 集成学习的城市不透水层百分比遥感估算. 武汉大学学报(信息科学版), 32(12): 1099-1106

单丹丹, 杜培军, 夏俊士, 柳思聪. 2011. 基于 HJ-1 数据和 V-I-S 模型的城市不透水层变化分析. 国土资源遥感, (4): 92-98

舒松, 余柏蒗, 吴健平, 刘红星. 2011. 基于夜间灯光数据的城市建成区提取方法评价与应用. 遥感技术与应用, 2: 169-176

王浩, 吴炳方, 李晓松, 卢善龙. 2011. 流域尺度的不透水面遥感提取. 遥感学报, 15(2): 388-400

王俊松, 杨逢乐, 贺彬, 赵磊. 2008. 利用 QuickBird 影像提取城市不透水率的研究. 遥感信息, 3: 69-73

王晓慧. 2013. 基于 DMSP/OLS 夜间灯光数据的中国近 30 年城镇扩展研究. 南京: 南京大学硕士学位论文

吴健生, 刘浩, 彭建, 马琳. 2014. 中国城市体系等级结构及其空间格局——基于 DMSP/OLS 夜间灯光数据的实证. 地理学报, 69(6): 759-770

徐涵秋. 2008. 一种快速提取不透水面的遥感新型指数. 武汉大学学报: 信息科学版, 33(11): 1150-1154

杨眉, 王世新, 周艺, 王丽涛. 2011. DMSP/OLS 夜间灯光数据应用研究综述. 遥感技术与应用, 26(1): 45-51

杨智翔, 何秀凤. 2010. 基于改进的 NDBI 指数法的遥感影像城镇用地信息自动提取. 河海大学学报(自然科学版), 38(2): 181-184

张路, 高志宏, 廖明生, 李新延. 2010. 利用多源遥感数据进行城市不透水面覆盖度估算. 武汉大学学报(信息科学版), (10): 1212-1216

周纪, 陈云浩, 张锦水, 李京. 2007. 北京城市不透水层覆盖度遥感估算. 国土资源遥感, (3): 13-17

Arnold Jr C L, Gibbons C J. 1996. Impervious surface coverage: The emergence of a key environmental indicator. Journal of the American planning Association, 62(2): 243-258

Breiman L, Friedman J, Olshen R. 1984. Classification and Regression Tree. New York: Chapman and Hall

Elvidge C D, Tuttle B T, Sutton P C, Baugh K E, Howard A T, Milesi C, Nemani R. 2007. Global distribution and density of constructed impervious surfaces. Sensors, 7(9): 1962-1979

Friedl M A, Brodley C E, Strahler A H. 1999. Maximizing land cover classification accuracies produced by decision trees at continental to global scales. IEEE Transactions on Geoscience and Remote Sensing, 37(2): 969-977

Hodgson M E, Jensen J R, Tullis J A, Riordan K D, Archer C M. 2003. Synergistic use of lidar and color aerial photography for mapping urban parcel imperviousness. Photogrammetric Engineering & Remote Sensing, 69(9): 973-980

Homer C, Dewitz J, Yang L, Jin S, Danielson P, Xian G, Megown K. 2015. Completion of the 2011 national land cover database for the conterminous United States–representing a decade of land cover change information. Photogrammetric Engineering & Remote Sensing, 81(5): 345-354

Huang C, Townshend J R G. 2003. A stepwise regression tree for nonlinear approximation: Applications to estimating subpixel land cover. International Journal of Remote Sensing, 24(1): 75-90

Jin H, Mountrakis G. 2013. Integration of urban growth modelling products with image-based urban change analysis. International Journal of Remote Sensing, 34(15): 5468-5486

Lawrence R, Bunn A, Powell S, Zambon M. 2004. Classification of remotely sensed imagery using stochastic gradient boosting as a refinement of classification tree analysis. Remote Sensing of Environment, 90(3): 331-336

Lee S, Lathrop R G. 2006. Subpixel analysis of Landsat ETM/sup+/using self-organizing map(SOM)neural networks for urban land cover characterization. IEEE Transactions on Geoscience and Remote Sensing,

44(6): 1642-1654

Li J, Song C, Cao L, Zhu F, Meng X, Wu J. 2011. Impacts of landscape structure on surface urban heat islands: A case study of Shanghai, China. Remote Sensing of Environment, 115(12): 3249-3263

Liu Y H, Niu Z, Wang C Y. 2005. Research and application of the decision tree classification using modis data. Journal of Remote Sensing-Beijing, 9(4): 405

Ma Q, He C, Wu J, Liu Z, Zhang Q, Sun Z. 2014. Quantifying spatiotemporal patterns of urban impervious surfaces in China: An improved assessment using nighttime light data. Landscape and Urban Planning, 130: 36-49

Michie D, Spiegelhalter D J, Taylor C C. 1994. Machine Learning, Neural and Statistical Classification. New York: Ellis Horwood

Patel N, Mukherjee R. 2015. Extraction of impervious features from spectral indices using artificial neural network. Arabian Journal of Geosciences, 8(6): 3729-3741

Ridd M K. 1995. Exploring a VIS(vegetation-impervious surface-soil)model for urban ecosystem analysis through remote sensing: Comparative anatomy for cities. International Journal of Remote Sensing, 16(12): 2165-2185

Su Y, Chen X, Wang C, Zhang H, Liao J, Ye Y, Wang C. 2015. A new method for extracting built-up urban areas using DMSP-OLS nighttime stable lights: A case study in the Pearl River Delta, southern China. GIScience & Remote Sensing, 52(2): 218-238

Weng Q. 2012. Remote sensing of impervious surfaces in the urban areas: Requirements, methods, and trends. Remote Sensing of Environment, 117: 34-49

Wu C. 2004. Normalized spectral mixture analysis for monitoring urban composition using ETM+ imagery. Remote Sensing of Environment, 93(4): 480-492

Wu C, Murray A T. 2003. Estimating impervious surface distribution by spectral mixture analysis. Remote sensing of Environment, 84(4): 493-505

Xian G, Crane M. 2005. Assessments of urban growth in the Tampa Bay watershed using remote sensing data. Remote Sensing of Environment, 97(2): 203-215

Xiao R B, Ouyang Z Y, Cai Y N, Li W F. 2007. Urban landscape pattern study based on sub-pixel estimation of impervious surface. Acta Ecologica Sinica, 27(8): 3189-3197

Xu H. 2008. A new index for delineating built-up land features in satellite imagery. International Journal of Remote Sensing, 29(14): 4269-4276

Yang L, Huang C, Homer C G, Wylie B K, Coan M J. 2003. An approach for mapping large-area impervious surfaces: Synergistic use of Landsat-7 ETM+ and high spatial resolution imagery. Canadian Journal of Remote Sensing, 29(2): 230-240

Yang L, Jiang L, Lin H, Liao M. 2009. Quantifying sub-pixel urban impervious surface through fusion of optical and InSAR imagery. GIScience & Remote Sensing, 46(2): 161-171

Yang X. 2006. Estimating landscape imperviousness index from satellite imagery. IEEE Geoscience and Remote Sensing Letters, 3(1): 6-9

Zha Y, Gao J, Ni S. 2003. Use of normalized difference built-up index in automatically mapping urban areas from TM imagery. International Journal of Remote Sensing, 24(3): 583-594

Zhang L, Weng Q. 2016. Annual dynamics of impervious surface in the Pearl River Delta, China, from 1988 to 2013, using time series Landsat imagery. ISPRS Journal of Photogrammetry and Remote Sensing, 113: 86-96

# 第3章 京津唐地表不透水面盖度及其变化的遥感监测

## 3.1 概 述

自 20 世纪以来，世界各地的城市都在以前所未有的速度快速发展着，世界人口报告指出，目前全球已有超过一半以上的人口生活在城市地区，而到 2030 年，这一数字将有望达到 50 亿（United Nations，2007）。城市化已成为人类最为显著的活动之一，尤其是在中国，自改革开放以来，我国城市化进程进入迅猛发展时期，城市人口所占比例已由 1978 年的 17.9%上升到 2013 年的 53.7%。2014 年发布的《国家新型城镇化规划》指出，我国 100 万人口以上的城市已达 142 个，其中 1000 万人口以上的城市有 6 个，并预测到 2020 年我国常住人口城镇化率将达到 60%左右。

城市作为一种人工生态系统，是人类活动最为强烈且集中的地区，城市地表不同于自然地表，具有较为复杂的物理特性、热量特性及动力特性。高速城市化进程导致城市植被覆盖率大幅减少，大量的自然地表不断被沥青道路、高楼建筑、停车场等人工地表所替代，并使得城市自然系统向"人类-自然耦合系统"转变（孙仕强，2013；彭江良，2008；Peng et al.，2016），这些不可逆的过程会对城市生态环境产生多种影响，包括影响生物多样性、辐射能量平衡及区域气候等。随着城市化进程不断加快，城市生态问题日益严重，城市下垫面性质的改变对城市环境造成的影响已经成为政府及学者广泛关注的焦点问题。

地表不透水面作为城市典型的下垫面类型，具有蒸散能力弱、蓄热能力强的特点（聂芹，2013），不透水面的变化改变着城市下垫面的辐射平衡、水分平衡及局地环流（匡文慧等，2011；谢苗苗等，2009；郭旭东等，1999；Gillies et al.，2003；Brun and Band，2000），进而能够显著影响城市的下垫面与大气边界层之间的显热通量和潜热通量的交换，引发城市气候变化。地表不透水面盖度时间、空间分布格局是对城市土地利用形态的一种连续细致的描述，能较好地反映出城市的变化形态和城市化进程，而且地表不透水面具有一定的稳定性，不易受季节、物候等其他外界因素的影响，因此常被应用于城市环境影响的定量监测和评估。

京津唐城市群作为我国典型的城市群，是我国北方城镇最为密集，城市化水平最高的地区之一，长期处于高强度开发状态下，近年来经历了快速的城市化进程，对该区域的城市不透水面进行深入研究，可以量化城市群扩张过程及其影响，有助于区域内众多城市的健康协同发展和规划布局，对京津冀城市一体化和协调发展具有重要参考意义，也可以为我国新型城镇化政策提供一定的参考。

## 3.2 京津唐地区概况

京津唐地区是指以首都北京、天津和河北工业城市唐山为核心的华北平原东北部区域，如图 3-1 所示，位于 38°25′~41°50′N，115°25′~119°25′E 之间。

研究区东临渤海，北部为燕山山脉，西部为太行山山脉。地势自北向南倾斜，北部山地属于低山丘陵地带，一般海拔在 200~1000m，南部属于华北平原地带，平均海拔较低，为 20~60m（张佳华，2010）。

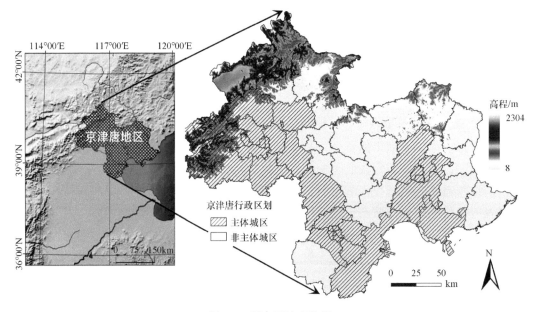

图 3-1　研究区地理位置

研究区位于暖温带半湿润气候区，受季风影响明显，夏季高温多雨，冬季寒冷干燥，年平均气温为 10~14℃。地表植物冬枯夏荣，季相变化鲜明。

京津唐城市群作为北方经济、政治和文化中心，已经逐渐成为继长三角、珠三角城市群另一个中国经济增长极，是未来中国发展的三大重点区域之一。1990 年以来，城市建成区快速增长，开发强度较大。特别是大规模的科技园区、经济园区与工业园区等新开发区的出现，都市区整体呈现"蔓延式"与"冒进式"城市增长态势，正形成大都市连绵带，向着区域城市化方向发展。

由于北京、天津和唐山的城市性质、规模、职能的不同呈现不同的发展状态与趋势，为了更加清楚地显示出变化趋势，根据城市规划对区县的功能分类方案，筛选出京津唐地区城市的核心区及其功能拓展区，定义为主体城区，将针对各城市的主体城区的不透水面盖度分布进行详细分析。主体城区一般处于城市经济建设的领先地位，各类基础设施完备，人类生产生活相对聚集，城市化发展水平较高，北京、天津和唐山主体城区划分情况如图 3-2 所示。

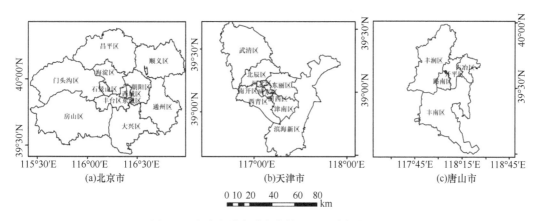

图 3-2　京津唐城市群各市核心区及功能扩展区

# 3.3　数据收集及其预处理

本书所用的数据及其特性如表 3-1 所示。其中，选择 Landsat 影像（分辨率为 30m）作为 ISP 制图的主要数据源。挑选卫星过境时研究区上空晴朗无云、影像质量较好的数据。为包含整个京津唐城市群，需要四景影像产品（P122R32、P122R33、P123R32 和 P123R33，如图 3-3 所示）。选取了同期覆盖研究区的高分辨率多光谱遥感影像作为地物目视判读的参考数据，同时也是 ISP 训练数据的主要数据源。影像数据无云，成像质量较好。

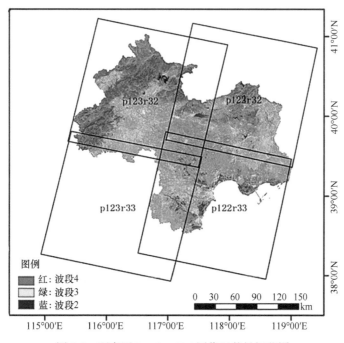

图 3-3　研究区 Landsat TM 图像及其景幅范围

另外，还收集了覆盖整个研究区的辅助数据，包括 DMSP/OLS 和 Suomi NPP-VIIRS 夜间灯光数据、GDEM 数字高程模型数据（分辨率为 30m），以及由其提取的坡度数据。

为了便于后续处理,对上述影像数据进行了预处理。首先对 QuickBird 影像和 Landsat TM 影像进行了精确的几何配准,然后经投影和坐标转换后统一到 UTM/WGS-84 投影坐标系下,其次对夜间灯光数据进行重采样。因模型输入变量的需要,对 Landsat 影像进行进一步的信息提取:①对 Landsat 影像进行缨帽变换提取出亮度、湿度和绿度;②提取归一化植被指数和归一化水体指数。

表 3-1   收集的数据及其特性

| 数据集 | 数据特性 | | | | |
|---|---|---|---|---|---|
| | 年份 | 行列号（列/行） | | | |
| | | 122/32 | 122/33 | 123/32 | 123/33 |
| 遥感数据 | 1995 | 1995-04-02 | 1995-04-18 | 1995-09-16 | 1995-09-16 |
| | 2001 | 2001-09-17 | 2001-09-01 | 2001-05-19 | 2001-05-27 |
| | | | | 2001-08-31 | 2001-08-31 |
| Landsat 5 TM/ Landsat 7 ETM+ | 2005 | 2005-08-19 | 2005-08-19 | 2005-05-06 | 2005-05-06 |
| | | | | 2005-11-14 | 2005-11-14 |
| | 2011 | 2010-04-27 | 2010-04-27 | 2011-06-08 | 2011-06-08 |
| Landsat 8 OLI | 2015 | 2015-03-24 | 2015-03-24 | 2014-09-04 | 2014-09-04 |
| | | 2016-05-13 | 2016-05-13 | 2015-02-11 | 2015-02-11 |
| QuickBird | 多光谱和全色数据,数据拍摄时间为 2005 年 | | | | |
| DMSP-OLS | 1km 空间分辨率的夜间灯光数据（1995~2011 年） | | | | |
| Suomi NPP-VIIRS | 500m 空间分辨率的夜间灯光数据（2016 年） | | | | |
| 地形数据 | ASTER GDEM（30m 空间分辨率） | | | | |
| 其他数据 | 县区级的行政区划数据 | | | | |

# 3.4   地表不透水面提取结果及精度分析

## 3.4.1   多时序地表不透水面提取结果图

以 2005 年的 ISP 结果为基础,将其优化后作为模型因变量,1995 年、2001 年、2011 年和 2016 年的 Landsat 影像和夜间灯光数据作为自变量,估算得到 1995 年、2001 年、2011 年和 2016 年覆盖整个研究区的不透水面盖度值,各年份京津唐城市群的地表不透水面盖度专题图如图 3-4 所示。

## 3.4.2   地表不透水面提取结果精度分析

为了验证长时序 ISP 制图方案的精度,将得到的不透水面盖度与高分辨影像计算得到不透水面盖度进行对比,绘制出真实值与估计值的散点图,散点大都位于对角线附近,说明模型估计结果与真实值较为接近。

采用第 2 章介绍的定量评估指标,分析各个提取结果的参数指标［参见式（2-1）~式（2-3）］,得到各年份具体评估结果如表 3-2 所示。

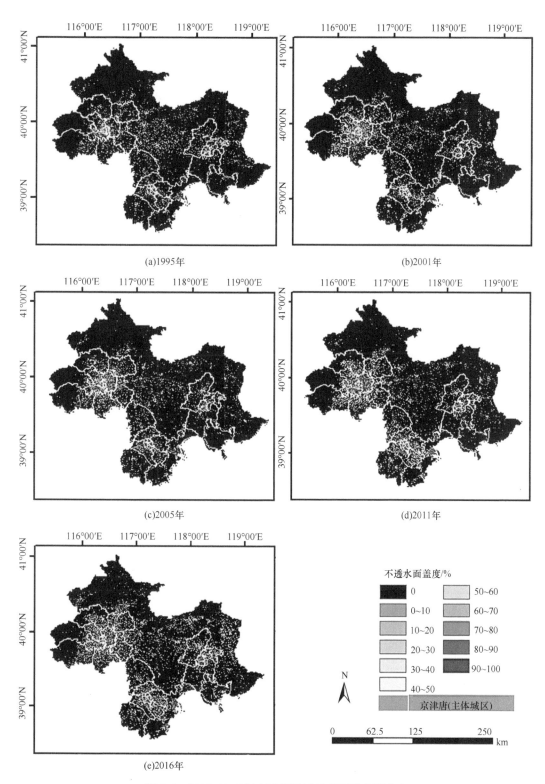

图 3-4  1995~2016 年京津唐区域地表不透水面盖度

表 3-2　长时序 ISP 制图方案精度评价结果

| 精度评价指标 | 1995 年 | 2001 年 | 2005 年 | 2011 年 | 2016 年 |
|---|---|---|---|---|---|
| AE/% | 9.7 | 8.9 | 12.8 | 8.6 | 14.9 |
| RE | 0.41 | 0.36 | 0.39 | 0.44 | 0.43 |
| $r$ | 0.75 | 0.8 | 0.86 | 0.76 | 0.76 |

## 3.5　地表不透水面增长的统计分析

由各市城市不透水面盖度分布图可知，1995~2016 年京津唐地区主体城市的不透水面范围在不断增加，为进一步定量分析不透水面范围变化程度，分别对 1995 年、2001年、2005 年、2011 年和 2016 年的京津唐地区的不透水面面积进行了统计。统计结果如图 3-5 所示。

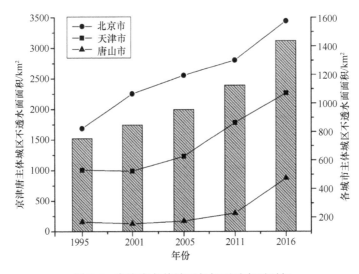

图 3-5　京津唐主体城区各年不透水面面积

京津唐主体城市区域不透水面面积自 1995 年以来呈梯度上升趋势，2016 年达到面积最大，其中，2011~2016 年，不透水面积明显增加。从区域上而言，主体城区不透水面面积由大到小依次为北京市、天津市和唐山市。北京市自 1995~2016 年整体不透水面面积增长速率大于天津市和唐山市，其中 2011~2016 年面积增长较多，总体增长了752.4km$^2$。天津市 1995~2005 年不透水面面积增长较小，2005 年以后增长较多，2016年天津市主体城区不透水面面积达到 1069.8 km$^2$，约为 1995 年的两倍。唐山市 1995~2011年不透水面面积无明显变化，2011~2016 年有明显增长，面积扩大约 3 倍。总体来讲，京津唐主体城区不透水面面积呈上升趋势，对比来讲，北京市不透水面面积最大，扩展速度最快，天津市 2005 年之后面积增加速度加快，而唐山市在 2011 年之后不透水面面积明显增加。

此外，统计各年份不透水面盖度的均值和标准差，如表 3-3 所示。1995~2016 年城市地表不透水面盖度均值整体呈上升趋势而标准差呈逐年下降的趋势，说明京津唐地区城市不透水面盖度有所增加，但其分布的离散程度在减弱。

表3-3 京津唐地区各年份城市不透水面盖度均值及标准差 （单位：%）

| 项目 | 1995年 | 2001年 | 2005年 | 2011年 | 2016年 |
|------|--------|--------|--------|--------|--------|
| 均值 | 49.72 | 50.47 | 53.87 | 52.03 | 57.17 |
| 标准差 | 31.98 | 30.47 | 29.73 | 27.84 | 27.86 |

将城市不透水面盖度数据重新归为3类，低盖度不透水面（10%~60%）、中盖度不透水面（60%~80%）和高盖度不透水面（80%~100%）。从图3-6可以看出，1995~2016年北京、天津和唐山中盖度不透水面和高盖度不透水面的面积都是在不断增长的，低盖度不透水面存在少量下降现象。此外，还可以看出三个城市区域的各类别不透水面盖度的面积分布是有一定差别的。北京市中盖度和高盖度不透水面面积相对较小。1995~2011年，北京市各级不透水面盖度呈上升趋势，其中低盖度不透水面增长明显，中盖度和高盖度不透水面面积变化不大，均在300~600km²。2011年之后，北京市低盖度不透水面面积有所下降，而中盖度和高盖度不透水面面积明显增长，变化幅度增大。天津市1995~2005年低盖度不透水面和高盖度不透水面的面积比较大，中盖度不透水面面积较少，呈U形分布。2011年之后中盖度和高盖度不透水面面积相差不大，其中2011年中盖度和高盖度不透水面面积约在350km²，2016年在460km²左右。唐山市不同类别的不透水面盖度面积差别较大，从低盖度不透水面到高盖度不透水面面积依次递减，低盖度不透水面面积比较高，逐年均匀增长趋势，1995~2011年不透水面面积相对变化较小，2011年之后各类别不透水面面积均出现明显增长。

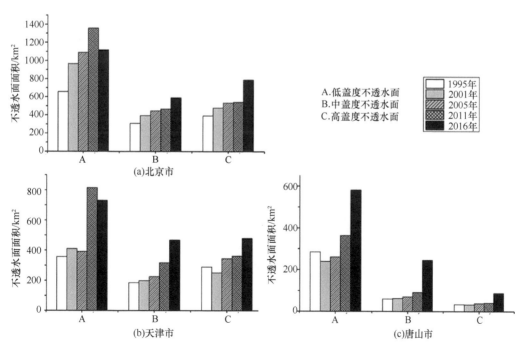

图3-6 京津唐各市不同盖度不透水面积统计

# 3.6 各市主体城区地表不透水面的空间格局

由图 3-4 可知，1995 年、2001 年、2005 年、2011 年和 2016 年城市不透水面盖度的高值区域主要都集中在北京、天津和唐山的主体城区，其不透水面盖度值基本上都高于 80%，由主体城区向郊区过渡区域，是城市扩展的前缘，不透水面盖度值相对较低多数低于 50%，而城市外围的郊区和城市内部的公园等绿化地带不透水盖度值最低，基本都在 20% 以下。1995~2016 年京津唐地区城市不透水面无论从密度上还是范围上都在不断扩大，2005 年开始，城市不透水面扩展明显。

## 3.6.1 北京市主体城区情况分析

分析图 3-7~图 3-11，可以看出北京市不透水面主要分布在六环以内，从二环到六环不透水面比例逐渐降低，其中二环到五环城区中除了几处连片水域及公园绿地外，城镇建设用地占据大部分，不透水面比例较高，且不透水盖度值比较高，由五环到六环城市绿

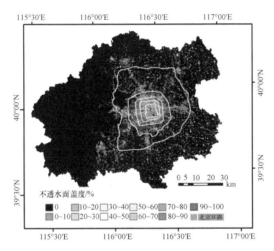

图 3-7 1995 年北京市主体城区不透水面盖度空间格局图

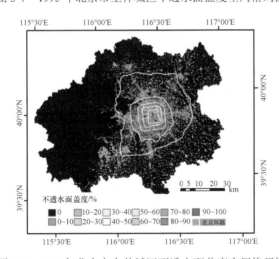

图 3-8 2001 年北京市主体城区不透水面盖度空间格局图

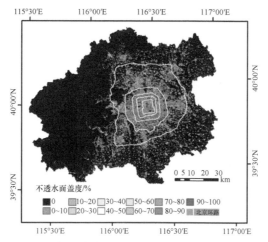

图 3-9　2005 年北京市主体城区不透水面盖度空间格局图

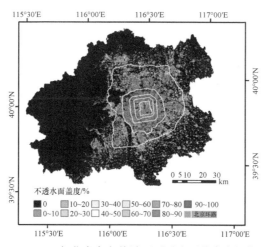

图 3-10　2011 年北京市主体城区不透水面盖度空间格局图

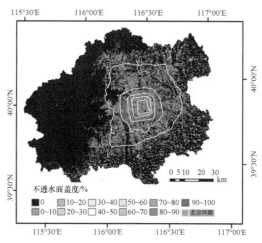

图 3-11　2016 年北京市主体城区不透水面盖度空间格局图

化覆盖开始增多，城市不透水面比例明显减少。1995~2016 年五环以内城市不透水面范围变化不大，不透水面盖度有所上升，主要增长区域集中在五环至六环之间区域。

2011~2016 年六环以外沿环路区域不透水面相较于前几年有明显增长。

### 3.6.2 天津市主体城区情况分析

分析图 3-12~图 3-16，可以看出天津城市不透水面主要分布在市内六区（和平区、红桥区、南开区、河西区、河北区和河东区），以及滨海新区，呈"双城"形式，尤其是《天津市空间发展战略（2005~2020 年）》提出"双城战略"之后，城市空间结构由"主副中心"向"双中心转变"，滨海新区不透水面面积明显增加，城区扩张明显。

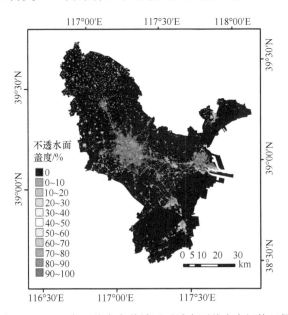

图 3-12　1995 年天津市主体城区不透水面盖度空间格局图

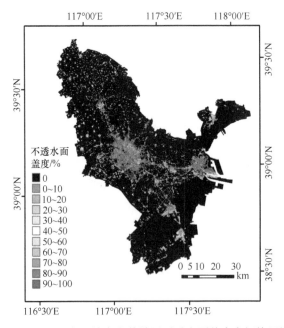

图 3-13　2001 年天津市主体城区不透水面盖度空间格局图

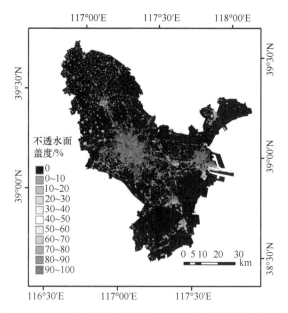

图 3-14 2005 年天津市主体城区不透水面盖度空间格局图

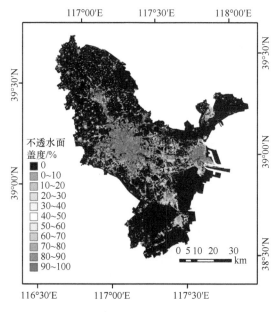

图 3-15 2011 年天津市主体城区不透水面盖度空间格局图

2005~2016 年，天津区域低密度不透水面区域面积明显扩大，城区不透水盖度增高。2011~2016 年滨海新区"双港"区域迅速发展，不透水面面积明显扩大。

### 3.6.3 唐山市主体城区情况分析

分析图 3-17~图 3-21，可以看出唐山市不透水面主要分布于路北区、路南区及丰润区。1995~2005 年，唐山市中心区不透水面变化不大，主要变化区域位于中心城区的周边县区，中低盖度的不透水面面积增长较多。2011 年和 2005 年相比，不透水面的变化主要分布于中心城区，以其为中心呈辐射状向四周扩散，周边县区的城市不透水面面积也在同步快速增长。2016年和2011年相比，曹妃甸区迅速发展，低盖度不透水面范围明显扩大。

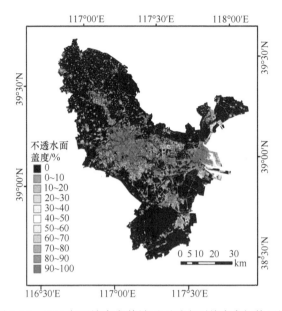

图 3-16  2016年天津市主体城区不透水面盖度空间格局图

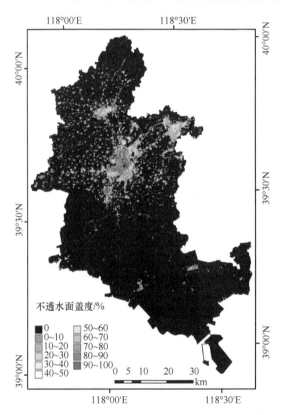

图 3-17  1995年唐山市主体城区不透水面盖度空间格局图

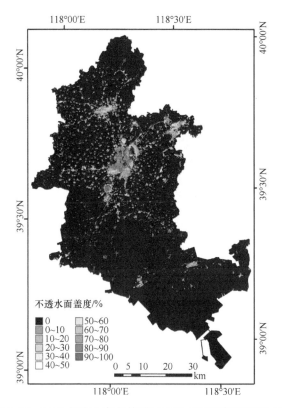

图 3-18　2001 年唐山市主体城区不透水面盖度空间格局图

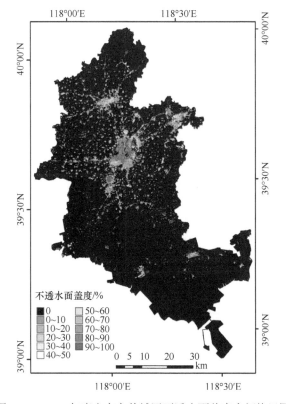

图 3-19　2005 年唐山市主体城区不透水面盖度空间格局图

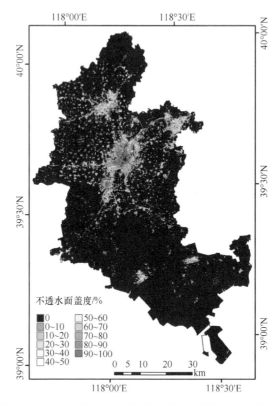

图 3-20　2011 年唐山市主体城区不透水面盖度空间格局图

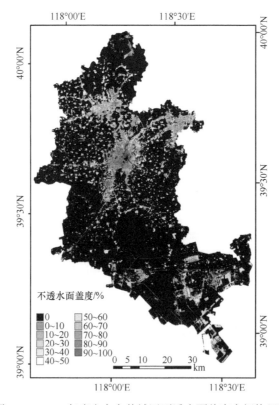

图 3-21　2016 年唐山市主体城区不透水面盖度空间格局图

# 3.7 小　　结

利用本书第2章介绍的地表不透水面盖度提取方法,在京津唐地区开展了应用,获取了1991~2016年的时序地表不透水面盖度数据,并对其数量变化、空间格局等进行了初步分析,在此基础上开展了变化分析,主要结论为:

(1)地表不透水面面积持续增长,各市主要增长区域在时间、空间上呈现不同特征,具体表现为:

①北京市1991~2016年地表不透水面面积持续增加,总体说来,主要增长区域集中在五环至六环之间区域。其中,2011~2016年六环以外沿环路区域不透水面相较于前几年有明显增长,五环以内地表不透水面范围变化不大。

②天津市的地表不透水面主要分布在市内六区及滨海新区,呈"双城"形式。2005~2016年,天津区域不透水面区域面积明显扩大,城区不透水面盖度增高。2011~2016年滨海新区"双港"区域迅速发展,地表不透水面面积明显扩大。

③唐山市的地表不透水面主要位于路北区、路南区及丰润区。1995~2005年,唐山主要变化区域位于中心城区的周边县区。2005~2011年变化主要区域为中心城区,以其为中心呈辐射状向四周扩散,周边县区的地表不透水面面积也在同步快速增长。2011~2016年,曹妃甸区迅速发展,地表不透水面范围明显扩大。

(2)1995~2016年,不透水面盖度值呈现一定的变化规律,总体情况为:北京、天津和唐山中盖度不透水面和高盖度不透水面的面积占比都是在不断增长的,低盖度不透水面占比存在少量相对下降趋势。各市具体情况如下:

①1995~2011年,北京市各级不透水面盖度呈上升趋势,其中低盖度不透水面占比增长明显,中盖度和高盖度不透水面变化不大。2011年之后,北京市低盖度不透水面相对有所下降,而中盖度和高盖度不透水面明显增长,变化幅度增大。

②天津市1995~2005年低盖度不透水面和高盖度不透水面占比较大,中盖度不透水面较少,呈U形分布。2011年之后中盖度和高盖度不透水面相差不大。

③唐山市不同类别的不透水面盖度差别较大,从低盖度至高盖度占比依次递减,1995~2011年各级盖度不透水面缓慢增长,2011年之后各类别不透水面均出现明显增长。

## 参 考 文 献

郭旭东, 陈利顶, 傅伯杰. 1999. 土地利用/土地覆被变化对区域生态环境的影响. 环境科学进展, 7(6): 66-75

匡文慧, 刘纪远, 陆灯盛. 2011. 京津唐城市群不透水地表增长格局以及水环境效应. 地理学报, 66(11): 1486-1496

聂芹. 2013. 上海市城市不透水面及其热环境效应的分形研究. 上海: 华东师范大学博士学位论文

彭江良. 2008. 南京冬季城郊下垫面近地层地-气能量交换和湍流特征分析. 南京: 南京信息工程大学硕士学位论文

孙仕强. 2013. 南京夏季城、郊辐射及能量平衡特征观测与模拟研究. 南京: 南京信息工程大学硕士学位论文

谢苗苗, 王仰麟, 李贵才. 2009. 基于亚像元分解的不透水表面与植被覆盖空间分异测度. 资源科学,

31(2): 257-264

张佳华. 2010. 城市热环境遥感.北京: 气象出版社

中共中央国务院. 国家新型城镇化规划(2014-2020 年). 北京: 新华社

Brun S E, Band L E. 2000. Simulating runoff behavior in an urbanizing watershed. Computers, Environment and Urban Systems, 24(1): 5-22

Gillies R R, Box J B, Symanzik J, Rodemaker E J. 2003. Effects of urbanization on the aquatic fauna of the Line Creek watershed, Atlanta—a satellite perspective. Remote sensing of environment, 86(3): 411-422

Peng J, Xie P, Liu Y, Ma J. 2016. Urban thermal environment dynamics and associated landscape pattern factors: A case study in the Beijing metropolitan region. Remote Sensing of Environment, 173: 145-155

United Nations. 2007. State of World Population 2007. New York: United Nations Fund for Population Activities

# 第4章 利用 Landsat 8 遥感数据反演地表温度

## 4.1 概 述

地表温度是非常重要的地表参数之一，它影响着"地-气"之间的能量交换和水热平衡过程，在城市热环境、辐射能量平衡、全球气候变化等研究领域都有重要的应用价值（覃志豪等，2005；Sobrino et al.，2005）。常规的测温方法使用仪器接触地表，它改变了地表热力学特征，使得测定结果不能很好地代表地表热力学温度；另外，单点测温技术很难获取到大面积区域地表温度的时刻分布特征，因而测温结果在研究和应用中受到了极大地限制。热红外遥感探测技术能够探测到地表直接发射能量，成为目前获取区域地表温度空间分布的重要途径。

目前地表温度的遥感反演算法包括辐射传输方程法（毛克彪等，2007；Sobrino et al.，2004；Li et al.，2004）、单窗算法（周纪等，2011；Jiménez-Muñoz and Sobrino，2003；Qin et al.，2001）、分裂窗算法（Ri et al.，2013；Wan and Dozier，1996），以及多通道多角度算法（毛克彪等，2006；Gillespie et al.，1998；Sobrino et al.，1996）等，不同的算法适用于不同的遥感传感器的热红外数据（罗菊花等，2010）。Landsat 卫星的热红外系列数据一直是地表温度反演最重要的遥感数据之一，从 Landsat TM、Landsat ETM+，到 2013 年 3 月发射成功的 Landsat 8 热红外传感器（thermal infrared sensor，TIRS），Landsat 为遥感用户提供了可供长期、连续观测的热红外遥感图像。对于最新的 Landsat 8 TIRS 数据，已有研究者通过正演模拟方法，构建模拟数据，开展了 TIRS 数据地表温度反演算法研究，如 Jiménez-Muñoz 等（2014）对单通道算法和分裂窗算法的反演精度和敏感性进行了对比分析，结果表明随着大气水汽含量的增加，分裂窗算法的精度略高于单通道算法；Rozenstein 等（2014）探讨了分裂窗算法反演地表温度的可行性，以及相关参数的敏感性；Yu 等（2014）对辐射传输方程法、分裂窗算法，以及单通道算法三种算法的反演精度进行了定量对比分析，结果表明辐射传输方程法精度最高，其次是分裂窗算法和单通道算法。但是，上述提到的研究多是基于模拟数据；另外，美国地质调查局指出由于 Landsat 8 卫星刚发射运行不久，TIRS 第 11 波段暂时存在定标不稳定性，因而不建议运用分裂窗算法进行定量研究，如分裂窗算法反演地表温度及大气校正等（USGS，2014）。本章主要针对 Landsat 8 TIRS 10 数据讨论其反演地表温度的单窗算法。

单窗算法能够将大气和地表的影响直接包括在演算公式内，与辐射传输方程法相比更加简单、应用方便，能够适用于 Landsat 数据长时间序列的地表温度反演研究。国内外很多学者已经针对 Landsat 系列卫星热红外遥感数据的地表温度反演的单窗算法开展了大量研究，主要有 Jiménez-Muñoz 单通道算法（简写为 JM_SC）和覃志豪单窗算法（简写为 Qin_SC）。Jiménez-Muñoz 和 Sobrino（2003）分析了大气水汽含量和大气透过率、大气上行辐射和大气下行辐射 3 个参量之间的关系，提出了采用大气水汽含量值来量化这 3 个参量的方法，因而在确知地表发射率的情况下，将单通道算法表达为以大气水汽含量为变量的函数；Qin 等（2001）分析了大气平均作用温度、大气上行辐射和大气下行辐射等 2 个参量之间的关系，将单窗算法表达为大气透过率和大气平均作用温度的函数。

Landsat 8 TIRS 包括两个热红外波段，第 10 波段（10.60~11.19μm）和第 11 波段（11.50~12.51μm），TIRS 10 位于较低的大气吸收区，其大气透过率值高于 TIRS 11，更适合于单波段的地表温度反演（Jiménez-Muñoz et al.，2014；Rozenstein et al.，2014；Yu et al.，2014）。与 Landsat TM 6 相比，Landsat 8 TIRS 10 的波段范围变窄，光谱响应函数也发生了变化，如图 4-1 所示，因而其单窗算法需要针对其光谱特性开展具体分析和进一步改进。本章综合 TIRS 10 特性和热辐射传输方程，建模地表温度和亮温、大气平均作用温度、大气透过率和地表发射率等参数之间的关系，提出针对 TIRS 10 的单窗算法，然后利用 Landsat 8 图像完成研究区的地表温度反演及结果精度验证，分析单窗算法中相关输入变量的敏感性。

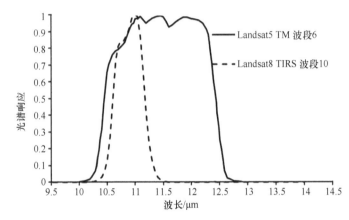

图 4-1　Landsat 5 TM 第 6 波段与 Landsat 8 TIRS 第 10 波段光谱响应函数

## 4.2　TIRS 传感器接收到的热辐射能量

地表热辐射传输方程是遥感反演地表温度的基础。Landsat 8 卫星 TIRS 接收到的热辐射通量主要包括地表热辐射、大气上行热辐射，以及大气下行热辐射被地表反射回传感器部分：

$$L_i(T_i) = \tau_i \varepsilon_i L_B(T_s) + \tau_i (1 - \varepsilon_i) L_i \downarrow + L_i \uparrow \tag{4-1}$$

式中，$T_i$，$T_s$ 分别为亮温和地表温度（K）；$i$ 为 TIRS 波段；$L_i(T_i)$ 为亮温为 $T_i$ 时传感器接收到的辐射能量[W/(m²·sr·μm)]；$L_B(T_s)$ 为地表温度为 $T_s$ 时的辐射能量[W/(m²·sr·μm)]；$\tau_i$ 为大气透过率（无量纲）；$\varepsilon_i$ 为地表发射率（无量纲）；$L_i \downarrow$ 为大气下行辐射[W/(m²·sr·μm)]；$L_i \uparrow$ 为大气上行辐射[W/(m²·sr·μm)]。

通过数学积分简化，$L_i \uparrow$ 和 $L_i \downarrow$ 可近似为（Qin et al.，2001）：

$$\begin{cases} L_i \uparrow \approx \left(1-\tau_i\right)L_B\left(T_a\right) \\ L_i \downarrow \approx \left(1-\tau_i\right)L_B\left(T_a \downarrow\right) \end{cases} \tag{4-2}$$

式中，$T_a$ 和 $T_a \downarrow$ 分别为大气向上和向下的平均作用温度（K）；$L_B\left(T_a\right)$ 为大气温度为 $T_a$ 时的大气向上辐射能量；$L_B\left(T_a \downarrow\right)$ 为大气温度为 $T_a \downarrow$ 时的大气向下辐射能量。研究表明用 $T_a$ 代替 $T_a \downarrow$ 对求解地表温度产生的影响可以忽略不计，则 $L_B\left(T_a\right)$ 可以代替 $L_B\left(T_a \downarrow\right)$ 进行计算（Qin et al.，2001）。将式（4-2）代入式（4-1），则 Landsat 8 TIRS 第 10 波段（TIRS 10）接收到的热辐射能量可简化为

$$L_{10}\left(T_{10}\right) = \tau_{10}\varepsilon_{10}L_B\left(T_s\right) + \left(1-\tau_{10}\right)\left[1+\left(1-\varepsilon_{10}\right)\tau_{10}\right]L_B\left(T_a\right) \tag{4-3}$$

式中，$\tau_{10}$ 为 TIRS 10 的大气透过率；$\varepsilon_{10}$ 为 TIRS 10 的地表发射率。

## 4.3　针对 TIRS 10 的温度反演单窗算法

根据普朗克黑体辐射理论，地表辐射能量与温度和波长的关系表示为

$$B_i\left(T,\lambda\right) = 2hc^2 / \left[\lambda^5 \cdot \left(e^{hc/\lambda kT} -1\right)\right] \tag{4-4}$$

式中，$T$ 为温度（单位为 K）；$h$ 为普朗克常数（$h=6.6261\times10^{-31}$Js）；$c$ 为真空中的光速（$c=2.9979\times10^{-8}$m/s）；$k$ 为玻尔兹曼常数（$k=1.3806\times10^{-23}$J/K）；$\lambda$ 为有效波长（单位为 μm），对于 Landsat 8 第 10 波段 TIRS 数据，其有效波长值可由以下表达式获得：

$$\lambda = \frac{\int_{\lambda_1}^{\lambda_2} f\left(\lambda\right)\lambda \mathrm{d}\lambda}{\int_{\lambda_1}^{\lambda_2} f\left(\lambda\right)\mathrm{d}\lambda} \tag{4-5}$$

式中，$f\left(\lambda\right)$ 为第 10 波段的光谱响应函数；$\lambda_1$ 和 $\lambda_2$ 分别为 TIRS 10 波段范围的最大值和最小值。由式（4-5）求得第 10 波段的有效波长为 10.9016μm，此时式（4-4）可简化为 $L_B\left(T_j\right) = K_1 / \left(e^{K_2/T_j} -1\right)$；$K_1$、$K_2$ 为常数，分别为 774.89[W/(m$^2$·sr·μm)] 和 1321.08K。由式（4-4）可知，当波长已知时，地表辐射能量随地表亮度温度的变化如图 4-2 所示。

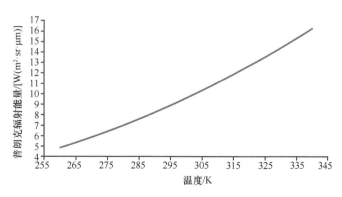

图 4-2　TIRS 第 10 波段传感器接收到地表辐射能量随地表亮度温度的变化

### 4.3.1　TIRS10_SC 算法

由图 4-2 可以看出地表辐射能量值随地表亮度温度的变化是非线性的，但在较窄的温度范围内，地表辐射能量值和温度可以近似为线性关系，因而可以将式（4-4）简化。

式（4-4）的泰勒展开可表示为

$$L_B\left(T_j\right) = L_B\left(T\right) + \left(T_j - T\right)\partial L_B\left(T\right)/\partial T + \delta = \left(Q + T_j - T\right)\partial L_B\left(T\right)/\partial T \qquad (4\text{-}6)$$

式中，$Q = \left[L_B\left(T\right) + \delta\right]/\left[\partial L_B\left(T\right)/\partial T\right]$；$L_B\left(T_j\right)$ 和 $L_B\left(T\right)$ 分别为温度为 $T_j$ 和 $T$ 时的辐射能量；$Q$ 为温度参数（K）；$T$ 为某一固定的温度（K）；$\delta$ 为一阶泰勒展开余项；$\partial L_B\left(T\right)/\partial T$ 为辐射函数对温度 $T$ 求偏导。

通常情况下，由于存在 $T_a < T_{10} < T_s$ 关系，该 $T$ 可以使用 $T_{10}$ 代表（Qin et al., 2001），则有：

$$Q = T_{10}^2\left(\mathrm{e}^{K_2/T_{10}} - 1\right)/\left(K_2\mathrm{e}^{K_2/T_{10}}\right) + \Delta Q \qquad (4\text{-}7)$$

式中，$T_{10}$ 为 TIRS 10 的亮温（K）；$\Delta Q$ 为泰勒展开余项 $\delta$ 带来的温度参数增量（K）；$K_2$ 为常数 1321.08。

当亮温较低时，式（4-7）可近似为 $T_{10}^2/K_2$，将其和式（4-4）、式（4-6）一并代入式（4-3），可推导出针对 TIRS 10 的单窗算法（简写为 TIRS10_SC）：

$$T_s = \left[K_2\left(\varphi_1 + \varphi_2\right)T_{10} + \left(1 - \varphi_1 - \varphi_2\right)T_{10}^2 - K_2\varphi_2 T_a\right]/K_2\varphi_1 \qquad (4\text{-}8)$$

式中，$\varphi_1 = \varepsilon_{10}\tau_{10}$；$\varphi_2 = \left(1 - \tau_{10}\right)\left[1 + \left(1 - \varepsilon_{10}\right)\tau_{10}\right]$；$T_{10}$ 为 TIRS 10 的亮温（K）；$T_a$ 为大气平均作用温度（K）；$K_2$ 为常数 1321.08。

从式（4-8）可以看出，利用 TIRS10_SC 算法反演地表温度，需要求算亮温 $T_{10}$、大气平均作用温度 $T_a$、大气透过率 $\tau_{10}$ 和地表发射率 $\varepsilon_{10}$ 四个参量。

### 4.3.2　Q_SC 算法和 JM_SC 算法

除了 TIRS10_SC 算法之外，本章还利用 JM_SC 算法和 Q_SC 算法开展研究区地表温度反演研究，并分析对比三者之间的差异。Q_SC 算法和 JM_SC 算法的地表温度基本原理和公式形式如下：

1）Q_SC 算法

覃志豪指出温度参数 $Q$ 与 $T$ 有密切关系，可以表示为

$$Q = a + bT_{10} \qquad (4\text{-}9)$$

式中，$a$、$b$ 为经验常数；$T_{10}$ 为亮温。将式（4-6）和式（4-9）代入式（4-3），即反演地表温度的 Q_SC 算法：

$$T_s = \left\{a\left(1 - C - D\right) + \left[b\left(1 - C - D\right) + C + D\right]T_{10} - DT_a\right\}/C \qquad (4\text{-}10)$$

式中，$T_{10}$ 为亮温（K）；$T_a$ 为大气平均作用温度（K）；$C = \varepsilon_{10}\tau_{10}$；$D = \left(1 - \tau_{10}\right)$ $\left[1 + \left(1 - \varepsilon_{10}\right)\tau_{10}\right]$；$T_{10}$ 为 TIRS 10 的亮温（K）；$T_a$ 为大气平均作用温度（K）。

2）JM_SC 算法

Jiménez-Muñoz 分析了大气水汽含量和大气透过率、大气上行辐射和大气下行辐射等参量之间的关系，提出了采用大气水汽含量值来量化这 3 个参量的方法，因而在确知地表发射率的情况下，将地表温度表达为以大气水汽含量为自变量的函数（Jiménez-Muñoz and Sobrino，2003）：

$$T_s = \gamma \left[ \left( \varphi_1 \cdot L_{sen} + \varphi_2 \right) / \varepsilon + \varphi_3 \right] + \delta \tag{4-11}$$

式中，$\begin{cases} \gamma = \left[ c_2 L_{10} \left( \lambda^4 L_{10} / c_1 + 1/\lambda \right) T_{10}^2 \right]^{-1} \\ \delta = -\gamma \cdot L_{10} + T_{10} \end{cases}$； $T_s$ 为地表温度（K）；$L_{10}$ 为传感器接收到的辐射亮度；$T_{10}$ 为亮温（K）；$\lambda$ 为波长（μm）；$c_1 = K_1 \lambda^5 = 1.191029 \times 10^8\ [\mathrm{W/(\mu m^4 \cdot m^2 \cdot sr)}]$；$c_2 = K_2 \lambda = 1.439679 \times 10^4\ (\mu\mathrm{m/K})$；$\varphi_1, \varphi_2, \varphi_3$ 可以通过大气水汽含量求得。

## 4.4　研究区和数据

### 4.4.1　研究区

研究区位于河南省郑州市郊区的上街机场及其附近区域,位于地理坐标 113°15′41″~113°17′20″E，34°50′06″~34°50′52″N 的区域范围内。研究区内地势平坦，平均海拔在 133~139m，主要土地覆被类型为建设用地、耕地、裸土等，如图 4-3 所示。

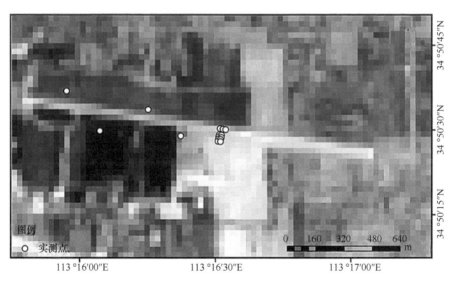

图 4-3　研究区假彩色合成影像以及地面实测点位置示意图

### 4.4.2　数据

1）遥感数据

基于遥感反演需要，选取同一天覆盖研究区的 Landsat 8 数据和 MODIS L1B

Calibrated Reflectance 产品，Landsat 8 OLI 数据主要用于估算研究区的地表发射率，MODIS 数据主要用于估算研究区的大气水汽含量，TIRS 数据用于反演地表温度，遥感数据详细情况见表 4-1。

**表 4-1   遥感数据源及相关参数**

| 遥感数据类型 | Landsat 8 | MODIS L1B |
|---|---|---|
| 获取数量 | 1 景 | 1 景 |
| 产品轨道号 | 124/36 | |
| 空间分辨率 | 30m（多光谱波段）<br>100m（热红外波段） | 1km |
| 获取时间 | 2014 年 5 月 22 日 11：00：47 | 2014 年 5 月 22 日 10：30 |

2）实测数据

由于地表温度随时间变化较快，地面实测采用集成热电偶的无线传感器网络（WSN）技术来获取不同地物类型的表面温度。对于裸土和水泥地面测温，直接将 WSN 设备放置在裸土和水泥地面上方，紧贴地表；对于稀疏植被测温，将 WSN 设备捆绑在植被叶片上，紧贴植被叶片表层。该 WSN 设备的测温范围为−50~350℃，数据输出频率为 1 分钟 1 次。根据下垫面类型从研究区内选取了 15 个实测点，分别位于研究区机场跑道及其两侧，编号为 1、2、3、4、5、6、7、8、9、10、11、35、45、56 和 75，各实测点的空间分布如图 4-3 所示，其中实测点 35、45、56 和 75 下垫面为稀疏植被，实测点 1~10 和 11 下垫面分别为裸土和水泥地面。

3）数据预处理

数据预处理包括几何校正、辐射定标和大气校正等。首先对 MODIS 数据进行几何校正、蝴蝶效应去除及重投影，投影方式为 UTM，坐标系为 WGS-84；然后对 Landsat 8 OLI 数据的 4、5 波段进行辐射定标，将 DN 值转换为表观辐亮度，再对其进行大气校正，得到地表反射率；最后将 MODIS 影像和 Landsat 8 数据进行配准，并将 MODIS 影像重采样至 TIRS 数据的分辨率大小。

## 4.5   数据处理与结果

### 4.5.1   大气透过率的遥感反演

大气透过率在地表热辐射传输过程中有着十分重要的作用，是地表温度遥感反演的基本参数之一。在 10.6~11.2μm（第 10 波段）大气窗口范围内，大气透过率的变化主要取决于大气水汽含量的动态变化，其他影响因子如 $CO_2$、$O_3$ 等气体在一景影像中可视为不变（Rozenstein et al.，2014），据此毛克彪等（2005）提出首先用 MODTRAN 软件模拟出大气透过率与大气水汽含量的关系，分析得到相应的回归方程，再将大气水汽含量作为输入因子推算出大气透过率。多数情况下，大气水汽含量是通过经验公式计算得到的或者是气象站点的实测数据，但都只代表观测点的局部数据，不能反映出区域空间分布差异，而遥感反演能够获得区域像元尺度上的大气水汽含量。

1）反演大气透过率算法

MODIS 是一个中等分辨率的传感器，总共包含 36 个波段，其中 17、18 和 19 波段为大气吸收波段，2 和 5 波段为大气窗口波段。Gao 和 Kaufman（1992）实验发现，运用 MODIS 数据通过通道比值法反演大气水汽含量可以部分消除地表反射率随波长变化对大气透过率产生的影响，能够提高大气水汽含量的反演精度。

运用 MODIS 数据采用 2 通道比值法来计算大气水汽含量：

$$w = \left(\alpha - \ln \tau_{\mathrm{w}} / \beta\right)^2 \qquad (4\text{-}12)$$

$$\tau_{\mathrm{w}} = \rho(19) / \rho(2) \qquad (4\text{-}13)$$

式中，$w$ 为大气水汽含量；$\tau_{\mathrm{w}}$ 为大气透过率；$\rho(19)$ 和 $\rho(2)$ 分别为 MODIS 数据第 19 波段和第 2 波段的表观反射率；$\alpha$ 和 $\beta$ 为常数，针对不同的地表类型有不同的取值。由于研究区为城市区域，采用混合型地表的参数 $\alpha = 0.02$，$\beta = 0.651$（Gao and Kaufman，1992）。

2）大气透过率和大气水汽含量之间的关系模拟

根据 5 月 22 日当时大气状况，运用 MODTRAN 4 模拟了 Landsat 8 第 10 波段的大气透过率和大气水汽含量之间的关系（图 4-4），大气水汽含量由 0.4g/cm² 增加到 6g/cm²，步长为 0.2。

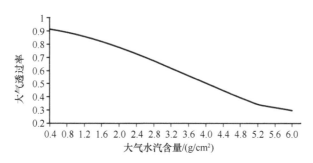

图 4-4　TIRS 第 10 波段大气透过率随大气水汽含量的变化

为了获得更加精确的拟合关系，我们将大气水汽含量的范围分为两段进行拟合，结果见表 4-2。

表 4-2　TIRS 第 10 波段大气水汽含量与大气透过率关系式的拟合结果

| 大气水汽含量范围/( g/cm²) | 拟合方程 | $R^2$ | RMSE |
|---|---|---|---|
| 0.4~3.0 | $\tau = -0.0177w^2 - 0.0435w + 0.9347$ | 0.9999 | 0.0005 |
| 3.0~6.0 | $\tau = 0.0176w^2 - 0.2804w + 1.3374$ | 0.9972 | 0.0044 |

根据研究区当时具体的大气状况，采用大气水汽含量范围 0.4~3.0g/cm² 的拟合方程。

3）大气透过率结果

利用式（4-12）、式（4-13），估算得到研究区卫星过境时刻大气水汽含量为 2.78~

$2.82g/cm^2$，由于研究区影像获取时间为夏季，大气水汽含量较高。再结合 MODTRAN 模拟得到的估算方程，计算得到研究区大气透过率为 0.66~0.68。

### 4.5.2　地表发射率的遥感反演

选择基于图像分类的计算方法来完成地表发射率的估算。首先将 OLI 数据全色波段（分辨率为 15m）与多光谱波段（30m）进行融合，增强图像的目视解译精度，然后运用监督分类将其分为三类：城镇地表（包括道路、各种建筑物和房屋），自然地表（包括天然陆地表面、林地和农田）和裸土，Sobrino 等（2001）和 Stathopoulou 等（2007）等研究得出建筑物表面、植被、裸土等纯净像元的地表发射率分别为 0.970、0.986 和 0.972，城镇地表可以视为建筑物和绿化植被组成的混合像元，同样自然地表可以视为植被叶冠和裸土组成的混合像元，这两类混合像元的地表发射率可由以下公式表达：

$$\begin{cases} \varepsilon = P_v R_v \varepsilon_v + (1 - P_v) R_m \varepsilon_m + d\varepsilon（城镇地表） \\ \varepsilon = P_v R_v \varepsilon_v + (1 - P_v) R_s \varepsilon_s + d\varepsilon（自然地表） \end{cases} \tag{4-14}$$

式中，$P_v$ 为植被占混合像元的比例；$R_v$、$R_m$ 和 $R_s$ 分别为植被、建筑物和裸土的温度比率；$\varepsilon_v$、$\varepsilon_m$ 和 $\varepsilon_s$ 分别为植被、建筑物和裸土纯净像元的地表发射率；$d\varepsilon$ 可以根据植被的构成比例，由下式求得：

$$\begin{cases} d\varepsilon = 0.0038 P_v, & P_v \leqslant 0.5 \\ d\varepsilon = 0.0038(1 - P_v), & P_v > 0.5 \end{cases} \tag{4-15}$$

采用基于 NDVI 的像元二分模型来估算植被覆盖度：

$$P_v = \left( \frac{NDVI - NDVI_s}{NDVI_v - NDVI_s} \right)^2 \tag{4-16}$$

式中，$NDVI_s$ 为裸露土壤或者建筑表面的 NDVI 值；$NDVI_v$ 为全植被覆盖区的 NDVI 值。

根据研究区实际植被覆盖状况将 $NDVI_s$ 设为 0.14，$NDVI_v$ 设为 0.5，当图像像元的 $NDVI > NDVI_v$ 时，则代表全植被覆盖，$P_v = 1$；当图像像元的 $NDVI < NDVI_s$ 时，则代表裸土，$P_v = 0$，图像像元的 NDVI 值可以通过 Landsat 8 多光谱图像的红光波段和近红外波段求得。

温度比率 $R_i$ 定义为 $R_i = (T_i / T)^4$，植被 $R_v$、建筑物 $R_m$ 和裸土 $R_s$ 的温度比率可由以下公式求得（覃志豪等，2004）：

$$\begin{cases} R_v = 0.9332 + 0.0585 P_v \\ R_m = 0.9886 + 0.1287 P_v \\ R_s = 0.9902 + 0.1068 P_v \end{cases} \tag{4-17}$$

式中，$R_v$、$R_m$、$R_s$ 分别为植被、建筑物和裸土的温度比率。

根据公式求得地表发射率如图 4-5 所示，为 0.963~0.985，裸土和水泥下垫面区地表发射率较低，多数都小于 0.972；耕地及稀疏植被区由于植被叶冠密度不同而产生地表发射率的差异，叶冠密度较大时地表发射率可高达 0.980~0.985，但基本上都大于 0.972。

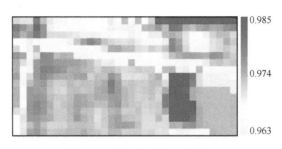

图 4-5  地表发射率反演结果

### 4.5.3  大气平均作用温度的估算

4 种标准大气的大气平均作用温度 $T_a$ 的估算方程（Qin et al.，2001）如表 4-3 所示，其中 $T_0$ 为近地表温度（K）。

表 4-3  大气平均作用温度估算方法

| 大气模式 | 大气平均作用温度估算方程 |
| --- | --- |
| 热带大气 | $T_a=17.9769+0.91715\,T_0$ |
| 中纬度夏季 | $T_a=16.0110+0.92621\,T_0$ |
| 中纬度冬季 | $T_a=19.2704+0.91118\,T_0$ |
| 1976 年美国标准大气 | $T_a=25.9396+0.88045\,T_0$ |

选择中纬度夏季模式的大气平均作用温度估算公式，将研究区地面观测得到的近地表空气温度代入估算方程来完成 $T_a$ 的量化。

## 4.6  地表温度反演结果与精度验证

### 4.6.1  地表温度反演结果

根据大气透过率和地表发射率的估算结果，采用三种算法对研究区的地表温度进行反演，结果如图 4-6 所示。从图上颜色分布可以看出研究区下垫面温度空间差异明显，三种反演算法得到的地表温度结果总体趋势比较接近，Q_SC 算法所得最高温度为 32.25℃，位于裸土下垫面区，最低温度为 21.33℃，位于耕地下垫面区；TIRS10_SC 算法所得最高温度为 32.26℃，最低温度为 21.34℃；JM_SC 算法所得最高温度为 32.65℃，最低温度为 22.64℃。

### 4.6.2  精度验证

使用实测数据对三种模型反演的地表温度进行精度分析，虽然地面点的实测数据不能完全代表像元尺度的地表温度，但可以作为反演结果精度验证的间接指标，验证结果及对比分析如表 4-4 和图 4-7 所示。

由图 4-7 和表 4-4 可以看出：三种算法的地表温度反演结果和实测温度均具有较好的相关性；对于大多数实测点来说，Q_SC 算法和 TIRS10_SC 算法的精度都要高于 JM_SC 算法；Q_SC 算法和 TIRS10_SC 算法精度比较，二者差别不大；Q_SC 算法最小误差为 0.01℃，总体平均误差为 0.83℃；TIRS10_SC 算法最小误差为 0.02℃，总体平均误差为 0.84℃；JM_SC 算法最小误差为 0.18℃，总体平均误差为 1.08℃。

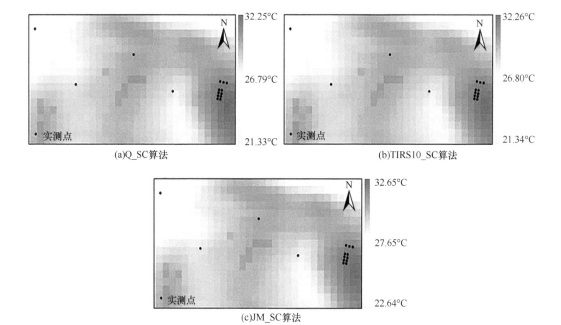

图 4-6 地表温度反演结果及地面测点位置图

表 4-4 反演结果精度验证

| 下垫面类型 | 地面观测点编号 | 地表测定温度/℃ | 地表反演温度/℃ | | | 误差（反演温度-测定温度）/℃ | | |
|---|---|---|---|---|---|---|---|---|
| | | | JM_SC | TIRS10_SC | Q_SC | JM_SC | TIRS10_SC | Q_SC |
| 裸土 | 1 | 30.56 | 31.84 | 31.36 | 31.37 | 1.28 | 0.8 | 0.81 |
| | 2 | 30.55 | 32.11 | 31.67 | 31.66 | 1.56 | 1.12 | 1.11 |
| | 3 | 31.43 | 32.11 | 31.67 | 31.66 | 0.68 | 0.24 | 0.23 |
| | 4 | 30.81 | 31.66 | 31.20 | 31.19 | 0.85 | 0.39 | 0.39 |
| | 5 | 30.59 | 31.84 | 31.38 | 31.37 | 1.25 | 0.79 | 0.78 |
| | 6 | 31.16 | 32.11 | 31.67 | 31.66 | 0.95 | 0.51 | 0.50 |
| | 7 | 31.12 | 32.11 | 31.67 | 31.66 | 0.99 | 0.55 | 0.54 |
| | 8 | 31.10 | 32.26 | 31.83 | 31.82 | 1.16 | 0.73 | 0.72 |
| 水泥地面 | 9 | 30.71 | 31.25 | 30.73 | 30.72 | 0.54 | 0.02 | 0.01 |
| | 10 | 31.07 | 31.25 | 30.73 | 30.72 | 0.18 | −0.34 | −0.35 |
| | 11 | 29.62 | 31.30 | 30.78 | 30.77 | 1.68 | 1.16 | 1.15 |
| 稀疏植被 | 35 | 27.42 | 28.09 | 27.24 | 27.23 | 0.67 | −0.18 | −0.19 |
| | 45 | 28.79 | 30.19 | 29.53 | 29.52 | 1.4 | 0.74 | 0.73 |
| | 56 | 29.56 | 28.61 | 27.80 | 27.79 | −0.95 | −1.76 | −1.77 |
| | 75 | 29.18 | 27.15 | 25.96 | 25.95 | −2.03 | −3.22 | −3.23 |

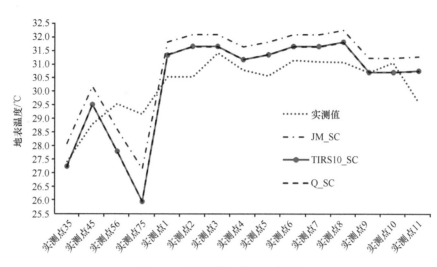

图 4-7 反演温度与实测温度对比

为了进一步对三种反演算法进行对比分析，把三种算法应用于不同土地覆被类型温度反演结果得到箱式统计图，如图 4-8 所示。可以看出对于不同的植被覆被类型来说，TIRS10_SC 算法与 Q_SC 算法的差异并不明显，总体平均差值为 0.007℃，而 JM_SC 算法的反演值比二者高，与 TIRS10_SC 算法的最大差值为 1.308℃，平均差值为 0.766℃；与 Q_SC 算法的最大差值为 1.313℃，平均差值为 0.773℃。

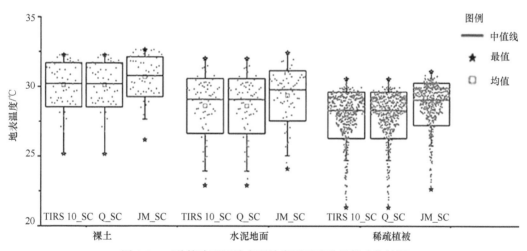

图 4-8 三种算法不同地表覆被类型反演结果箱式统计图

总体上说，三种地表温度反演结果与实测温度较为一致，但是个别值（实测点 75）与实测温度存在较大的误差，可能由以下几点原因造成：①稀疏植被下垫面的地表温度误差较大是由于其实测点周边地物类型比较复杂，分布不均，在遥感影像上对应为混合像元；地表发射率是根据地物类型赋予的经验值，虽然结合了简单的混合像元分解，但是没有对研究区不同地物类型的实际发射率进行测量统计，会带来一定的误差；②大气水汽含量是由 MODIS 数据反演得到，可能与实际大气水汽含量相比存在一定误差，从而给大气透过率及 JM_SC 算法中相关参数的估算带来误差，因而 JM_SC 算法对大气水汽含量值更加敏感。

# 4.7 参数的敏感性分析

### 4.7.1 温度参数 $Q$ 的敏感性分析

1）泰勒展开余项 $\delta$ 值的影响

物体辐射能量值随温度的变化是非线性的，在 $T_a \sim T_s$ 温度范围较窄条件下，可以将 $L_B(T_s)$、$L_B(T_a)$ 近似为和 $L_B(T_{10})$ 有关的泰勒一次展开式的前两项（即忽略泰勒一次展开式的余项 $\delta$）。如果研究区温差较大，该线性近似可能带来较大误差，分析如下：

将式（4-7）记为 $Q = Q_{qin} + \Delta Q$，则地表温度反演公式可表示为

$$T_s = \frac{Q_{qin}(1 - \varphi_1 - \varphi_2) + (\varphi_1 + \varphi_2)T_{10} - \varphi_2 T_a}{\varphi_1} - \Delta Q_{T_s} - \frac{\varphi_2}{\varphi_1}\Delta Q_{T_a} \qquad (4\text{-}18)$$

式中，$T_s$ 为温度反演值；$Q_{qin}$ 为 Qin_SC 算法的温度参数；$\Delta Q_{T_s}$ 为温度为 $T_s$ 时泰勒展开余项的影响因子；$\Delta Q_{T_a}$ 为温度为 $T_a$ 时泰勒展开余项的影响因子；其他各变量的意义同式（4-3）、式（4-6）。

假定 $T_a$、$T_s$ 的变化范围为 288~308K，$Q_{qin}$ 值随亮温的变化如图 4-9 所示。在 $Q_{qin}$ 值曲线上方的散点表示 $\Delta Q$ 的可能分布位置，可计算 $\delta$ 的变化区间为 0~0.24，$\Delta Q$ 的变化区间为 0~1.90。

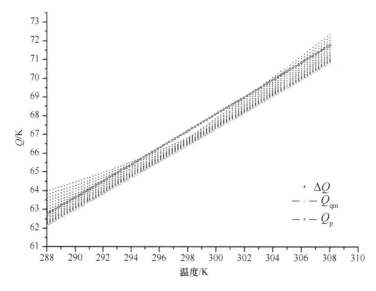

图 4-9　在 288~308K 温度范围温度参数 $Q_{qin}$、$Q_p$、$\Delta Q$ 变化对比

总体说来，由于 $T_s$ 和亮温之间的差距较小，因而舍弃 $\Delta Q_{T_s}$ 项只给式（4-18）带来较小误差，甚至可以忽略；当反演复杂地表覆被类型区域、温度变化区间较大区域的温度

时，$T_a$ 和亮温之间可能存在较大差距，这时 $\Delta Q_{T_a}$ 的影响不可忽视。可以看出，极端情况 $\Delta Q_{T_a}$ 值可达到约 1.9（如亮温和空气平均温度相差 20℃的极端情况），此时利用 Qin_SC 算法反演地表温度，其结果比真实温度值要高，其误差可达到 2℃以上（即反演值比真实值高出 2℃以上）。

2）TIRS10_SC 算法和 Qin_SC 算法的对比

TIRS10_SC 算法将温度参数近似为 $Q = Q_{qin} + \Delta Q \approx T_{10}^2 / K_2$，近似后的温度参数表示为 $Q_p$。$Q_{qin}$、$Q_p$ 对比，如图 4-9 所示，从图上分析可以发现：最底端曲线为 Qin_SC 算法温度参数 $Q_{qin}$，$Q_p$ 在 Qin_SC 算法温度参数 $Q_{qin}$ 之上，约高出 $Q_{qin}$ 值 0.5，综合考虑式（4-18）中 $\varphi_1$、$\varphi_2$，可能带来 0.004~0.024℃的误差，能够获得可靠的反演结果。

### 4.7.2 地表发射率、大气水汽含量和近地面气温的敏感性分析

从 TIRS10_SC 算法可以看出，影响地表温度反演结果的变量为 $\tau_{10}$、$T_a$ 和 $\varepsilon_{10}$ 等 3 个。由于 TIRS 10 的大气透过率主要受大气水汽含量的影响，因而 TIRS10_SC 算法的适用性需要讨论大气水汽含量、地表发射率和近地面气温 3 个要素的敏感性，即估计其量化误差对地表温度反演结果带来的影响。假定某一要素存在较小偏移（参数误差）、其他要素不变或在指定范围内变化，然后分析各要素不同组合的情况下，给最终地表温度反演结果带来的变化量（即反演误差）（高懋芳等，2005）：

$$\Delta T_s = \left| T_s \left( x + \Delta x \right) - T_s \left( x \right) \right| \tag{4-19}$$

式中，$\Delta T_s$ 为地表温度的反演误差；$\Delta x$ 为相关参数误差；$T_s \left( x + \Delta x \right)$ 和 $T_s \left( x \right)$ 分别为参数值为 $(x + \Delta x)$ 和 $x$ 时反演得到的地表温度。

结合研究区的实际情况，对地表发射率、大气水汽含量以及近地面气温 3 参数分别取一定的变动区间进行渐变取值测算：①地表发射率以 Landsat 8 OLI 数据反演得到的结果为基准，考虑误差为 ±0.01、±0.02、±0.03 和 ±0.04 共 8 种情况；②大气水汽含量以 MODIS 数据反演得到的结果为基准，考虑误差为 ±0.1g/cm$^2$、±0.2g/cm$^2$、±0.3g/cm$^2$ 和 ±0.4g/cm$^2$ 共 8 种情况；③近地面气温以当天卫星过境时刻的大气温度（29℃）为基准，考虑误差上下浮动 5℃，获得 3 个大气平均作用温度，即 291.09K（24℃）、295.73K（29℃）和 300.36K（34℃）。

1）地表发射率的敏感性

不同大气水汽含量、不同近地面气温下，地表发射率误差对反演结果的影响如表 4-5、图 4-10 所示，其中 $T_s$_e–0.04 表示地表发射率为 $e$–0.04 时反演得到的地表温度，其他命名原则相同。

从表 4-5、图 4-10 可以看出，①当大气水汽含量 $w$ 和近地面气温 $T_0$ 保持恒定时，地表发射率变化带来的地表温度反演结果的变化规律为：近地面气温分别为 24℃、29℃和 34℃时，地表发射率变化（包括增加或减少）0.01，分别带来约 0.57℃、0.52℃和 0.47℃的地表温度反演误差 $\Delta T_s$；②近地面气温较低时，地表发射率变化对温度反演的影响更

表 4-5　相同大气水汽含量和近地面气温条件下地表发射率误差对反演结果的影响

| 大气水汽含量/ $(g/cm^2)$ | 温度结果差值计算 $\|T_s(x+\Delta x)-T_s(x)\|$ | 差值均值 $\Delta T_s$ /℃ | | |
|---|---|---|---|---|
| | | 近地面气温 24℃ | 近地面气温 29℃ | 近地面气温 34℃ |
| $w$ | $(T_s\_e-0.04)-(T_s\_e)$ | 2.335 | 2.165 | 1.995 |
| | $(T_s\_e-0.03)-(T_s\_e)$ | 1.733 | 1.607 | 1.480 |
| | $(T_s\_e-0.02)-(T_s\_e)$ | 1.143 | 1.060 | 0.977 |
| | $(T_s\_e-0.01)-(T_s\_e)$ | 0.566 | 0.524 | 0.483 |
| | $(T_s\_e+0.01)-(T_s\_e)$ | 0.554 | 0.514 | 0.473 |
| | $(T_s\_e+0.02)-(T_s\_e)$ | 1.097 | 1.017 | 0.937 |
| | $(T_s\_e+0.03)-(T_s\_e)$ | 1.629 | 1.511 | 1.392 |
| | $(T_s\_e+0.04)-(T_s\_e)$ | 2.151 | 1.994 | 1.838 |
| $w-0.1$ | $(T_s\_e-0.04)-(T_s\_e)$ | 2.359 | 2.198 | 2.037 |
| | $(T_s\_e-0.03)-(T_s\_e)$ | 1.75 | 1.631 | 1.512 |
| | $(T_s\_e-0.02)-(T_s\_e)$ | 1.155 | 1.076 | 0.997 |
| | $(T_s\_e-0.01)-(T_s\_e)$ | 0.571 | 0.532 | 0.493 |
| | $(T_s\_e+0.01)-(T_s\_e)$ | 0.560 | 0.522 | 0.483 |
| | $(T_s\_e+0.02)-(T_s\_e)$ | 1.108 | 1.033 | 0.957 |
| | $(T_s\_e+0.03)-(T_s\_e)$ | 1.646 | 1.534 | 1.421 |
| | $(T_s\_e+0.04)-(T_s\_e)$ | 2.173 | 2.025 | 1.877 |

注：表中只列出了大气水汽含量为 $w(g/cm^2)$ 和 $w-0.1(g/cm^2)$ 的两种情况。

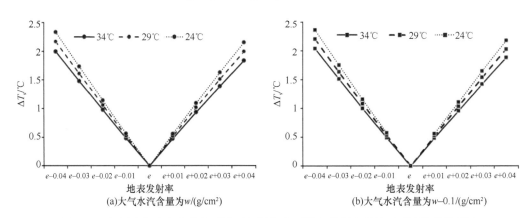

图 4-10　相同大气水汽含量和近地面气温条件下地表发射率误差对反演结果的影响

加敏感。随着近地面气温的降低，地表发射率的估算误差对地表温度反演结果的影响加大；③随着大气水汽含量的降低，地表发射率的估算误差对地表温度的影响增加。当大气水汽含量减少 $0.1g/cm^2$，近地面气温为 24℃时，地表发射率变化（增加或者减少）0.01可带来 0.57℃ 的地表温度反演误差。表 4-5、图 4-10 只列出了大气水汽含量为 $w(g/cm^2)$ 和 $w-0.1(g/cm^2)$ 的两种情况，其他情况也可以得到上述类似结论。

2）大气水汽含量敏感性

当地表发射率固定时，在不同的近地面气温条件下，大气水汽含量的误差对反演结果的影响如表 4-6、图 4-11 所示，其中 $T_s\_w-0.4$ 表示大气水汽含量为 $w-0.4$ 时反演得到的地表温度，其他命名原则相同。

表 4-6　相同近地面气温条件下大气水汽含量误差对反演结果的影响

| 温度结果差值计算 $\left\| T_s\left(x+\Delta x\right)-T_s\left(x\right)\right\|$ | 差值均值 $\Delta T_s$/℃ | | |
|---|---|---|---|
| | 近地面气温 24℃ | 近地面气温 29℃ | 近地面气温 34℃ |
| $(T_s\_w-0.4)-(T_s\_w)$ | 1.036 | 0.484 | 0.068 |
| $(T_s\_w-0.3)-(T_s\_w)$ | 0.803 | 0.376 | 0.051 |
| $(T_s\_w-0.2)-(T_s\_w)$ | 0.554 | 0.259 | 0.034 |
| $(T_s\_w-0.1)-(T_s\_w)$ | 0.286 | 0.135 | 0.017 |
| $(T_s\_w+0.1)-(T_s\_w)$ | 0.308 | 0.145 | 0.017 |
| $(T_s\_w+0.2)-(T_s\_w)$ | 0.638 | 0.302 | 0.035 |
| $(T_s\_w+0.3)-(T_s\_w)$ | 0.995 | 0.471 | 0.052 |
| $(T_s\_w+0.4)-(T_s\_w)$ | 1.379 | 0.665 | 0.069 |

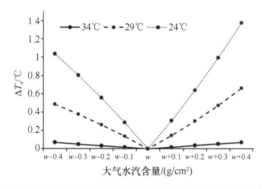

图 4-11　相同近地面气温条件下大气水汽含量误差对反演结果的影响

从表 4-6、图 4-11 中可以看出：①大气水汽含量变化（增加或者减少）会带来地表温度反演误差，增加或者减少越多，地表温度反演误差越大；②近地面气温越低，大气水汽含量的估算误差对地表温度反演误差的影响越大。当近地面气温为 24℃时，大气水汽含量每变化 0.1g/cm$^2$，大约带来 0.31℃的地表温度反演误差，其数值变化的敏感度比地表发射率要小。

3）近地面气温的敏感性

当地表发射率固定时，不同的大气水汽含量下，近地面气温的误差对反演结果的影响如表 4-7 所示，其中 $T_s\_34$ 表示近地面气温为 34℃时反演得到的地表温度，其他命名原则相同。

表 4-7　相同大气水汽含量条件下近地面气温误差对反演结果的影响

| 大气水汽含量/（g/cm$^2$） | 温度结果差值计算 $\left\| T_s\left(x+\Delta x\right)-T_s\left(x\right)\right\|$ | 差值均值 $\Delta T_s$/℃ |
|---|---|---|
| $w-0.4$ | $(T_s\_24)-(T_s\_29)$ | 1.877 |
| | $(T_s\_34)-(T_s\_29)$ | 1.875 |
| $w-0.3$ | $(T_s\_24)-(T_s\_29)$ | 2.002 |
| | $(T_s\_34)-(T_s\_29)$ | 1.999 |

| 大气水汽含量/（g/cm²） | 温度结果差值计算 $\left\|T_s(x+\Delta x) - T_s(x)\right\|$ | 差值均值 $\Delta T_s$/℃ |
|---|---|---|
| $w$ −0.2 | $(T_s\_24) - (T_s\_{-}29)$ | 2.135 |
| | $(T_s\_34) - (T_s\_{-}29)$ | 2.133 |
| $w$ −0.1 | $(T_s\_24) - (T_s\_{-}29)$ | 2.277 |
| | $(T_s\_34) - (T_s\_{-}29)$ | 2.275 |
| $w$ | $(T_s\_24) - (T_s\_{-}29)$ | 2.429 |
| | $(T_s\_34) - (T_s\_{-}29)$ | 2.426 |
| $w$ +0.1 | $(T_s\_24) - (T_s\_{-}29)$ | 2.592 |
| | $(T_s\_34) - (T_s\_{-}29)$ | 2.588 |
| $w$ +0.2 | $(T_s\_24) - (T_s\_{-}29)$ | 2.766 |
| | $(T_s\_34) - (T_s\_{-}29)$ | 2.763 |
| $w$ +0.3 | $(T_s\_24) - (T_s\_{-}29)$ | 2.953 |
| | $(T_s\_34) - (T_s\_{-}29)$ | 2.950 |
| $w$ +0.4 | $(T_s\_24) - (T_s\_{-}29)$ | 3.154 |
| | $(T_s\_34) - (T_s\_{-}29)$ | 3.150 |

从表 4-7 可以看出：①当大气水汽含量 $w$ 保持不变时，随着近地面气温的升高，地表温度反演误差逐渐降低；②随着大气水汽含量的升高，近地面气温的估算误差对地表温度反演误差影响越大。

## 4.8　小　　结

本章开展了基于 Landsat 8 TIRS 数据的地表温度反演方法研究。首先基于热辐射传输方程，根据 TIRS 传感器的特性对现有单窗算法的经验系数进行了修正；然后以 Landsat 8 数据为基本数据源结合 MODIS 数据完成了研究区下垫面温度的遥感反演，将反演值与地表温度实测值进行对比，并分析了相关参数误差对反演结果的敏感性，主要结论为：

（1）结合 Landsat 8 TIRS 传感器的特性，将单窗算法（Qin_SC）中的常量修订为和传感器特性相关的常量，简化了地表温度反演单窗算法。实验研究表明，TIRS10 SC 算法能较好地反映该研究区地表温度及其空间分布特征。研究区地表温度呈现明显的分布空间差异，水泥和裸土地表温度明显高于外植被覆盖地区，前者地表温度为 24.12~32.25℃，后者地表温度为 10.72~19.79℃。据地表温度观测数据检验，地表温度反演的平均反演误差为 0.83℃，相关系数为 0.805，总体上反演温度与实测数据具有较好的一致性。

（2）三种算法的地表温度反演结果和实测温度均具有较好的相关性。通过三种单窗算法反演结果的对比，发现 Q_SC 算法和 TIRS10_SC 算法的反演精度要高出 JM_SC 算法。其中，Q_SC 算法最小误差为 0.01℃，总体平均误差为 0.83℃；TIRS10_SC 算法最小误差为 0.02℃，总体平均误差为 0.84℃；JM_SC 算法最小误差为 0.18℃，总体平均误差为 1.08℃。

（3）针对研究区的实际情况，通过对算法中的温度参数、地表发射率、大气水汽含量和大气平均作用温度等参数敏感性分析发现，TIRS10_SC 算法能够获得较为可靠的反演结果，同时，TIRS10_SC 算法对大气水汽含量和地表发射率敏感性较高，对大气平均作用温度敏感性稍弱。

# 参 考 文 献

高懋芳, 覃志豪, 刘三超. 2005. MODIS 数据反演地表温度的参数敏感性分析. 遥感信息, 6: 3-6

罗菊花, 张竞成, 黄文江, 杨贵军, 顾晓鹤, 杨浩. 2010. 基于单通道算法的 HJ-1 与 Landsat 5 TM 地表温度反演一致性研究. 光谱学与光谱分析, 30(12): 3285-3289

毛克彪, 施建成, 覃志豪, 宫鹏, 徐斌, 蒋玲梅. 2006. 一个针对 ASTER 数据同时反演地表温度和比辐射率的四通道算法. 遥感学报, 4: 593-599

毛克彪, 覃志豪, 王建明, 武胜利. 2005. 针对 MODIS 数据的大气水汽含量反演及 31 和 32 波段透过率计算. 国土资源遥感, 63(1): 26-29

毛克彪, 唐华俊, 周清波, 陈仲新, 陈佑启, 覃志豪. 2007. 用辐射传输方程从 MODIS 数据中反演地表温度的方法. 兰州大学学报(自然科学版), 4: 12-17

覃志豪, 高懋芳, 秦晓敏, 李文娟, 徐斌. 2005. 农业灾害监测中的地表温度遥感反演方法——以 MODIS 数据为例. 自然灾害学报, 14(4): 64-71

覃志豪, 李文娟, 徐斌, 陈仲新, 刘佳. 2004. 陆地卫星 TM6 波段范围内地表发射率的估计. 国土资源遥感, 3(61): 28-32

周纪, 李京, 赵祥, 占文凤, 郭建侠. 2011. 用 HJ-1B 卫星数据反演地表温度的修正单通道算法. 红外与毫米波学报, 30(1): 61-67

Gao B C, Kaufman Y J. 1992. Remote sensing of water vapor in near IR from EOS/MODIS[J]. IEEE Transactions on Geoscience and Remote Sensing, 30(5): 871-884

Gillespie A, Rokugawa S, Matsunaga T, Cothern J S, Hook S, Kahle A B. 1998. A temperature and emissivity separation algorithm for Advanced Spaceborne Thermal Emission and Reflection Radiometer(ASTER)images. IEEE Transactions on Geoscience and Remote Sensing, 36(4): 1113-1126

Jiménez-Muñoz J C, Sobrino J A, Skoković D, Mattar C, Cristóbal J. 2014. Land surface temperature retrieval methods from Landsat-8 thermal infrared sensor data. IEEE Geoscience and Remote Sensing Letters, 11(10): 1840-1843

Jiménez-Muñoz J C, Sobrino J A. 2003. A generalized single-channel method for retrieving land surface temperature from remote sensing data. Journal of Geophysical Research: Atmospheres, 108(D22): 4688

Li F, Jackson T J, Kustas W P, Schmugge T J, French A N, Cosh M H, Bindlish R. 2004. Deriving land surface temperature from Landsat 5 and 7 during SMEX02/SMACEX. Remote Sensing of Environment, 92(4): 521-534

Qin Z, Karnieli A, Berliner P. 2001. A mono-window algorithm for retrieving land surface temperature from Landsat TM data and its application to the Israel-Egypt border region. International Journal of Remote Sensing, 22(18): 3719-3746

Ri C, 柳钦火, 历华, 等. 2013. 针对 Terra/MODIS 数据的改进分裂窗地表温度反演算法(英文). 遥感学报, 17(4): 830-840

Rozenstein O, Qin Z, Derimian Y, Karnieli A. 2014. Derivation of land surface temperature for Landsat-8 TIRS using a split window algorithm. Sensors, 14(4): 5768-5780

Sobrino J A, Gómez M, Jiménez-Muñoz J C, Olioso A, Chehbouni G. 2005. A simple algorithm to estimate evapotranspiration from DAIS data: Application to the DAISEX campaigns. Journal of Hydrology, 315(1-4), 117-125

Sobrino J A, Jimenez-Munoz J C, Paolini L. 2004. Land surface temperature retrieval from LANDSAT TM 5. Remote Sensing of Environment, 90(4): 434-440

Sobrino J A, Li Z L, Stoll M P, Becker F. 1996. Multi-channel and multi-angle algorithms for estimating sea and land surface temperature with ATSR data. International Journal of Remote Sensing, 17(11): 2089-2114

Sobrino J, Raissouni N, Li Z L. 2001. A comparative study of land surface emissivity retrieval from NOAA data. Remote Sensing of Environment, 75(2): 256-266

Stathopoulou M, Cartalis C, Petrakis M. 2007. Integrating Corine Land Cover data and Landsat TM for surface emissivity definition: Application to the urban area of Athens, Greece. International Journal of Remote Sensing, 28(15): 3291-3304

USGS. 2014. Landsat 8 Reprocessing to Begin February 3. 2014. http: //landsat.usgs.gov/calibration_notices.php, last access. 2015-4-26

Wan Z, Dozier J. 1996. A generalized split-window algorithm for retrieving land-surface temperature from space. IEEE Transactions on Geoscience and Remote Sensing, 34(4): 892-905

Yu X, Guo X, Wu Z. 2014. Land surface temperature retrieval from Landsat 8 TIRS—Comparison between radiative transfer equation-based method, split window algorithm and single channel method. Remote Sensing, 6(10): 9829-9852

# 第5章 京津唐地区地表热场空间特征及其变化

## 5.1 概 述

城市热环境是城市环境质量评价的重要组成部分。19 世纪初期,Lake Howard 提出"城市热岛"这一概念,引起了各国学者对城市地表热场问题的广泛关注。目前对于城市地表热场的研究方法常用的主要有以下两类。

### 5.1.1 基于气象站点实测数据

利用气象站点的多年观测数据或者将布点实测数据进行统计分析,从而得到城市热环境的动态变化特征,如郝丽萍等(2007)利用成都市 50 年的气温、降水等气象资料结合相关统计方法,分析了成都市的气候年际变化及城市热场的动态特征;龚志强等(2011)利用天津市 1964~2003 年城郊气温观测数据,分析了天津市热岛演变特征,并初步探讨了热岛变化规律的成因;杨英宝和江南(2009)利用南京市常规气象观测气温资料,分析 1951 年以来气温的变化趋势、季节特征及年际特征,通过市区气象站和郊区六合县气象站的统计资料对比分析,了解南京市热岛效应及其强度变化,发现南京市热岛效应强度呈现增强趋势,分布范围也在逐渐扩大;鲍文杰(2010)利用上海市气象站的实测气温资料,研究城市热岛效应的基本特征和演变规律,结果表明,近 50 年来上海地区城郊温差随着时间的推移呈现上升的趋势,城郊温差强度显著增大,且秋季热岛最为显著,夏季热岛最不显著,并且存在低强度热岛向中高强度热岛逐渐转化的趋势。

基于实测数据的研究方法具有良好的时间连续性和可控性,但其多为单点测量,受站点数量的影响,不能够快速获取大区域的地表热场空间展布特征,其整体空间信息的不连续使其应用受到极大限制。

### 5.1.2 基于热红外遥感数据

利用遥感数据的热红外波段反演得到辐射温度或者地表温度,进而对城市空间的热场分布及热环境的时空特征进行研究,如 Yue 等(2012)利用 Landsat TM 遥感影像,结合 ASTER 数据分析了上海城市地表热场的空间形态,并运用主成分分析法统计得出了"城市热岛"的主要贡献因子,它们分别为自然地表向人工地表的转变造成的下垫面物理性质的变化、景观格局差异和人为热排放能量;Singh 等(2014)通过 Landsat TM 热红外波段反演得到印度德里市 2011 年不同季节的地表温度,进而分析了德里市地表热场的空间特征和季相变化特征,发现德里的城市核心区温度较低,且热岛现象不明显;乔治和田光进(2014)运用不同时相的地表温度产品,分析了北京城市地表热场时空分布特征,发现北京夜间较白天城市热岛层次感更加明显,夏季白天较其他季节高温区聚集程度更高,此外利用热环境影响主因子,进一步对热环境进行了空间区划研究;肖捷颖等（2014）则对城市热岛的形成机制开展了进一步研究，他以 Landsat TM 数据为数据源，对石家庄城市热环境进行了定量遥感分析，基于地表能量平衡方程计算了不同土地覆被类型的地表热通量，结果表明，城市近地层温度升高主要由地表不透水下垫面产生的感热交换引起。

相比传统的站点实测数据，遥感数据具有大面积同步观测、时效性强、周期稳定等优点，不仅能够在宏观上揭示城市地表热场的动态变化，也能够在微观上有效地表现城市地表热场的空间形态，鉴于其在时间和空间上的优越性，目前已逐步成为城市热环境研究的主要途径。

随着我国城市群发展战略格局的明确和建设发展步伐的加快，对于由一个城市为核心，多个城市参与构成区域单元的城市热场相关研究逐渐丰富。京津唐地区处在京津冀城市群的关键部位，是我国快速城市化和经济高速发展的区域之一，相关的城市问题尤其是地表热场与发展管理相互制衡的现象较易发生，很多研究人员也针对京津唐地区开展过地表热场研究，如 Wang 等（2016）利用预报模型来探讨城市扩张带来的对地表热场规模和格局的影响，发现京津唐地区新增开发区相较老城区的地表热场有明显增强；孟倩文（2011）发现京津唐地区受植被覆盖季节差异影响，地表热场呈现不同的特征，且城市热场在城区的周边区县呈现逐渐增强的趋势；刘勇洪等（2017）对于京津唐地区地表热场成因分析时，发现不透水地表盖度是引起城市热场差异最重要的下垫面影响因子。由此可见，对于地表热场的监测、测量是城市环境问题研究的核心，而不透水地表也是城市环境的重要指标之一，能够较好地反映城市发展状况。将城市群区域作为整体的研究对象，打破了原有单一的行政管理界线，这使得对城市热场与城市发展的研究更着眼于开拓空间发展和促进区域协调。遥感技术可为地表温度、不透水地表数据的获取提供科学有效的方法，这对于进行大范围区域的城市热场监测、调控，以及区域生态环境建设实践等，都具有重要的作用和价值。

本章开展京津唐地区的地表热场遥感监测，并积极探寻地表热场类型的区分方案。通过对多时期热红外影像数据的处理，利用热点聚集方法获得研究区范围的温度分区，结合提取得到的地表不透水信息，建立京津唐地区地表热场类型区分方案，并对地表热场类型的空间特征及变化展开分析，探讨地表热场的分布及变化规律。

## 5.2  遥感数据的收集

本书采用的数据来自 Landsat 系列卫星，包括 Landsat 5、7、8 卫星所携带传感器记录的可见光、近红外及热红外遥感影像。为覆盖一个完整的研究区，需要同时使用 4 幅 Landsat 影像拼接裁剪完成（行列号分别为 122/32、122/33、123/32、123/33）。

收集 1991 年、1995 年、2001 年、2005 年、2011 年、2015 年共计 6 个时期的影像数据，时间跨度 25 年。为消除季节影响，对收集影像数据再整理，在确保影像少云且质量良好的基础上将成像日期统一在夏末秋初的 8~10 月。各时期下不符合要求而造成缺失的部分单景影像以临近年份相应的影像补足（表 5-1）。

将 Landsat 影像数据的热红外影像分辨率重采样至 30m 以便于与可见光、近红外影像匹配，并对所有数据进行精确的几何配准，投影方式使用横轴墨卡托（universal transverse mercator，UTM）投影，坐标系选为 WGS-84。

表 5-1　遥感影像数据信息

| 年份 | 各景幅影像的成像日期 | | | | 卫星及传感器 |
|---|---|---|---|---|---|
| | 122/32 | 122/33 | 123/32 | 123/33 | |
| 1991 | 09-21 | 09-21 | 09-18* | 10-07 | Landsat 5 TM |
| 1995 | 08-24 | 09-22* | 09-16 | 09-16 | Landsat 5 TM |
| 2001 | 09-17 | 09-17 | 09-24 | 09-24 | Landsat 7 ETM+ |
| 2005 | 08-15 | 08-15 | 10-29 | 10-29 | Landsat 5 TM |
| 2011 | 09-21 | 09-21 | 09-22* | 09-22* | Landsat 5 TM |
| 2015 | 08-22 | 08-22 | 10-02 | 10-02 | Landsat 8 OLI；TIRS |

*表示该景影像数据并非当期数据，而是由邻近年份影像代替。

## 5.3　地表温度的空间格局及变化特征

利用第 4 章介绍的地表温度反演算法，即可得到覆盖整个研究区的地表温度值。为了消除不同日期季相差异对地表温度结果带来的影响，对其进行了归一化处理，生成了归一化地表温度值：

$$T_s = \left( T - T_{\min} \right) / \left( T_{\max} - T_{\min} \right) \tag{5-1}$$

式中，$T_s$ 为归一化地表温度；$T_{\min}$ 和 $T_{\max}$ 分别为整个研究区内遥感反演得到地表温度的最小值和最大值。

### 5.3.1　各市主体城区地表温度的空间特征

京津唐地区的地表温度空间格局与城市不透水面的空间格局比较一致，高温区域主要分布在城市功能核心区及城市功能拓展区域，而城市外围地区及郊区的地表温度值则相对较低，为了更加清楚地显示出变化趋势，我们将各市的主体城区单独显示。

如图 5-1~图 5-3 所示，北京市地表温度的高值区域分布范围较广，主要分布在中心城区东、西城区，朝阳区、海淀区、石景山区，以及丰台区和拓展区昌平区、顺义区、通州区、大兴区和房山区，沿环线拓展，可以看出温度明显高于周边地区。2001 年北京市城市地表温度的高值区主要集中在城市中心区，强度相对较小。2005年和 2001 年相比城市地表温度的高值区范围扩大，由中心区域向四周扩散，城市功能拓展区热场强度明显增强，且中心区域的高值区更加显著。2011 年和 2005 年相比，城市地表温度的高值区范围继续扩大，且由中心区域向四周强烈辐散，使城市中心区及功能拓展区成为极高温聚集区，高值区明显点缀其中，但六环内热场强度相对减弱。

如图 5-4~图 5-6 所示，天津市地表温度高值区域主要分布在武清区-中心城区-滨海新区核心区一带，形成了明显的超高温聚集带，呈"双核式"形态。2001 年天津市的地表温度的高值区分布比较分散，除了聚集带外，中心城区的西南部也有中高值区分布，呈纵向分布。2005 年和 2001 年相比，城市地表温度的高值区明显由南部向超高温聚集带靠拢，超高温聚集带的高值区范围及强度都有明显扩张和增强。2011年和2005年相比，城市地表温度的高值区由中心城区和滨海新区相向拓展，两个高值区连通度增加，并以此为中心向四周辐散，范围和强度显著增加。

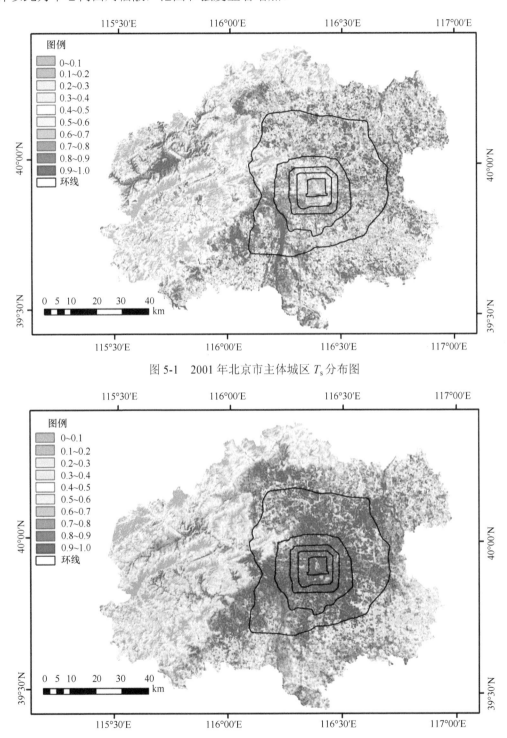

图 5-1　2001年北京市主体城区 $T_s$ 分布图

图 5-2　2005年北京市主体城区 $T_s$ 分布图

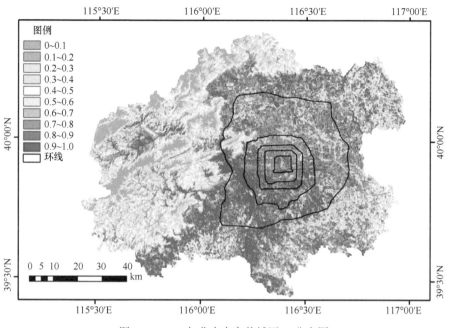

图 5-3 2011 年北京市主体城区 $T_s$ 分布图

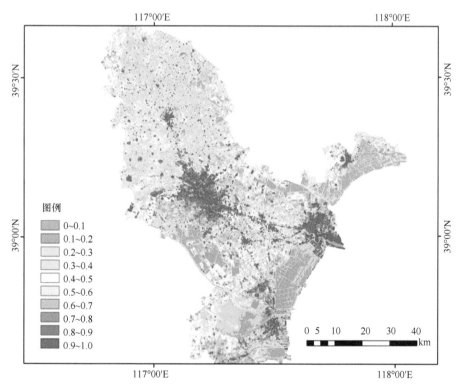

图 5-4 2001 年天津市主体城区 $T_s$ 分布图

如图 5-7~图 5-9 所示,唐山市的城市热场强度及范围相对于北京和天津来说要弱些,2001 年唐山市没有特别明显的地表温度的高值区,城市中心区地表温度稍高于外围区域。2005 年和 2001 年相比热场强度增加,地表温度的高值区分布于唐山市的各个县市区的中心地域，呈分散趋势。2011 年和 2005 年相比地表温度的高值区范围稍有增大，但明显可以看到城市地表温度的高值区由四周向城市中心区靠拢，且南部开始出现了小面积的地表温度的高值区。

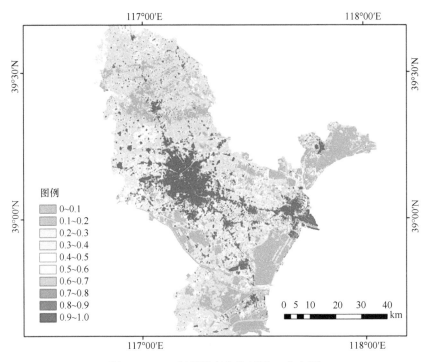

图 5-5　2005 年天津市主体城区 $T_s$ 分布图

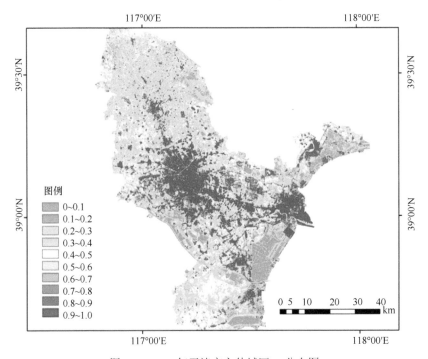

图 5-6　2011 年天津市主体城区 $T_s$ 分布图

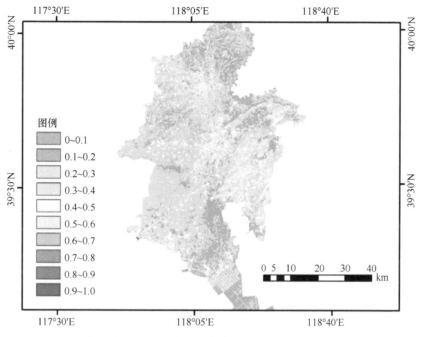

图 5-7　2001 年唐山市主体城区 $T_\text{s}$ 分布图

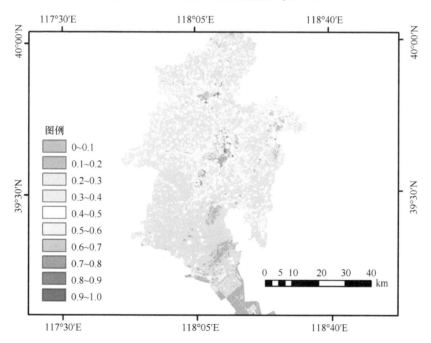

图 5-8　2005 年唐山市主体城区 $T_\text{s}$ 分布图

### 5.3.2　各市主体城区地表温度的变化分析

　　地表温度易受地表性质的影响，郊区的裸岩、裸土等处于无植被覆盖状态，地表温度非常高，并且郊区耕地的地表性质受季相影响较大，地表温度不稳定，因此在统计过程中只是对主体城区的地表温度进行了统计分析。

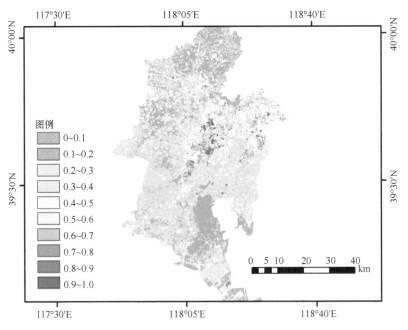

图 5-9　2011 年唐山市主城区 $T_s$ 分布图

　　根据遥感估算得到的地表温度，我们将重新归为 5 类，低温、中低温、中温、中高温和高温，并统计了各个类别在不同年份所占的比例，如图 5-10 所示。2001~2011年可以看出高温区域和中高温区域有着较为明显的增长趋势，说明城市扩展对城市热环境有着较大的影响。不同城市的低温区域变化趋势不同，北京和天津市的低温区域均呈下降趋势。唐山市 2001~2005 年低温区域减少，而 2005~2011 年低温区域又有所增加。此外，在北京地区高温及中高温区域面积所占比例最大，由 2001 年的 45%增加到 2011 年的 66%左右，天津地区高温及中高温区域面积所占比例由 2001 年的 24%增加到 2011 年的 33%左右，唐山地区高温及中高温区域面积所占比例相对来说较小，也由 2001 年的 11%增长到 2011 年的 15%左右。总体上 2001~2011 年三个城市的热场强度都有所加强。

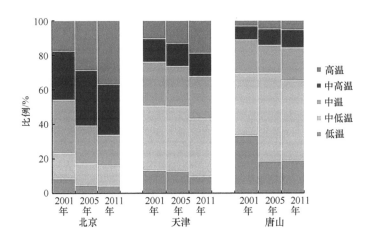

图 5-10　京津唐各年份各级别温度的比例构成

对三市主城区不同年份的高温区域面积进行了统计分析，发现其与高密度不透水面逐年增加区域相吻合（京津唐主体城区地表不透水面盖度空间特征及其年度变化见图 5-11）。

从图 5-12 可以看出，高温区域逐年增加，在 2011 年达到最大值，北京市主城区 2001~2005 年高温区域面积增长较快，由 1445.2km² 增长到 2349.1km²。2005~2011 年增长速度减缓，由 2349.1km² 增长到 3032.6km²。同样，天津市主城区高温区域在 2001~2005 年增长较快，2005~2011 年减缓，面积由 583.3km² 增长到 723.9 km² 再增长到 1061.1 km²。唐山市主城区 2001~2005 年高温区域面积增长较多，由 120.1 km² 增长到 176.8km²。2005~2011 年面积增长较少，最终增长到 200.6 km²。2001~2011 年，三个城市整体上热场范围都在扩大，高温区域增长速度较快的是北京和天津，二者相差不多，唐山高温区域增长速度较慢。

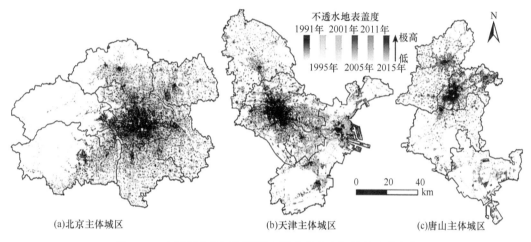

(a)北京主体城区        (b)天津主体城区        (c)唐山主体城区

图 5-11  京津唐主体城区不透水地表盖度空间特征及其变化

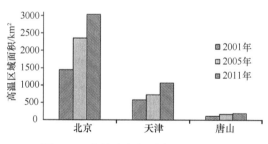

图 5-12  京津唐各年份高温区域面积

### 5.3.3  热岛强度及其变化分析

为定量研究研究区的地表热场空间特征，引入热场变异指数（张勇等，2006）对遥感反演的地表温度进行后续处理，计算每期图像的指数值，然后基于该指数值划分研究区的各级热岛强度。热场变异指数用于描述某一位置点的地表温度相较整体范围下地表温度的热场变异情况，可作为城市生态质量及热环境的评价指标。热场变异指数的计算方法由式（5-2）给出：

$$\mathrm{HI}(T) = (T_s - T_{\mathrm{MEAN}}) / T_{\mathrm{MEAN}} \tag{5-2}$$

式中，$HI(T)$ 为热场变异指数；$T_s$ 为研究区内某一位置遥感反演的地表温度；$T_{MEAN}$ 为研究区域的平均地表温度。

进一步，通过对阈值区间定义来划分热岛强度的等级，具体阈值如表 5-2 所示。

表 5-2  热岛强度分级

| 热岛强度 | 热场变异指数 |
| --- | --- |
| 无 | ≤0 |
| 弱 | 0.000~0.005 |
| 中 | 0.005~0.010 |
| 较强 | 0.010~0.015 |
| 强 | 0.015~0.020 |
| 极强 | ≥0.020 |

京津唐主体城区在 6 个时期（1991 年、1995 年、2001 年、2005 年、2011 年、2015 年）的热岛强度空间分布如图 5-13 所示。随着时间推移，各城市的主体城区热岛效应的影响范围在逐渐扩大，高等级的热岛强度面积也在逐渐增多。

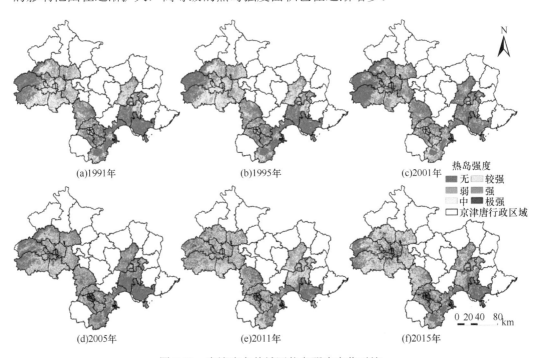

图 5-13  京津唐主体城区热岛强度变化对比

## 5.4  不同热场类型的区分及其特征分析

### 5.4.1  热场类型的定义

以地表温度和不透水地表盖度数据为基础，建立研究区的地表热场区分方案。在遥感反演得到地表温度的基础上，采用空间聚集因子来识别研究区域中具有统计显著性的高值和低值的空间聚类，计算公式如下：

$$G_i^* = \frac{n\sum\limits_{j=1}^{n}\omega_{i,j}x_j - \sum\limits_{j=1}^{n}\omega_{i,j}\sum\limits_{j=1}^{n}x_j}{\left[\left[n\sum\limits_{j=1}^{n}\omega_{i,j}^2 - \left(\sum\limits_{j=1}^{n}\omega_{i,j}\right)^2\right]\cdot\left[n\sum\limits_{j=1}^{n}x_j^2 - \left(\sum\limits_{j=1}^{n}x_j\right)^2\right]/n-1\right]^{1/2}} \tag{5-3}$$

式中，$x_j$ 为要素 $j$ 位置下的地表温度；$\omega_{i,j}$ 为要素 $i$ 和 $j$ 之间的空间权重；$n$ 为要素总数，输出的 $G_i^*$ 统计是地表温度数据中每个要素的 $z$ 得分。

根据计算所得的 $z$ 得分，当 $|z|>2.58$ 时，视为在高值区表现显著的高温空间聚集，低值区表现显著的低温空间聚集；当 $|z|<2.58$ 时，不存在显著的高低温聚集，表现为中温空间聚集。

不透水地表是包括建筑、道路等改变了自然地表渗透特征的地表区域，而不透水地表盖度则是单位面积下的不透水地表的占比。利用分类回归树算法对不透水地表盖度进行提取（Yang et al.，2003），得到各个时期研究区的不透水地表盖度结果。不透水地表盖度的划分有多种方法（乔琨等，2017；肖荣波等，2007），没有形成统一的执行标准（Hahs and Mcdonnell，2006），需结合实际情况尝试最理想的方法。这里统计不同时期的不透水地表盖度分布信息，先区分自然地表与不透水地表；之后与温度数据结合分析，寻找适宜的不透水地表盖度阈值，区分为低盖度不透水和高盖度不透水地表。

根据地表温度热点聚集的空间特征，先将区域划分为高温区（$H$）、中温区（$M$）和低温区（$L$）。在此基础上，考虑地表的不透水盖度信息，通过温度聚集区和地表类型的空间组合，获得京津唐主体城区的地表热场类型区分方案，如表 5-3 所示。

表 5-3　京津唐主体城区地表热场类型的划分方案

| 地表温度 | 地表覆盖 | 地表热场类型 |
| --- | --- | --- |
| | 自然地表 N | LN |
| 低温 L | 低盖度不透水 A | LA |
| | 高盖度不透水 B | LB |
| | 自然地表 N | MN |
| 中温 M | 低盖度不透水 A | MA |
| | 高盖度不透水 B | MB |
| | 自然地表 N | HN |
| 高温 H | 低盖度不透水 A | HA |
| | 高盖度不透水 B | HB |

## 5.4.2　不同热场类型的空间特征

京津唐主体城区 1995~2015 年地表热场的影响范围在逐渐扩大，并在各个主体城区形成空间聚集（图 5-14）。北京主体城区 1995~2015 年地表热场空间分布从偏南部聚集逐渐扩展至整个区域；天津主体城区在 1995~2005 年的地表热场空间分布沿中心区域至港口方向快速扩散；唐山主体城区地表热场空间分布在北部表现较为显著。

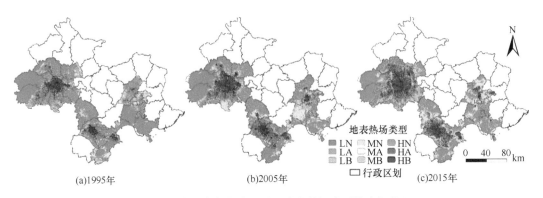

图 5-14 京津唐主体城区不同地表热场类型的空间格局

对温度数据进行归一化处理,拉伸为 0~100;同时,不透水地表盖度以比例表示,绘制两者在二维空间的散点信息 [图 5-15(a)]。观察发现地表温度与不透水地表盖度关联密切,且利用二次函数两者拟合效果较好,相关系数也从 1995 年的 0.88 提高至 2015 年的 0.94。1995 年,散点分布较为分散,地表热场特征表现为随不透水地表盖度提高,温度先缓后快的增长变化。2005 年,散点相对聚集,低盖度不透水地表(A)的温度变化较大,高盖度不透水地表(B)的温度保持缓慢增长。2015 年,地表热场空间分布特征与 2005 年相似,随不透水地表盖度的提高,温度缓慢增长,空间聚集性良好。

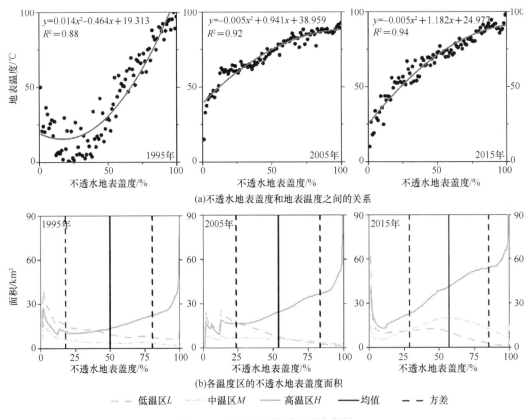

图 5-15 京津唐主体城区地表热场

由图 5-15（b）所示，随时间推移不透水地表在面积和盖度上均保持增长。其中，高温区（$H$）的不透水地表随着盖度升高，面积保持正向增长变化。中温区（$M$）和低温区（$L$）的不透水地表盖度面积变化相对平缓。1991~2015 年，不透水地表盖度均值依次为 49.72%、53.87% 和 57.17%。

### 5.4.3　不同热场类型的面积占比

比较各类型地表热场在不同时期的面积占比情况（图 5-16）。自然地表（$N$）在各个时期下的面积占比最高（84.56%、80.70%、72.58%），高盖度不透水地表（$B$）增长明显（11.76%、15.26%、22.49%）。随时间推移，中温区（$M$）、高温区（$H$）的面积增长平缓，低温区（$L$）面积有所下降。低强度地表热场区域 LN 面积占比下降显著，从 1995 年 58.63% 降至 2015 年 38.12%；高强度地表热场区域 HB 保持逐年增长，从 1995 年的 7.03% 增至 2015 年的 15.05%。

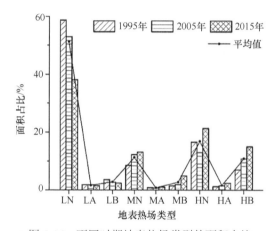

图 5-16　不同时期地表热场类型的面积占比

### 5.4.4　不同热场类型的变化

年际变化率反映了不同地表热场类型在研究初末的时间段内面积变化信息，利用该方法探寻研究区在 1995~2015 年地表热场空间变化状况，公式如下：

$$T_{i,j} = P_{i,j} / E，P_{i,j} \in \left\{ C_E \left( P_i \bigcap P_j \right) \right\} \tag{5-4}$$

式中，$T$ 为变化率；$P$ 为变化面积；$E$ 为区域总面积；$i, j$ 分别为变化发生的初末时期。

对比京津唐主体城区在 1995~2005 年和 2005~2015 年的地表热场变化信息（图 5-17），发现 2005~2015 年温度区的变化率均值为 13.71%，高于 1995~2005 年变化率均值 12.00%。1995~2005 年和 2005~2015 年，温度区 $L:M:H$ 的变化率分别为 1.6:0.8:1.0 和 4.6:1.8:1.0，说明在 1995~2005 年温度区变化相对分散均衡；2005~2015 年变化则更为集中，表现在较低温度区的变化幅度较大。

自然地表（$N$）相较不透水地表（$A$、$B$）变化更加频繁，与各温度区组合 LN、MN、HN 是变化率较高的地表热场类型。不透水地表（$A$、$B$）变化相对平稳且有缓慢增长。地表热场总体变化幅度在加强，且随温度区正向渐变，变化呈"阶梯降"的特征，不透水地表盖度区的变化则表现"两端大、中间小"的特征。

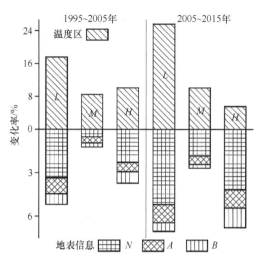

图 5-17 京津唐主体城区热场变化率

### 5.4.5 空间差异及其质心迁移特征

标准差椭圆法是一种重要的空间计量分析方法，能够揭示空间数据的分布特征和方向差异。主辅轴长度（标准差值）代表空间分布方向及聚集离散程度，转角代表了空间数据变化的主导趋势方向。本章利用该方法来分析不同时期研究区地表热场标准差椭圆的空间特征，并识别地表热场重心的位置变化和迁移轨迹。

1995~2015 年，京津唐主体城区地表热场空间发展主轴保持在西北—东南方向，且偏转角由 104.80°逐渐变为 121.12°，京津唐主体城区地表热场方向有朝南北向转变的趋势（图 5-18）。计算不同时期下标准差椭圆的主轴/次轴值，发现京津唐主体城区地表热场在主轴方向上表现极化增长，显示了地表热场在该区域下沿主轴方向呈聚集发展态势。

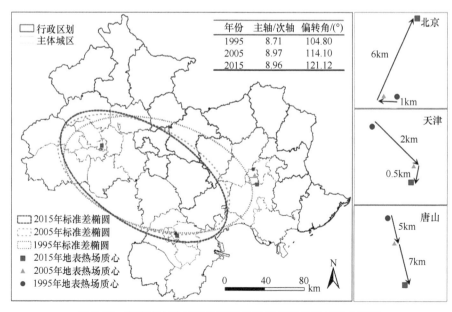

图 5-18 京津唐主体城区地表热场发展方向分布与质心迁移

京津唐主体城区的地表热场质心均集中在各自城区的中心部分，北京主体城区质心迁移情况与京津唐主体城区地表热场发展方向相逆，大致向东北方向迁移；天津、唐山主体城区质心迁移情况与京津唐主体城区发展方向相符，向东南方向迁移。天津质心的迁移长度较短，唐山质心的迁移变化幅度较大。

### 5.4.6 不同城区的贡献指数分析

作为规划定位不同、行政管理独立的城市集合，在京津唐城市群内部，各城市主导的地表热场区域是不同的，同时，它们对于城市群热岛格局的影响也存在差异。基于此，结合贡献指数法量化不同主体城区在多个时期所呈现的热场对整体区域的贡献程度，公式如下（Peng et al.，2016）：

$$CI = \left(\frac{D_{j,i}}{D_j}\right) \Bigg/ \left(\frac{JJT_{j,i}}{JJT_j}\right) \tag{5-5}$$

式中，$D$ 为单独的主体城区；JJT 为京津唐主体城区；$i$ 为不同的地表热场类型；$j$ 为年份。

根据地表热场类型的温度和不透水盖度正向渐变，统计排序中最高（HB）、最低（LN）及中间（MA）的地表热场类型的贡献指数（表 5-4）。北京主体城区在 LN 和 MA 贡献较低，在 HB 贡献程度较高，并呈现逐年递减的趋势；天津主体城区各类地表热场贡献较为平缓均衡；唐山在 MA 贡献程度最大，在 HB 贡献远低于其他主体城区，但有缓慢增长的态势。

对地表热场贡献统计发现，北京主体城区对京津唐主体城区的热场贡献更集中在高温、高不透水地表盖度的区域；唐山主体城区贡献集中在中温、中不透水地表盖度的区域，且有向更高的地表热场区域转变的趋势；天津整体上各类地表热场贡献表现均衡。

表 5-4 不同城区的地表主要热场类型的贡献指数对比

| 地表热场类型 | 主体城区 | 1995 年 | 2005 年 | 2015 年 | 总计 |
| --- | --- | --- | --- | --- | --- |
| LN | 北京 | 0.97 | 1.00 | 0.87 | 2.84 |
| | 天津 | 1.13 | 1.09 | 1.09 | 3.31 |
| | 唐山 | 0.90 | 0.89 | 1.15 | 2.94 |
| MA | 北京 | 0.34 | 0.73 | 0.95 | 2.02 |
| | 天津 | 0.90 | 0.61 | 0.90 | 2.41 |
| | 唐山 | 2.42 | 2.02 | 1.21 | 5.65 |
| HB | 北京 | 1.41 | 1.33 | 1.28 | 4.02 |
| | 天津 | 0.97 | 1.05 | 1.02 | 3.04 |
| | 唐山 | 0.24 | 0.28 | 0.42 | 0.94 |

## 5.5 京津唐地区生态调控策略

通过以上研究我们可以看出，随着京津唐地区城市的快速发展，城市不透水面范围的持续扩张明显改变了城市地表热环境，地表下垫面对地表热环境有很大影响。1995～2015 年，城市热场范围及强度不断增加，高温区域面积快速增长，这一系列改变会影响到人类生活环境的舒适度，为此我们针对具体情况提出一些生态调控建议。

1）增加绿地、水体斑块，减少不透水面盖度及团聚程度

从地表热环境的空间格局可以看出，城市地表中绿地和水体斑块温度明显低于不透水面区域，城市绿地和水体具有明显的"恒温效应"和"绿洲效应"，在热量和水分方面对城市环境进行调节，其覆盖率越高，降温效应越明显。在绿地覆盖率相当情况下，大斑块绿地降温效应明显高于小斑块绿地（Imhoff et al.，2010；Chen et al.，2009；Xiao et al.，2007）。此外，通过回归分析发现，地表温度与城市不透水面盖度呈正比，因此我们可以通过增加城市内部的绿地和水体斑块面积，建设生态廊道，增加植被覆盖率，减少不透水面盖度及团聚程度等方式来调节城市热环境。

北京市的热场格局沿主要环线向外扩展，呈"摊大饼"式发展。二环到五环间除了少数几处连片水域及公园绿地外，不透水面占据了大部分的面积。应适当增加内部环线的绿地和水体斑块比例，并加强路网系统的绿化建设，进行植被种植，以减少不透水面盖度及减弱其升温效应。此外，通过景观分析发现北京的不透水面结构最为复杂，在单纯增加绿地及水体比例基础上，还要增加斑块形状的多样性，多使用楔状结构及放射状结构，以增加城市内部的"冷源"，达到降温效应。

天津市为京津唐地区热环境变化最为剧烈的区域，其热环境格局呈"双核式"发展，以核心城区及滨海新区为中心，相向发展，形成超高温聚集带。聚集带附近的区域应适当增加连片的绿地以减缓热环境的加速变化。此外，天津东临渤海，内部水系发达，以此为依托，可充分利用海洋、河流、湿地等资源建设多条生态绿廊，有机融合城市建设用地和生态绿廊，使清新暖湿空气顺着海河口，沿着绿廊进入中心城区，改善天津城市地表热环境。

相比于北京和天津，唐山市的热场范围及强度都相对较弱，但其不透水面斑块聚集程度最强，景观结构最单一，城区内部只有极少数的几个大型绿地，且分布集中。为了改善唐山市地表热环境，应改变传统绿化集中布置的格局，将其均匀分散分布，并且增加绿地公园及人工水体等的数量，减少不透水面的团聚程度，以减弱其增温效应。

2）改变城区开发模式，减缓不透水面面积及盖度的增长速度

城市地表热环境除了受到下垫面的影响，还会受到城市开发模式的影响，不合理的开发模式，使城市不透水面无序快速扩展，进而使得生态环境质量下降，因此健康合理的开发模式是必不可少的。

为了改善京津唐地区地表热环境，首先分析掌握城市不透水面的变化规律，采用低冲击开发模式，合理控制新城区的不透水盖度的增长，以及老城区的边缘扩张规模，减缓不透水面的增长速度，在增加绿地、水体及植被覆盖度的前提下，严格控制城市不透水面蔓延成片，对城市用地进行理性开发。其次是在满足公共环境需求的前提下，改变京津唐地区以老城区为核心的"摊大饼"式的开发模式，在新城区适当的鼓励中高密度不透水面的土地开发，在保护新区自然地表连续性和完整性的前提下，推行建设结构紧凑的高层建筑，并在屋顶、墙壁等构建多层次立体植被覆盖层，改良基础设施材料，尽量使用透水性能较好的材料。这样既可以减缓城市扩展对自然地表的侵蚀，维持其对地

表热环境的调节作用，又可以减缓因道路、居民楼等基础设施建设所带来的不透水面面积及盖度的增长，以减缓城市生态环境的恶化。

# 5.6 小 结

本章利用 Landsat 系列卫星遥感数据，反演得到了多期京津唐地区地表温度结果，分析了研究区地表温度的空间格局及变化特征；将地表温度和地表不透水面综合起来，定义了不同热场类型，生成了多期地表热场类型结果图，并对研究区地表热场空间特征及时空演变进行了分析，主要结论为：

（1）京津唐主体城区地表热场发展主轴保持在西北—东南方向，且随时间推移沿主轴呈聚集态势。不透水地表盖度和地表温度在地表热场空间表现显著的正相关，在 1995 年地表温度随不透水地表的盖度提升增长较快；2005 年与 2015 年两者分布特征较为一致，随不透水地表盖度升高，地表温度随之增长。

（2）2001～2011 年北京、天津和唐山主体城区的高温区域和中高温区域有着较为明显的增长趋势，北京高温及中高温区域占到中心城区面积的比例由 45% 增长到 66% 左右，天津高温及中高温区域地区占到中心城区面积的比例由 24% 增长 33% 左右，唐山高温及中高温区域占到中心城区面积的比例较小，由 11% 增长到 15% 左右。对高温区域进行面积统计得到高温区域增长速度较快的是北京和天津，唐山高温区域增长速度较前者稍缓。

（3）京津唐主体城区地表热场年际变化幅度在逐年加大，且随地表温度的渐变增强呈现"阶梯降"的变化特征，由自然地表向高盖度不透水地表的渐变呈现"两端大、中间小"的变化特征。对比三个主体城区，北京的地表热场从南部聚集逐渐扩展至全区域，天津主体城区地表热场沿中心区域至港口方向快速扩散，唐山主体城区地表热场在北部聚集显著；同时，各主体城区对整体区域的地表热场贡献有所差异：北京贡献更集中在高温、高不透水地表盖度的区域，天津整体上对各类地表热场区域贡献表现差别不大，唐山贡献呈现向更高地表热场区域转变的趋势。

# 参 考 文 献

鲍文杰. 2010. 上海城市热岛的时空特征及其演化规律研究. 上海: 复旦大学硕士学位论文

龚志强, 何介南, 康文星, 吴耀兴, 吴立潮. 2011. 长沙市城区热岛时间分布特征分析. 中国农学通报, 27(14): 200-204

郝丽萍, 方之芳, 李子良, 刘泽全, 何金海. 2007. 成都市近 50a 气候年代际变化特征及其热岛效应. 气象科学, 27(6): 648-654

刘勇洪, 房小怡, 张硕, 栾庆祖, 权维俊. 2017. 京津冀城市群热岛定量评估. 生态学报, 37(17): 5818-5835

孟倩文. 2011. 京津唐城市群热环境的时空变化及其影响因子研究. 北京: 中国气象科学研究院硕士学位论文

乔琨, 朱文泉, 胡德勇, 郝明, 陈姗姗, 曹诗颂, 等. 2017. 北京市不同功能区不透水地表时空变化差异. 地理学报, 72(11): 2018-2031

乔治, 田光进. 2014. 北京市热环境时空分异与区划. 遥感学报, 18(3): 715-734

肖捷颖, 张倩, 王燕, 季娜, 李星. 2014. 基于地表能量平衡的城市热环境遥感研究——以石家庄市为例. 地理科学, 34(3): 338-343

肖荣波, 欧阳志云, 蔡云楠, 李伟峰. 2007. 基于亚像元估测的城市硬化地表景观格局分析. 生态学报, 27(08): 3189-3197

杨英宝, 江南. 2009. 近50a南京市气温和热岛效应变化特征. 气象科学, 29(1): 88-91

张勇, 余涛, 顾行发, 张玉香, 陈良富, 余姗姗. 2006. CBERS-02 IRMSS 热红外数据地表温度反演及其在城市热岛效应定量化分析中的应用. 遥感学报, 5: 789-797

Chen H, Gu L, Li Y Q, Mu C L. 2009. Analysis on relations between the pattern of urban forests and heat island effect in Chengdu. Acta Ecologica Sinica, 29( 9): 4865-4874

Hahs A K, Mcdonnell M J. 2006. Selecting independent measures to quantify Melbourne's urban–rural gradient. Landscape & Urban Planning, 78(4): 435-448

Imhoff M L, Zhang P, Wolfe R E, Bounoua L. 2010. Remote sensing of the urban heat island effect across biomes in the continental USA. Remote Sensing of Environment, 114(3): 504-513

Peng J, Xie P, Liu Y, Ma J. 2016. Urban thermal environment dynamics and associated landscape pattern factors: A case study in the Beijing metropolitan region. Remote Sensing of Environment, 173: 145-155

Singh R B, Grover A, Zhan J. 2014. Inter-seasonal variations of surface temperature in the urbanized environment of Delhi using Landsat thermal data. Energies, 7(3): 1811-1828

Wang J, Huang B, Fu D J, Atkinson, Peter M, Zhang X Z. 2016. Response of urban heat island to future urban expansion over the Beijing-Tianjin-Hebei metropolitan area. Applied Geography, 70: 26-36

Xiao R B, Ouyang Z Y, Zheng H, Li W F, Schienke E W, Wang X K. 2007. Spatial pattern of impervious surfaces and their impacts on land surface temperature in Beijing, China. Journal of Environmental Sciences, 9( 2): 250-256

Yang L, Huang C, Homer C G, Wylie B K, Coan M J. 2003. An approach for mapping large-area impervious surfaces: synergistic use of Landsat-7 ETM+ and high spatial resolution imagery. Canadian Journal of Remote Sensing, 29(2): 230-240

Yue W, Liu Y, Fan P, Ye X, Wu C. 2012. Assessing spatial pattern of urban thermal environment in Shanghai, China. Stochastic Environmental Research and Risk Assessment, 26(7): 899-911

# 第6章 不透水地表盖度与地表温度相关性分析——以北京城区为例

## 6.1 概　述

城市化导致下垫面土地覆盖状况发生了较大变化，原有的自然地表覆盖被密集的建筑物和街道取代，对区域气候产生显著影响（Zhao et al.，2014；Mahmood et al.，2014；Georgescu et al.，2013）。早在 1818 年 Howard 通过伦敦城区和郊区气温的对比，发现城区比郊区的气温要高，提出了"城市热岛"的概念；在我国，周淑贞（1998）利用卫星资料及多种统计方法，提出了上海城市热岛、干岛、湿岛、雨岛、混沌岛的"五岛效应"（周淑贞，1988）；Kalnay 和 Cai（2003）分析美国大陆地区气温日较差时指出，在过去50 年里，气温日较差的减少，一半要归因于城市化和土地利用方式的改变。

中国近年来城镇化发展迅速，1995~2003 年，中国城镇化率每年增长 1.5 个百分点，到 2011 年，全国城镇人口达 6.69 亿人，城镇化水平达 52.6%（姚士谋等，2014）。随着城镇化的加快，大量自然地表转化为沥青、水泥等人工地表，从而引发了一系列环境问题，其中以城市热岛问题最为显著。北京作为首都，近 20 年来城镇化发展迅速，城市热岛问题尤其明显。有数据显示，北京热岛强度 40 年来明显加强，从 70 年代末 80 年代初开始呈快速上升趋势（郑思轶和刘树华，2008）。郊区和城镇温度差距越来越大，据统计，北京 1961~2000 年市郊日均气温差约为 3.3℃。城市热岛效应将对城市的气候特征、水文特征、大气环境、能量交换和居民健康等方面产生影响，引发一系列环境问题（肖荣波等，2005）。

城市下垫面性质的改变对城市热环境的影响一直是研究者关注的焦点，不透水面的快速增长是城市化最显著的特征之一，近年来有关不透水面对城市热环境的影响的研究也在不断增多。许多学者研究发现，不透水地表（ISP）与地表温度（LST）有较强的相关性，是城市发展及城市热环境的重要指示因子。

国外学者对此进行了很多研究，如 Yuan 和 Bauer（2007）以 Landsat TM/ETM$^+$ 为数据源定量分析了美国明尼苏达州特温城不同季相时城市热环境与不透水地表及 NDVI 之间的关系，结果表明，在各个季节地表温度和城市不透水地表都有很强的线性相关性，而地表温度和 NDVI 之间不具有稳定线性相关性，因季节而异；Weng 和 Deng（2008）利用混合像元分解模型提取了美国印第安纳波利斯市亚像元级别的不透水地表盖度和植被覆盖度，分析了二者与地表温度之间的关系及其对城市热环境的影响，发现地表温度和不透水地表盖度呈正相关和植被覆盖度呈负相关，不透水地表有升温的作用而植被有降温的作用；Ma 等（2010）基于 Landsat TM/ETM$^+$数据和相关的不透水地表光谱指数分析了广州市从 1990~2005 年不透水地表盖度以及植被丰度对城市地表温度和城市热岛强度之间的关系，结果表明从1990~2005年城市不透水地表比例明显增加，不透水地表平均中心朝西北方向移动，且地表温度与不透水地表盖度呈正相关，与植被丰度呈负相关。

国内也有很多学者针对城市不透水地表和热环境的关系进行了研究，如林云杉等（2007）基于V-I-S（vegetation-impervious surface-soil）模型提取了泉州市1989年和1996年两个时相的城市建成区不透水地表，并研究了其与城市热岛之间的关系，发现泉州市区不透水地表的面积在7年里有了明显的增加，并主要沿研究区东南部扩展，提取的不透水地表信息与地表温度存在着明显的正相关关系；孟宪磊（2010）对不透水地表盖度与地表温度之间的关系进行了多尺度研究，并分析了上海市不透水地表盖度和城市热岛的空间分布特征，结果表明上海市外环以内不透水地表覆盖率较高，地表温度与不透水地表盖度呈显著的正相关，但尺度效应不明显，与幅度、城市发展密度区域的比例无定量关系；徐永明和刘勇洪（2013）基于Landsat TM遥感数据运用线性光谱分解研究了北京城市不透水地表盖度与地表温度之间的关系，结果表明，地表温度随着不透水地表盖度的增加而升高，并且其变化速率依赖于不透水地表盖度。当不透水地表盖度低于40%时，地表温度随着不透水地表盖度增加呈指数关系迅速上升，而当不透水地表盖度高于40%时，地表温度呈线性缓慢上升；郭冠华等（2015）采用回归树模型构建了广州市中心区不同季节时期地表温度与不透水地表间的关系方程，探讨了城市热环境季相变异规律及不透水地表对其的影响，发现随季相变化，地表温度与不透水地表的正相关关系趋于复杂，此外与传统的线性回归模型相比，回归树模型能更好地模拟地表温度的空间异质性；唐菲和徐涵秋（2013）选取中国6个城市作为研究区，采用Landsat ETM+影像和线性光谱混合分析法提取出各个研究区的不透水地表面积，并反演出对应的地表温度，利用多种回归模型和大样本量定量分析二者之间关系，分析了不透水地表对城市热环境的影响机制；杨可明等（2014）采取基于V-I-S和全约束最小二乘法混合像元分解模型提取2010年北京海淀区不透水地表盖度和地表温度，并在此基础上对二者之间的相关性进行定性和定量分析。徐永明和刘勇洪（2013）等利用线性光谱分解及V-I-S模型提取了北京市单时相不透水地表盖度，并对北京城市热环境的空间分布特征及其与不透水地表盖度之间的关系进行了分析讨论。Hao等（2016）利用多时相遥感数据对1990~2014年北京城区不透水地表盖度，以及相对年平均表面温度进行了时空变化监测，并对二者之间关系进行分析讨论。

本章以北京城区为例，重点探讨不透水地表的变化及其对地表温度的影响。由于北京核心城区的发展具有从中心向外快速蔓延的特征，城市形态紧致、结构比较紧密，各城市环路包围核心城区，呈现多级分层结构，因而对北京城区根据环路区域范围进行不透水地表盖度时空变化分析，然后开展不透水地表与地表温度之间的相关分析，对北京城区进行合理的、有针对性的建设规划，改善北京城区生态环境，寻求缓解城市热岛效应的途径有着重要意义。

本章根据遥感数据的不透水地表盖度提取结果，对2001年、2011年北京城区各环路范围进行时空变化分析，分析得出北京城市扩展的主要发展趋势。同时根据北京城区发展的特点，对北京城区各环路区域不透水地表盖度，以及地表温度之间的关系进行相关分析，为北京城区及近郊区今后的进一步建设规划和环境治理提供参考。

## 6.2 研究区和数据

### 6.2.1 研究区

选取北京六环以内城区作为研究区（图 6-1），总面积约 2327.24km²，包括东城、西城、朝阳、海淀、丰台和石景山 6 个城区，通州、大兴两区的部分城区，以及顺义、昌平两区的部分非核心城区，大部分区域为平原地区。研究区气候特征为典型的温带季风气候，夏季高温多雨，冬季寒冷干燥，春、秋短促。

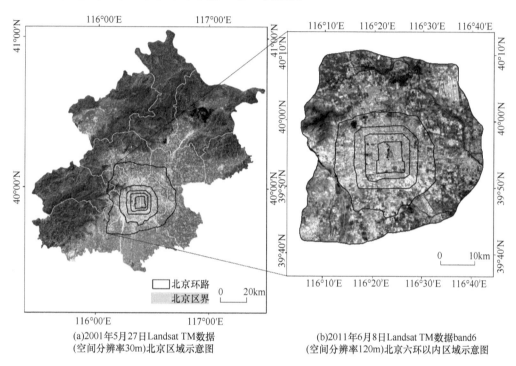

(a)2001年5月27日Landsat TM数据
(空间分辨率30m)北京区域示意图

(b)2011年6月8日Landsat TM数据band6
(空间分辨率120m)北京六环以内区域示意图

图 6-1  研究区地理位置示意图

北京作为全国政治、文化中心，历史悠久，资源丰富，辐射带动着京津冀城市群的经济快速发展，其自身近年来城镇化也处在非常快速的发展阶段。

### 6.2.2 数据

获取了 2001 年（5 月 19 日、5 月 27 日）、2005 年（5 月 16 日、11 月 14 日）和 2011 年（6 月 8 日、1 月 31 日）轨道号为 123/32 的 Landsat TM 中分辨率多光谱影像（band1~5&7 波段空间分辨率为 30m；band6 波段空间分辨率为 120m）作为 ISP 提取和温度反演的主要数据源。另外还收集了 DMSP/OLS 夜间灯光数据（来源于 http://www.ngdc.noaa.gov）作为输入模型的辅助数据，以及 MODIS（2001 年 5 月 27 日、2011 年 6 月 8 日）第 2 波段（空间分辨率为 250m）和第 19 波段（空间分辨率为 1000m）数据作为温度反演的辅助数据。

对获取的数据进行预处理，包括几何精校正，统一投影坐标系至 UTM/WGS-84。

同时对 LandsatTM 影像数据进行大气校正以减少大气散射引起的辐射误差。

## 6.3 方法和技术流程

首先,利用 Landsat TM 影像热红外波段,采用单窗算法反演地表温度。对 2001~2011 年北京六环以内城区不透水地表盖度时空分异进行分析,进一步对其与地表温度进行相关性分析。具体技术路线如图 6-2 所示。

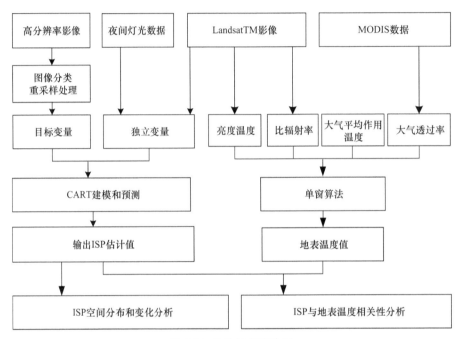

图 6-2　总体技术路线图

为开展北京城区各环路区域不透水地表盖度和地表温度之间的相关分析,采用回归分析方法进行。回归分析是对收集的大量数据进行统计处理,建立回归方程,得出自变量和因变量之间的相关关系。根据自变量和因变量的个数可分为一元回归分析和多元回归分析,根据自变量和因变量的回归方程可分为线性回归分析和非线性回归分析。本章选取一元线性回归分析方法将不透水地表盖度设为自变量,地表温度归一化值设为因变量,对二者之间关系进行分析,回归模型如下:

$$y_t = b_0 + b_1 x_t + \varepsilon \tag{6-1}$$

式中, $y_t$ 为因变量; $x_t$ 为自变量; $b_1$ 为回归系数; $\varepsilon$ 为随机误差项; $b_0$ 为截距。

对于回归方程采用相关系数的平方 ($R^2$) 来评价其拟合质量,$R^2$ 值越接近 1,说明拟合质量越高。

$$R^2 = 1 - \frac{\sum \varepsilon^2}{\sum (y_t - \overline{y})^2} \tag{6-2}$$

式中, $\overline{y}$ 为因变量平均值; $\sum \varepsilon^2$ 为残差平方和; $\sum (y_t - \overline{y})^2$ 为总离差平方和。

## 6.4 结果及分析

### 6.4.1 不透水地表盖度时空分异

根据本书第 2 章提出的不透水地表盖度提取方法,得到北京城区不透水地表盖度空间分布图(图 6-3)。从图 6-3 中可以看出,北京城区不透水地表呈现以主城区为中心,向四周辐射扩散的格局,集聚程度很高,从二环到六环,不透水地表盖度逐渐降低。城区中心不透水地表盖度明显高于四周,呈现中间高,四周低的格局。西侧由于山地较多等地理因素不透水地表面积和不透水地表盖度明显低于东侧城区。

根据研究区现状和前人研究成果(孟宪磊,2010),将城区根据不透水地表盖度大致分为 3 类,即 ISP 为 10%~60%的区域为低密度区,60%~80%的区域为中密度区,大于 80%的区域为高密度区。

根据图 6-3 和表 6-1 可以看出,北京城区的不透水地表面积整体上呈增长趋势,总体不透水地表面积增长了 358.27km²,同比增长 26%。其中,低密度区增长了 260.55km²,中密度区增长了 53.56km²,高密度区增长了 44.16km²。不透水地表盖度变化主要集中在低密度,相较于 2001 年,2011 年低密度区面积扩大范围占整个北京六环以内区域总面积的 8%,与之相比,中密度和高密度不透水地表盖度变化不大,趋于稳定。2001~2011年来北京五环以内区域由于城建区较多,整体不透水地表变化并不明显。变化区域主要集中在五环至六环以内,其中低密度区增长明显,增长面积达到 195.39km²,占五环至

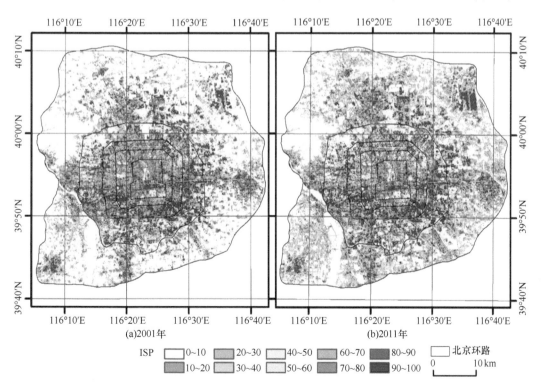

图 6-3　研究区 ISP 估算结果图

表 6-1　2001 年和 2011 年各环路区域内各级 ISP 面积　　　　（单位：km²）

| 项目 | 2001 年 | | | 2011 年 | | |
| --- | --- | --- | --- | --- | --- | --- |
| | 低密度 | 中密度 | 高密度 | 低密度 | 中密度 | 高密度 |
| 二环以内 | 16.975 | 17.047 | 22.972 | 11.709 | 16.590 | 22.500 |
| 二环至三环 | 30.707 | 24.799 | 34.934 | 18.971 | 23.841 | 34.925 |
| 三环至四环 | 35.698 | 33.468 | 62.979 | 23.943 | 32.067 | 63.141 |
| 四环至五环 | 91.784 | 66.074 | 117.630 | 80.158 | 67.558 | 121.822 |
| 五环至六环 | 293.963 | 147.761 | 173.354 | 489.362 | 190.921 | 208.644 |
| 总面积 | 589.01 | 328.52 | 439.61 | 849.56 | 382.08 | 483.77 |

六环区域总面积的 12%，中密度区和高密度区主要增长集中在东部，增长面积达到 73.45km²，占五环至六环区域总面积的 4.6%。

### 6.4.2　地表温度变化分析

根据本书第 4 章提到的地表温度反演方法，得到了研究区的结果。为了消除不同日期季相差异对地表温度结果带来的影响，根据式（5-1）对遥感反演得到的地表温度进行归一化处理，生成了归一化地表温度值，2001 年与 2011 年研究区地表温度归一化空间分布结果图见图 6-4，从图 6-4 中可以看出，与 2001 年相比，2011 年北京市中心地表温度明显上升，高温区聚集程度更为明显。其中四环以内地表温度明显升高，与周边区域地表温度相比，温差明显增大，城市热岛情况更为明显。五环至六环内西北部地区地表温度大范围升高。三环至五环西北部区域由于获取数据时相原因，部分耕地温度较 2001 年有所下降。

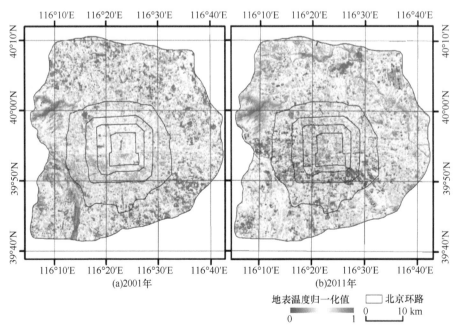

(a)2001年　　　　(b)2011年

图 6-4　研究区归一化地表温度结果图

### 6.4.3　不透水地表盖度与地表温度相关性分析

　　根据图 6-3 和图 6-4 结果可知，2011 年北京六环以内城区地表温度与不透水地表盖度在空间上具有一定相关性，高温区和高密度区基本重合。而 2001 年结果由于数据获取的时相（2001 年 5 月 27 日）并不是植被覆盖度较好的月份，大量耕地并未被作物覆盖，导致地表温度明显偏高，与不透水地表盖度结果存在一定差异。根据表 6-2 可知，地表温度是随着不透水地表盖度增加而逐渐升高的。2001 年和 2011 年北京六环以内区域中密度区平均地表温度相较于低密度区分别超出了 0.027℃ 和 0.043℃，而高密度区平均地表温度相较于中密度区分别超出了 0.015℃ 和 0.018℃。可以看出，相较于 2001 年，2011 年北京市六环以内城区各密度区之间的地表温度差异更大，尤其是低密度区与中密度区之间温差达到了 0.016℃，城市热岛效应更为明显。

表 6-2　2001 年和 2011 年 ISP 面积及地表温度统计表

| 项目 | 低密度区（10%~60%） | 差值 | 中密度区（60%~80%） | 差值 | 高密度区（80%~100%） |
|---|---|---|---|---|---|
| 2001 年不透水地表盖度面积/km² | 589.010 | | 328.516 | | 439.612 |
| 2001 年平均温度归一化值/℃ | 0.682854 | 0.02708 | 0.709943 | 0.01511 | 0.725061 |
| 2011 年不透水地表盖度面积/km² | 849.558 | | 382.081 | | 483.774 |
| 2011 年平均温度归一化值/℃ | 0.592001 | 0.04396 | 0.635965 | 0.01831 | 0.654276 |

　　为进一步研究北京六环以内区域不透水地表盖度与地表温度之间关系，采取分级回归分析方法，将不透水地表盖度以 0.01 为一级，从 0.1 开始，分为 90 级，分区统计每级 ISP 所对应的平均温度，并利用一次函数对其进行线性拟合，结果表明，城区不透水地表盖度与地表温度之间有存在正相关，且相关系数均在 0.8 以上，均方根误差均在 0.1035 以下，拟合质量较高（表 6-3）。同时，根据结果可以看出，2011 年地表温度随不透水地表盖度增高而上升的速率大于 2001 年，二者正相关性增加。

表 6-3　2001 年和 2011 年研究区不透水地表盖度和地表平均温度拟合方程

| 年份 | 线性方程 | $R^2$ | RMSE |
|---|---|---|---|
| 2001 | $y = 0.0007x + 0.6604$ | 0.8378 | 0.1035 |
| 2011 | $y = 0.0011x + 0.5673$ | 0.9834 | 0.0618 |

　　为分析不同环路与地表温度之间关系，将不透水地表盖度以 10%为一级，从 10%开始，分为 9 级，分区统计 2001 年和 2011 年不同环路区域内每级 ISP 所对应的平均温度。通过图 6-5 和图 6-6 可知，北京各环路区域不透水地表盖度与地表温度之间呈正相关，且不是简单的线性相关。各环路区域内不透水地表盖度与地表温度之间相关性趋势大致相同，且 2001 年和 2011 年四环至五环与五环至六环区域平均地表温度随不透水地表盖度增大而增加的趋势相似，增长速率大致相同，该结果说明，北京城区四环至六环区域地表温度随不透水地表盖度变化的趋势相近。不透水地表盖度在 10%~20%区域的地表温度上升速率明显高于其他地区，而大于 20%的区域地表温度上升速率降低，且各环路区域随不透水地表盖度增高趋于一致。2001 年不透水地表盖度 10%~20%区域地表温度

平均上升速率为0.0334，而2011年为0.0356，结果说明，2011年北京六环以内10%~20%区域地表温度随不透水地表盖度增加而增高得更快，不透水地表盖度对地表温度的影响更大。

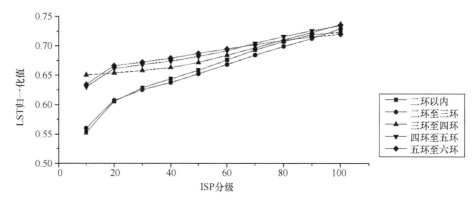

图 6-5　2001 年北京不同环路区域 ISP 与 LST 关系图

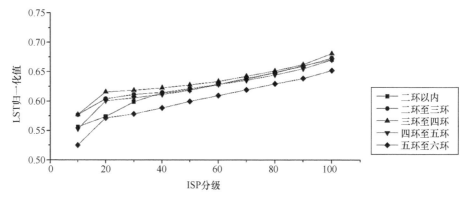

图 6-6　2011 年北京不同环路区域 ISP 与 LST 关系图

## 6.5　小　　结

本章通过多源遥感影像提取了北京六环以内城区不同时相不透水地表盖度及地表温度，对研究区不透水地表盖度变化以及其与地表温度相关性进行分析，主要结论为：

（1）2001~2011 年北京城区的不透水地表盖度变化主要集中在低密度区间，中密度和高密度不透水地表盖度变化相对较小。具体情况为：北京五环以内区域由于基本开发完成，城建区较多，不透水地表变化并不明显；主要变化集中在五环至六环以内区域，且低密度不透水地表盖度增长明显，中密度区和高密度区主要增长集中在城市东部。

（2）相较于 2001 年，2011 年高温区聚集程度更为明显。其中四环以内地表温度与周边区域地表温度相比，温差增大；城区各密度不透水地表盖度区之间的地表温度差异更大。

（3）2001 年和 2011 年北京城区各环路区域内不透水地表盖度与地表温度均呈正相关。四环至六环区域，地表温度随不透水地表盖度变化的趋势相近。ISP 在 10%~20% 的区域，地表温度上升速率明显高于其他区域，ISP 大于 20% 的区域地表温度随 ISP 增加的加速度呈现逐步下降的趋势，其增长对地表温度的影响相对减弱。

# 参 考 文 献

郭冠华, 吴志峰, 刘晓南. 2015. 城市热环境季相变异及与非渗透地表的定量关系分析——以广州市中心区为例. 生态环境学报, 2: 270-277

林云杉, 徐涵秋, 周榕. 2007. 城市不透水面及其与城市热岛的关系研究——以泉州市区为例. 遥感技术与应用, 1: 14-19

孟宪磊. 2010. 不透水面、植被、水体与城市热岛关系的多尺度研究. 上海: 华东师范大学硕士学位论文

唐菲, 徐涵秋. 2013. 城市不透水面与地表温度定量关系的遥感分析. 吉林大学学报(地), 43(6): 1987-1996

肖荣波, 欧阳志云, 李伟峰, 张兆明, Tarver J G, 王效科. 2005. 城市热岛的生态环境效应. 生态学报, 25(8): 2055-2060

徐永明, 刘勇洪. 2013. 基于 TM 影像的北京市热环境及其与不透水面的关系研究. 生态环境学报, 4: 639-643

杨可明, 周玉洁, 齐建伟, 王林伟, 刘士文. 2014. 城市不透水面及地表温度的遥感估算. 国土资源遥感, 26(2): 134-139

姚士谋, 张平宇, 余成, 李广宇, 王成新. 2014. 中国新型城镇化理论与实践问题. 地理科学, 6(6): 641-647

郑思轶, 刘树华. 2008. 北京城市化发展对温度、相对湿度和降水的影响. 气候与环境研究, 13(2): 123-133

周淑贞. 1988. 上海城市气候中的"五岛"效应. 中国科学(B 辑: 化学生物学农学医学地学), (11): 1226-1234

Georgescu M, Moustaoui M, Mahalov A, Dudhia J. 2013. Summer-time climate impacts of projected megapolitan expansion in Arizona. Nature Climate Change, 3(1): 37

Hao P, Niu Z, Zhan Y, Wu Y, Wang L, Liu Y. 2016. Spatiotemporal changes of urban impervious surface area and land surface temperature in Beijing from 1990 to 2014. GIScience & Remote Sensing, 53(1): 63-84

Kalnay E, Ming Cai. 2003. Impact of urbanization and land-use change on climate. Nature, 423: 528-531

Ma Y, Kuang Y, Huang N. 2010. Coupling urbanization analyses for studying urban thermal environment and its interplay with biophysical parameters based on TM/ETM+ imagery. International Journal of Applied Earth Observations & Geoinformation, 12(2): 110-118

Mahmood R, Pielke R A, Hubbard K G, Niyogi D, Dirmeyer P A, Mcalpine C. 2014. Land cover changes and their biogeophysical effects on climate. International Journal of Climatology, 34(4): 929-953

Weng Q, Deng S L. 2008. A sub-pixel analysis of urbanization effect on land surface temperature and its interplay with impervious surface and vegetation coverage in Indianapolis, United States. International Journal of Applied Earth Observation and Geoinformation, 10: 68-83

Yuan F, Bauer M E. 2007. Comparison of impervious surface area and normalized difference vegetation index as indicators of surface urban heat island effects in Landsat imagery. Remote Sensing of Environment, 106(3): 375-386

Zhao L, Lee X, Smith R B, Oleson K. 2014. Strong contributions of local background climate to urban heat islands. Nature, 511(7508): 21

# 第7章 利用卫星遥感监测城区和近郊区地表净辐射空间特征及其变化

## 7.1 概　　述

地表净辐射是地球表面能量、物质交换与传输的最原始动力，准确估算地表净辐射具有重要意义。随着我国经济快速地发展，城市化进程不断加速。城市的不断扩张，原本以植被覆盖为主的自然地表变成了以道路、建筑为主的城市地表，地表下垫面的改变会极大地改变地表净辐射，研究城市区域地表净辐射特征及其变化规律，对城市区域气候变化特征及其成因机制研究具有重要意义（Mahmood et al.，2014；Wang and Dickinson，2013）。

遥感作为一种快速获取大范围地面信息的有效手段，具有时效快、精度高、范围广的特点，可以解决受地面站点数据限制无法得到区域地面信息的问题。因此利用遥感反演地表净辐射可以为研究地表辐射平衡提供更好的技术支持。进行区域净辐射遥感反演的数据很多，常用的有 ASTER、AVHRR、MODIS 等遥感数据。但是这些数据往往具有一定的局限性，AVHRR 波段设置较少、数据信息不够丰富，MODIS 数据分辨率较低不适合小范围地区研究。而 Landsat 系列卫星数据则能很好地克服以上缺点，Landsat 系列卫星数据可以用来进行城市级的地表净辐射遥感研究。

地表净辐射常用的估算方法大致分为三类。

（1）经验法：结合地表净辐射分量实测数据，分析地表净辐射分量与观测数据之间的相互关系，然后利用气象数据构建与地表辐射之间的经验模型（Wang and Liang，2008；Bilbao and Miguel，2007；Lhomme et al.，2007）。

（2）辐射传输模型法：目前常用的模型有 LOWTRAN 和 MODTRAN 等，该方法的优点能够细致考虑辐射传输过程中分子散射、气溶胶散射、云的吸收和散射等因素的影响。但是该方法需要云和气溶胶等大量参数的支持，气象站点少的地方，无法获得所需参数。

（3）遥感估算法：利用卫星遥感数据获取反演地表净辐射所需基本参数，进而得到地表净辐射（Zhang et al.，2015）。

目前，利用卫星遥感数据估算地表净辐射的方法主要分为两类：一类是利用遥感反演地表气象数据进行估算，该方法主要是根据辐射平衡原理，利用遥感数据反演研究区的地表气象数据，计算得到地表净辐射（Wang and Liang，2009；Tang and Li，2008）；另一类是利用大气层顶的卫星观测数据估算，该方法通过研究大气顶辐射与地表净辐射各分量之间的回归关系，利用遥感反演地表反照率、地表温度、地表比辐射率等地表特征参数，进而得到地表净辐射（Diak et al.，2004）。

在采用遥感估算方法计算地表净辐射通量时，结果受多种因素的影响，包括地表发射率、地表温度、地表反照率及地形因素。在实际计算地表净辐射过程中，由于地形、土地覆盖类型、季节的不同，以上决定地表净辐射的参数就有可能发生变化（Mira et al.，2016；Kim and Liang，2010；Jin and Liang，2006；Bisht et al.，2005）。自20世纪70年代以来，国内外气象学家就开始不断致力于不同下垫面及不同季节地表辐射平衡和热量交换变化趋势的研究。马耀明等（1997）结合地面仪器观测数据和遥感卫星数据以黑河地区为实验区着重分析了地表净辐射的季节变化特征和区域分布规律。王慧等（2007）对戈壁地区不同天气条件下和季节平均的辐射平衡特征进行了分析，结果表明辐射收支的季节差别非常明显，季节平均日积分值由大到小依次为夏季、春季、秋季和冬季，冬季的总辐射日总量不到夏季的一半。

城市地表是一种典型的非自然地表类型，在地表短波和长波辐射吸收方面明显有别于郊区的自然地表类型，两种地表类型的差异势必造成辐射平衡和能量吸收方面的不同，对城市气候形成也会产生影响。城市区域由于房屋、建筑及道路的大量存在，与自然地表相比，地表反照率、地表温度、地表比辐射率都有很大不同，因此地表辐射收支情况也有很大不同（苗世光等，2012；Janet and Barlow，2014；Robaa，2009；Haider，1997）。White 等（1978）、Christen 和 Vogt（2004）等的观测结果显示城市的净辐射比郊区要少。崔耀平等（2012）对城市区域不同下垫面的辐射平衡作了模拟分析，发现城市扩展过程通常也伴随能量收入连续增加的过程。另外，由于季节性的差异，城市中植被下垫面在不同季节的净辐射变化较大，在城市周边区域由于城市改造导致的下垫面变化也会对地表净辐射产生影响。

本章着重讨论北京城区和近郊区地表净辐射的空间分布特征，以及不同下垫面的地表净辐射差异特征，分析北京城区 2004 年夏、2004 年冬、2013 年冬、2014 年夏的地表净辐射分布，总结地表净辐射的时间变化规律，分析北京城区地表净辐射的年际变化特征和季节性变化特征。

## 7.2 方法和技术路线

### 7.2.1 方法

太阳辐射多集中在能量较高的短波区域，地表辐射与大气辐射多集中在长波区域，可以将地表净辐射分为短波净辐射和长波净辐射两部分，表示为

$$R_{n} = R_{S}^{n} + R_{L}^{n} = R_{S}^{\downarrow} - R_{S}^{\uparrow} + R_{L}^{\downarrow} - R_{L}^{\uparrow} \tag{7-1}$$

式中，$R_{n}$ 为地表净辐射；$R_{S}^{n}$ 为短波净辐射；$R_{L}^{n}$ 为长波净辐射；$R_{S}^{\downarrow}$ 为短波下行辐射；$R_{S}^{\uparrow}$ 为短波上行辐射；$R_{L}^{\downarrow}$ 为长波下行辐射；$R_{L}^{\uparrow}$ 为长波上行辐射。

$R_{S}^{\downarrow}$ 主要是受太阳高度角影响；$R_{S}^{\uparrow}$ 是经过地表反射回的太阳辐射，主要受地表反照率的影响；$R_{L}^{\downarrow}$ 主要是大气中的水汽、其他气体，以及气溶胶颗粒吸收太阳辐射后向外发射到达地表的长波辐射，主要取决于靠近地表的大气；$R_{L}^{\uparrow}$ 表示长波上行辐射，其中大部分是地球表面向上发射的长波辐射，主要受地表温度和地表发射率制约。

短波净辐射 $R_S^n$ 可表达为

$$R_S^n = R_S^\downarrow - R_S^\uparrow = (1-\alpha)R_S^\downarrow \tag{7-2}$$

式中，$\alpha$ 为地表反照率；$R_S^\downarrow$ 采用如下参数化方案（Bisht et al.，2005）：

$$R_S^\downarrow = \frac{S_0 \cos^2\theta}{1.085\cos\theta + e_0(2.7+\cos\theta)\times10^{-3} + \beta} \tag{7-3}$$

式中，$S_0$ 为太阳常数等于 1367W/m$^2$；$\theta$ 为太阳天顶角；$\beta$ 为常数，经过 Bisht 验证取 0.1 的情况下会造成太阳辐射值偏大修订为 0.2；$e_0$ 为近地表水气压可通过如下公式计算：

$$e_0 = 6.11\exp\left[\frac{L_v}{R_v}\left(\frac{1}{273.15} - \frac{1}{T_d}\right)\right] \tag{7-4}$$

式中，$L_v$ 为汽化潜热，取值 $2.5\times10^6$J/kg；$R_v$ 为水汽气体常数，取值 461J/（kg·K）；$T_d$ 为露点温度，单位为 K，可以利用空气温度和相对湿度计算得到。

在整个地气辐射传输系统中，除了太阳直接辐射和地表反射的短波辐射外，还有以长波形式在地-气间进行能量传输的长波辐射。该部分长波辐射包括：①地表以热辐射形式向上发出长波辐射；②大气吸收能量后向下发出的长波辐射。该部分长波辐射到达地表后，还会被地表反射回去一部分。根据 Steffan-Boltzmann 定律，地表长波净辐射计算公式可表达为

$$R_L^n = R_L^\downarrow - (1-\varepsilon_s)R_L^\downarrow - R_L^\uparrow = \sigma\varepsilon_s\varepsilon_a T_a^4 - \sigma\varepsilon_s T_s^4 \tag{7-5}$$

式中，$R_L^n$ 为长波净辐射；$R_L^\downarrow$ 为长波下行辐射；$R_L^\uparrow$ 为长波上行辐射；$T_a$ 为空气温度（K）；$T_s$ 为地表温度（K）；$\varepsilon_a$ 为空气发射率；$\varepsilon_s$ 为地表发射率；$\sigma$ 为 Steffan-Boltzmann 常数，取值为 $5.6697\times10^{-8}$W/（m$^2$·K$^4$）。

计算地表长波净辐射需要的参数有地表温度 $T_s$、空气温度 $T_a$、地表比辐射率 $\varepsilon_s$、空气发射率 $\varepsilon_a$。空气温度可以用气象站监测的近地表气温代替，而空气发射率 $\varepsilon_a$ 可由如下公式计算（Prata，1996）：

$$\varepsilon_a = 1 - \left(1 + \frac{46.5}{T_a}e_0\right)\exp\left(-\sqrt{\left(1.2 + 3\times\frac{46.5}{T_a}e_0\right)}\right) \tag{7-6}$$

式中，空气温度 $T_a$ 可查阅气象站数据，$e_0$ 可用上面公式计算得出。

### 7.2.2　技术路线

将 Landsat 数据产品进行数据预处理，反演出地表反照率、地表发射率、地表温度等参量，然后根据地表参数化方案计算出短波上行辐射、短波下行辐射、长波下行辐射、长波上行辐射等辐射分量，最终得到研究区地表净辐射结果。然后利用地面站的实测数据对地表净辐射反演结果进行精度验证，在精度验证理想的情况下对北京市城区与非城区的地表净辐射进行对比分析，并分析年内地表净辐射的变化情况。总体技术流程图如图 7-1 所示。

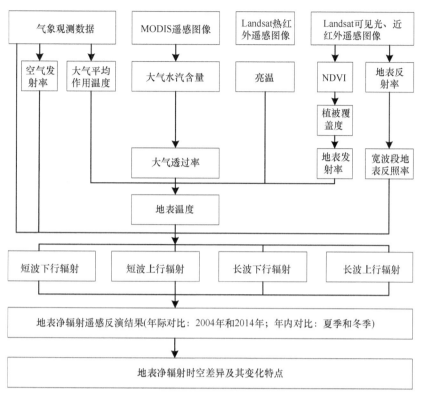

图 7-1  技术流程图

## 7.3  研究区和数据

### 7.3.1  研究区

选择北京城区及其近郊区为研究区,地理坐标介于 39°40′~40°10′N、116°0′~116°45′E 之间。除了西北部的山地之外,研究区主要由平原地形组成,海拔非常低(小于 50m)。属暖温带气候,具有典型的半湿润半干旱地域特征,四季分明。春季和秋季气温适中,夏季炎热多雨,气温在 30~40℃,冬季寒冷干燥,温度在-10~0℃。

在过去的 20 年,许多自然地表被道路、停车场和建筑物等城市表面所取代,城市的规模扩张明显。为了比较研究区城区和郊区的地表净辐射差异,从遥感图像中提取了北京市主要环形道路,包括第二环至第六环形道路(图 7-2)。将第五环路内的区域定义为城区,五环路和六环路之间的区域定义为近郊区。

根据北京气象台的辐射资料,夏季平均净辐射值在夏季(约 7 月或 8 月左右)最高,冬季最低(12 月或翌年 1 月左右),甚至为负值。图 7-3 显示了 2004 年 5 月 19 日、11 月 27 日太阳辐射观测站测得的每小时净辐射数据。可见,夏季和冬季存在较大的辐射数值差异。

### 7.3.2  数据

选择 2004 年 5 月 19 日的影像作为夏季代表,2004 年 11 月 27 的影像作为冬季代表。

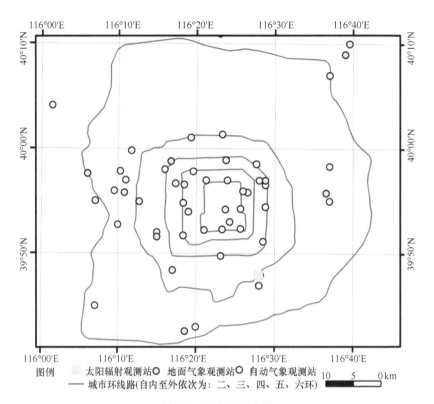

图 7-2　研究区示意图

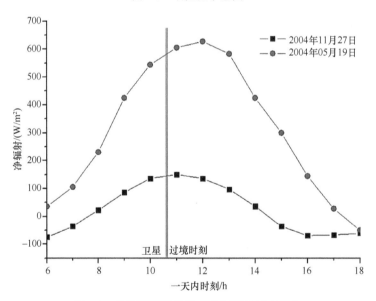

图 7-3　地面观测站的地表净辐射值日内变化

利用 1、2、3、4 波段进行地物分类和植被覆盖度提取，热红外波段进行地表温度反演，1、3、4、5、7 波段进行地表反照率反演。

采用的 Landsat 8 卫星数据包括 2013 年 11 月 20 日的冬季影像和 2014 年 8 月 19 日的夏季影像。利用第 2、3、4、5 波段进行地物分类和植被覆盖度提取，第 10 波段进行地表温度反演，2、4、5、6、7 波段进行地表反照率反演。

利用 MODIS 第 2 和 19 波段来反演大气中水汽含量。

验证数据主要包括气象观测数据和辐射观测数据,其中气象观测数据分为地面站数据和自动观测站数据。

1. 气象观测数据

(1)地面站数据:北京市范围内共有 20 个站点,数据信息主要包括站点的经纬度、高程、大气压强、温度、露点温度、风向、风速等。

(2)自动观测站数据:北京市范围内共有 120 个站点,数据信息主要包括站点的经纬度、高程、温度、大气压强、相对湿度、风向、风速、降水量等。其中北京市气象观测站点分布如图 7-2 所示。

2. 辐射观测数据

采用的辐射观测数据主要是北京市南郊观象台的辐射观测数据。数据信息主要包括总辐射量、净辐射量、直接辐射量、散射辐射量、反射辐射量等,监测环境为浅草平铺地表,草高低于 20cm,土壤性质为浅色砂壤土。

# 7.4 数据处理及结果精度验证

## 7.4.1 地表参数遥感反演

1. 地表温度

目前遥感反演地表温度的方法主要有辐射传输方程法、单窗算法、分裂窗算法等。单窗算法通常利用仅有一个热红外波段的遥感数据进行地表温度反演,如 Jiménez Muñoz(2003)单窗算法、覃志豪(2001)算法等。这里采用覃志豪单窗算法反演地表温度:

$$T_s = \left\{ a(1-C-D) + \left[ b(1-C-D) + C + D \right] T_B - D T_a \right\} / C \qquad (7\text{-}7)$$

式中,$T_s$ 为地表温度(K);$T_B$ 为亮度温度(K);$T_a$ 为大气平均作用温度(K);$a$、$b$ 为系数;$C$、$D$ 为中间变量。

$C$、$D$ 由大气透过率 $\tau$ 和地表发射率 $\varepsilon$ 决定:$\begin{cases} C = \varepsilon \tau \\ D = (1-\tau)\left[1 + (1-\varepsilon)\tau\right] \end{cases}$

根据式(7-7)可知,计算地表温度需要的参数主要包括亮度温度 $T_B$、地表发射率 $\varepsilon$、大气透过率 $\tau$、大气平均作用温度 $T_a$,以及系数 $a$ 和 $b$。

2. 地表发射率

地表比辐射率的反演方法总体分为两大类:一类是经验公式法,如 Van 和 Owe(1993)根据 NDVI 估算发射率,但它具有一定的适用条件,当 NDVI 值过高或过低时,需要修改发射率估计值;另外一类则是混合像元分离法,如覃志豪等(2004)和 Sobrino 等(2001)方法等,它们将单个像元单位地表覆盖分为不同类型,分别考虑子像元的发射率,然后得到像元的发射率值。本章采用后者方法计算研究区的发射率值。

将研究区地表分为三类：水体、自然地表和城镇地表。这里的水体就是自然界的水面；自然地表主要包括植被、裸地、农田等；城镇地表主要由城市道路、建筑等各种人工建筑物组成。

针对自然地表下的混合像元的地表发射率计算公式为

$$\varepsilon_i = P_v R_v \varepsilon_{iv} + (1 - P_v) R_s \varepsilon_{is} + d\varepsilon \tag{7-8}$$

式中，$i$ 为波段 6；$\varepsilon$ 为地表发射率；$R_v$ 和 $R_s$ 为植被和裸土的温度比率；$\varepsilon_{iv}$ 和 $\varepsilon_{is}$ 分别为植被和裸土在不同波段下的地表发射率；$P_v$ 为植被覆盖度。

针对城镇地表下的混合像元的地表发射率计算公式为

$$\varepsilon_i = P_v R_v \varepsilon_{iv} + (1 - P_v) R_m \varepsilon_{im} + d\varepsilon \tag{7-9}$$

式中，$i$ 为波段 6；$\varepsilon$ 为地表比辐射率；$R_v$ 和 $R_m$ 为植被和建筑的温度比率；$\varepsilon_{iv}$ 和 $\varepsilon_{im}$ 分别为植被和建筑在不同波段下的地表发射率；$P_v$ 为植被覆盖度。

TM6 波段的植被、水体、裸土的发射率分别取 0.986、0.995、0.972（Stathopoulou et al.，2007）。由于建筑和裸土物质构造类似发射率相近，建筑发射率参考裸土的发射率。

植被、裸土和建筑表面的温度比率采用如下经验公式计算：

$$\begin{cases} R_v = 0.9332 + 0.0585 P_v \\ R_m = 0.9886 + 0.1287 P_v \\ R_s = 0.9902 + 0.1068 P_v \end{cases} \tag{7-10}$$

由上可知，计算各类地物地表发射率可以通过公式转化为求取地表像元的植被覆盖度 $P_v$。植被覆盖度 $P_v$ 表达的是每个像元内植被所占比例，即 $P_v$ 越大，植被所占比例越高，$P_v$ 越小，植被所占比例越低。计算植被覆盖度需要首先计算 NDVI，具体计算公式如下：

$$\text{NDVI} = \frac{\rho_{\text{NIR}} - \rho_{\text{R}}}{\rho_{\text{NIR}} + \rho_{\text{R}}} \tag{7-11}$$

式中，$\rho_{\text{NIR}}$ 为近红外波段的反射率；$\rho_{\text{R}}$ 为红光波段的反射率。在 TM 数据中，近红外波段和红光波段分别是第 4 和第 3 波段。

利用 NDVI 求取植被覆盖度 $P_v$，计算公式如下

$$P_v = \left( \frac{\text{NDVI} - \text{NDVI}_s}{\text{NDVI}_v - \text{NDVI}_s} \right)^2 \tag{7-12}$$

式中，$\text{NDVI}_v$ 为植被茂密区域的 NDVI 值；$\text{NDVI}_s$ 为裸土区域的 NDVI 值，在图像没有明显的植被茂密区域和裸土区域的情况下，可以采用 $\text{NDVI}_v = 0.6$ 和 $\text{NDVI}_s = 0.02$ 进行近似估计。在这种情况下认为 NDVI 大于 0.6 的情况下是植被完全覆盖即饱和状态，NDVI 小于 0.02 的情况下完全没有植被即裸土区域。

通过以上公式，最终反演得到了不同遥感图像研究区地表发射率值。

### 3. 大气透过率

大气透过率受大气水汽含量的影响，在大气水汽含量处于一定区间内，大气透过率

与大气水汽含量具有较强的线性关系。因此先计算大气水汽含量，再通过 MODTRAN 模拟不同波段的大气透过率与大气水汽含量的关系，最终得到大气透过率（表7-1）。

**表 7-1　TM6 波段大气透过率估算方程**

| 波段 | 大气水汽含量/（g/m²） | 高气温 | 低气温 |
|---|---|---|---|
| TM 6 | 0.4~1.6 | $Y=-0.08007x+0.974290$ | $Y=-0.09611x+0.982007$ |
| | 1.6~3 | $Y=-0.11536x+1.031412$ | $Y=-0.14142x+1.053710$ |
| TIRS 10 | 0.4~2 | $Y=-0.0881x+0.9906$ | $Y=-0.085x+0.965$ |
| | 2~4 | $Y=-0.1403x+0.9993$ | $Y=-0.1354x+1.0539$ |

利用 MODIS 的第 2 和第 19 波段来计算大气水汽含量（孟宪红等，2007）：

$$w=\left[\dfrac{\alpha-\ln\left(\dfrac{\rho_{19}}{\rho_2}\right)}{\beta}\right]^2 \tag{7-13}$$

式中，$\rho_2$、$\rho_{19}$ 分别为 MODIS 第 2 和第 19 波段的表观反射率；$\alpha=0.02$；$\beta=0.651$。MODTRAN 软件模拟得到的 Landsat TM6、Landsat 8 TIRS10 大气透过率与大气水汽含量的关系。

### 4. 地表反照率

利用遥感数据反演地表反照率的关键步骤，一是消除大气对遥感数据的影响，即对遥感图像进行大气校正，得到地表反射率；二是窄波段反照率向宽波段反照率的转换。

Liang（2001）根据 TM 卫星数据模拟得到的转换公式：

$$\alpha=0.356\times r_1+0.13\times r_3+0.373\times r_4+0.085\times r_5+0.072\times r_7-0.0018 \tag{7-14}$$

式中，$\alpha$ 为地表宽波段反照率；$r_1$、$r_3$、$r_4$、$r_5$、$r_7$ 分别为 Landsat 5 数据的 1、3、4、5、7 波段的地表反射率和 Landsat 8 数据的 2、4、5、6、7 波段的地表反射率。

## 7.4.2　地表净辐射反演结果及其精度验证

根据式（7-1）~式（7-5），计算得到地表净辐射结果，如图7-4所示。

可以看出，无论是冬季还是夏季，城市内部区域的地表净辐射普遍高于城市外部区域。其中夏季城市内部区域地表净辐射约 600W/m²，大部分区域约 640W/m² 甚至超过 700W/m²，城市外部区域地表净辐射约 600W/m²；冬季地表净辐射则普遍低于夏季地表净辐射，在城市内部区域地表净辐射大于 250W/m²，城市外部区域地表净辐射则低于 230W/m²。

通过对短波净辐射、长波净辐射、地表净辐射反演结果进行对比，可以看出地表辐射具有很强的季节差异性，不同季节的反演结果之间差别较大。在城市内部不同下垫面类型的地表辐射值也存在较大差异，如水体与其他土地覆盖类型之间的差异较大。

影响地表辐射变化的主要因素有地表反照率、地表温度、地表比辐射率及太阳高度角。其中地表反照率是影响地表短波净辐射的主要因素，地表温度是影响地表长波净辐射的主要因素，研究中对地表反照率、地表辐射等遥感反演结果进行了精度检验。

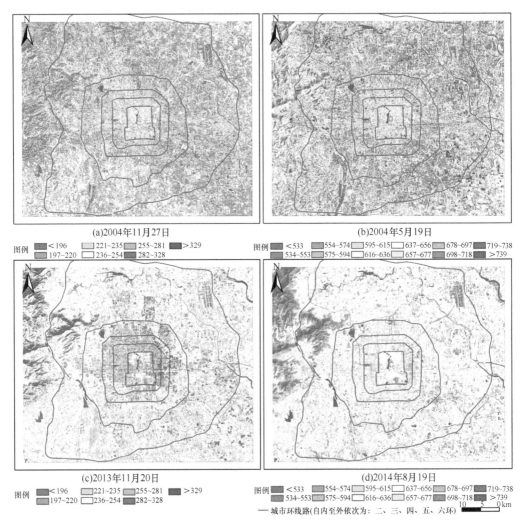

(a)2004年11月27日

(b)2004年5月19日

(c)2013年11月20日

(d)2014年8月19日

—— 城市环线路(自内至外依次为: 二、三、四、五、六环)

图 7-4 地表净辐射遥感反演结果图

地表反照率和地表辐射检验数据主要是北京市南郊观象台的辐射观测数据。北京市南郊观象台位于 39°48′N，116°28′E，数据信息主要包括总辐射量、净辐射量、直接辐射量、散射辐射量、反射辐射量等。通过查阅数据可知 2004 年 5 月 19 日北京市南郊观象台的总辐射量、净辐射量、直接辐射量、散射辐射量、反射辐射量分别为 827.78W/m²、544.44W/m²、627.78W/m²、255.56W/m²、150.00W/m²，反演得到的该区域的地表净辐射为 552.65W/m²，与实测值相差 8.21W/m²，反演得到的地表反照率为 0.29，实测地表反照率为 0.24，两者相差 0.05。

## 7.5 北京市城区和近郊区地表净辐射的空间差异及其变化

### 7.5.1 城区和近郊区地表净辐射空间分布特征

为分析研究区城市和近郊区地表辐射空间差异，按照城市环线公路位置将研究区大致分为二环内、二环和三环之间、三环和四环之间、四环和五环之间、五环和六环之间5 部分，由于北京城区的空间展布具有明显的中心城区向外发展特征，因而该 5 部分的最外层"五环和六环之间"定义为近郊区，其他 4 部分定位为城区。

分别统计城区不同部位和近郊区的地表净辐射平均值、NDVI 平均值等指标，结果如表 7-2 所示。

表 7-2　城区和近郊区的地表净辐射均值和 NDVI 均值对比

| 日期 | 二环内 | | 二、三环之间 | | 三、四环之间 | | 四、五环之间 | | 五、六环之间 | |
|------|-------------------|------|-------------------|------|-------------------|------|-------------------|------|-------------------|------|
| | $R_n$/（W/m²） | NDVI | $R_n$/（W/m²） | NDVI | $R_n$/（W/m²） | NDVI | $R_n$/（W/m²） | NDVI | $R_n$/（W/m²） | NDVI |
| 2004 年 5 月 19 日 | 624.3 | 0.07 | 613.1 | 0.08 | 595.7 | 0.06 | 595.4 | 0.10 | 606.1 | 0.14 |
| 2004 年 11 月 27 日 | 245.0 | -0.02 | 244.4 | -0.02 | 235.9 | -0.01 | 228.0 | 0.01 | 227.1 | 0.03 |
| 2013 年 11 月 20 日 | 281.4 | 0.04 | 281.8 | 0.04 | 275.9 | 0.05 | 264.3 | 0.06 | 259.3 | 0.07 |
| 2014 年 8 月 19 日 | 663.3 | 0.10 | 661.2 | 0.12 | 651.6 | 0.12 | 641.0 | 0.16 | 640.7 | 0.21 |

对比图 7-4 城区不同部位和近郊区的空间结构形态，以及表 7-2 统计的不同季节、年份的地表净辐射均值，可以发现：

（1）总体特征表现为城区地表净辐射高于郊区。不管是冬季遥感图像，还是夏季遥感图像，地表净辐射的遥感反演结果都显示：城区高出于近郊区约 20W/m²。如果不考虑山区复杂地形对地表净辐射的影响，城区在地表净辐射结果图 7-4 上形成了明显的"高原"形态。

（2）植被覆盖程度是影响地表净辐射的重要因素之一，城区不同部位和近郊区的NDVI 均值统计结果，反映出 NDVI 值和地表净辐射值关系密切。

较高 NDVI 区域的地表净辐射值也较高，如城区不同部位的 NDVI 平均值总体上低于近郊区的 NDVI 平均值，对应的地表净辐射值要低于 20W/m²。

通过不同样本遥感图像的年际对比分析，发现 NDVI 值和地表净辐射值之间也是正向变化的，如 2004 年和 2013 年冬夏季图像对比，NDVI 均值都有增加趋势，而地表净辐射值也是增加的。

另外，城市的不断扩张，原本以植被覆盖为主的自然地表变成了以道路、建筑为主的城市地表，地表下垫面的改变会极大地改变地表净辐射。

### 7.5.2　不同下垫面地表净辐射差异

为对比不同下垫面类型净辐射的差异，将研究区下垫面分为人工建筑物（包括房屋、道路等人工建筑物类型）、植被覆盖（包括林地、灌丛和草地等类型）、裸露地表（指既没有人工建筑物，也没有植被覆盖、土壤裸露的地表类型）和水域（包括湖泊、河流、坑塘等类型）等 4 类，计算不同类型的地表净辐射均值，结果如表 7-3 所示。

表 7-3　不同下垫面类型的地表净辐射均值　　　　　　　　（单位：W/m²）

| 日期 | 人工建筑物 | 植被覆盖 | 裸露地表 | 水域 |
|------|-----------|----------|----------|------|
| 2004 年夏季（5 月 19 日） | 603.33 | 653.62 | 568.56 | 842.85 |
| 2004 年冬季（11 月 27 日） | 239.91 | 240.41 | 214.66 | 313.40 |
| 2013 年冬季（11 月 20 日） | 262.19 | 275.98 | 247.76 | 326.00 |
| 2014 年夏季（8 月 19 日） | 640.05 | 662.65 | 613.63 | 768.47 |

对比不同季节、不同下垫面类型的地表净辐射均值分析结果，可以看出：

（1）夏季地表净辐射都要远远大于冬季的地表净辐射。分析 2004 年 5 月 19 日和 2014 年 8 月 19 日上午约 10：30（卫星过境时间）不同下垫面类型地表净辐射通量，结果显示该研究区的地表净辐射通量值为 560~770W/m$^2$；2004 年 11 月 27 日和 2013 年 11 月 20 日上午约 10：30 不同下垫面类型地表净辐射通量值为 210~330W/m$^2$。

（2）不同下垫面类型的地表净辐射均值由高到低排序为：水域>植被覆盖>人工建筑物>裸露地表。不管是夏季还是冬季，水体的地表净辐射是所有下垫面类型中地表净辐射中最高的，裸露地表的净辐射是最低的；冬季不同下垫面的地表净辐射高低排序和夏季一样，但是不同类别下垫面的地表净辐射差异在冬季有所减小。

（3）对比 2014 年和 2004 年地表净辐射差异，结果显示冬季不同下垫面类型的地表净辐射值均有少量增加，夏季增加幅度更明显。

### 7.5.3 地表净辐射的年际变化分析

为了进一步分析地表净辐射的年际差异，绘制了 4 期地表净辐射结果图像的统计曲线，其横坐标为地表净辐射值（W/m$^2$），纵坐标为该净辐射值像素个数，如图 7-5 所示。

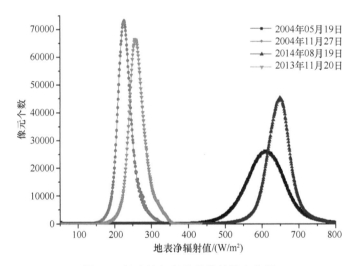

图 7-5　地表净辐射结果的统计直方图

分析图 7-5 可以看出：

（1）冬季地表净辐射统计曲线图的波峰值高于夏季图像，且波形尖锐，反映出冬季地表净辐射数值比较集中，变化范围不及夏季净辐射值域宽；冬季地表净辐射值的众数为 220~270W/m$^2$，夏季地表净辐射的众数为 600~650W/m$^2$。

（2）对比 2004 年和 2013 年冬季地表净辐射统计曲线图，结果显示：①2004 年 11 月 27 净辐射统计曲线图的波峰稍高于 2013 年 11 月 20 日，表明前者的地表净辐射值域范围稍窄于后者；②2013 年地表净辐射值普遍高于 2004 年，为 20~30W/m$^2$。

（3）对比 2004 年和 2014 年夏季地表净辐射统计曲线图，结果显示：①2004 年 5 月 19 日的净辐射统计曲线图的波宽宽于 2014 年 8 月 19 日，即前者的地表净辐射值域范围宽于后者；②2014 年 8 月 19 日的地表净辐射值普遍高于 2004 年的，且值域范围较窄。

地表净辐射受不同太阳高度角、大气条件、地表下垫面性质等多因素制约，其升高的原因比较复杂。从其下垫面特征分析，地表植被覆盖度影响净辐射的空间分布形态和值域高低；同时，近 10 年北京市城市不断扩展，导致大量自然地表转换为人工建筑物类型，也可能助推了地表净辐射的增加，使得城市区域地表净辐射高出近郊区，空间形态呈现"高原"特征。

## 7.6　不同下垫面短、长波的上、下行辐射差异及其对净辐射的影响

短波下行辐射与太阳高度角、大气透过率等因素有关，相同大气透过率条件下，太阳高度角越大，短波下行辐射通量就越大，所以夏季卫星过境时刻的短波下行辐射通量要大于冬季。短波上行辐射受地表反照率影响，它与地表下垫面组成和结构相关。一般情况下，裸土、人工建筑物等较植被覆盖下垫面地表反照率高，但城区具有密集的城市建筑物，增加了对上行短波辐射的截留作用，使得城区的反照率总体上低于郊区，因而出现城区短波净辐射大于郊区现象。

为了分析不同下垫面短波上、下行辐射差异及其对短波净辐射的影响，将研究区分为人工建筑物、植被覆盖、裸露地表和水域等 4 种下垫面类型，分别计算了不同类型的短波净辐射、地表反照率、长波净辐射、地表发射率等参量的平均值，揭示不同下垫面的短波和长波辐射差异，结果如表 7-4 所示。

表 7-4　不同下垫面短波和长波辐射差异　　　　　（单位：$W/m^2$）

|  |  | 2004 年 5 月 19 日 | 2004 年 11 月 27 日 | 2013 年 11 月 20 日 | 2014 年 8 月 19 日 |
|---|---|---|---|---|---|
| 人工建筑物 | 短波净辐射 | 704.54 | 346.53 | 370.55 | 718.08 |
|  | 反照率 | 0.27 | 0.12 | 0.14 | 0.18 |
|  | 长波净辐射 | −100.20 | −106.12 | −107.86 | −77.54 |
|  | 发射率 | 0.96 | 0.96 | 0.96 | 0.96 |
| 植被覆盖 | 短波净辐射 | 734.16 | 348.06 | 381.40 | 716.41 |
|  | 反照率 | 0.24 | 0.12 | 0.12 | 0.19 |
|  | 长波净辐射 | −79.56 | −107.15 | −104.91 | −53.26 |
|  | 发射率 | 0.98 | 0.97 | 0.96 | 0.97 |
| 裸露地表 | 短波净辐射 | 666.21 | 325.89 | 361.67 | 688.94 |
|  | 反照率 | 0.31 | 0.17 | 0.16 | 0.22 |
|  | 长波净辐射 | −96.56 | −110.73 | −113.41 | −74.81 |
|  | 发射率 | 0.96 | 0.96 | 0.96 | 0.97 |
| 水域 | 短波净辐射 | 904.84 | 393.29 | 415.22 | 805.15 |
|  | 反照率 | 0.06 | 0.02 | 0.04 | 0.08 |
|  | 长波净辐射 | −61.48 | −79.39 | −88.71 | −36.18 |
|  | 发射率 | 0.99 | 0.99 | 0.99 | 0.99 |

从表 7-4 分析不同下垫面短波上、下行辐射差异及其对净辐射的影响，可以得出以下结论：①冬季和夏季由于到达地表太阳短波辐射的差异较大，夏季的短波净辐射要远

远大于冬季的短波净辐射。通过对比本书选取的夏季和冬季遥感图像反演结果，显示本书研究区的夏季短波净辐射数值要高出冬季近两倍。②不同下垫面类型短波净辐射由低到高的排序为：裸露地表>人工建筑物>植被覆盖>水体，它们取决于地表对短波辐射的反射能力，即地表反照率大小。在城区夏季地表短波净辐射普遍集中在 $700\sim900W/m^2$，冬季地表短波净辐射普遍集中在 $400\sim500W/m^2$，辐射值较高；在城市近郊区，夏季地表短波净辐射普遍集中在 $400\sim700W/m^2$，冬季地表短波净辐射普遍集中在 $200\sim400W/m^2$，辐射值稍低。

根据式（7-5），决定地表上行长波辐射的关键因素是地表温度、地表比辐射率；长波下行辐射则受空气温度和空气发射率影响。长波净辐射是二者收支平衡后的综合结果。

从表 7-4 分析不同下垫面长波上、下行辐射差异及其对净辐射的影响，可以得出以下结论：①地表接收的长波辐射量在平衡了地表发射和反射、大气发射等辐射过程和交互作用后，其最终的长波净辐射为负值，即在卫星过境时刻，地表发射出去的长波辐射通量总体上要高于空气向地表发射的长波辐射通量，地表处于"亏损"状态；②对比分析不同季节的卫星过境时刻的长波辐射通量，根据本章选取的样例数据分析，结果显示夏季出现城区地表长波净辐射低于城市近郊区现象，冬季则相反。分析其原因，地表长波辐射受地表温度的影响较大，夏季城区地表温度高于城市近郊区，容易形成"城市热岛"；而冬季北方城市容易出现"城市冷岛"，呈现城区地表温度低于城市近郊区的反常现象。

# 7.7  城市扩张及其对地表净辐射的影响

城市的不断扩张，原本以植被覆盖为主的自然地表变成了以道路、建筑为主的城市地表，地表下垫面的改变会极大地改变地表反照率、地表发射率等，并进一步影响短波上行辐射、长波上行辐射等，最后表现为地表净辐射的改变。

以城市环线为界统计研究区的城市扩展情况，大致四环以内的人工建筑物下垫面约占85%面积比，四环和五环之间的人工建筑物下垫面约占75%面积比。该区域的城市扩展已经接近饱和，故 2004 年和 2014 年之间的变化不大。

五环和六环之间为快速城市扩展区域，利用遥感图像分类统计，该区域 10 年之内的人工建筑物面积占比大约从46%增长到56%。统计 2004 年和 2014 年的地表净辐射均值，夏季约增加 $35W/m^2$，冬季约增加 $25W/m^2$。地表净辐射值变化主要影响因素包括太阳辐射、地表覆盖、大气条件等，该快速扩展区域的地表覆盖变化应该是地表净辐射升高的主要诱因。

# 7.8  小    结

以北京城区及其近郊区为研究对象，利用 2004 年 5 月、2004 年 11 月的 Landsat TM 影像数据，2013 年 11 月、2014 年 8 月的 Landsat 8 影像数据，结合 MODIS 数据及地面气象站观测数据进行了短波净辐射、长波净辐射及地表净辐射等参数反演，并对反演结果进行了精度评价，分析了不同下垫面地表辐射分量的变化，以及不同年份、季节的北京城区地表净辐射差异，主要结论为：

（1）利用地表净辐射参数化方案，模块化计算地表净辐射各分量，进而反演得到地表净辐射。本章分别计算短波上行辐射、短波下行辐射、长波上行辐射、长波下行辐射各个分量的大小，进而得到地表净辐射，最终得到的地表净辐射结果与实测数据检验较为接近。

（2）分析了北京市不同下垫面的地表净辐射变化差异。研究发现：夏季由于太阳高度角的增加，地表净辐射要大于冬季地表净辐射，夏季地表净辐射可以达到 $550\sim850W/m^2$，而冬季则只能达到 $200\sim400W/m^2$；不同下垫面的地表辐射分量存在较大差异，夏季地表对短波辐射的反射能力大小依次为：裸地>房屋>植被>道路>水体，而夏季不同下垫面发射地表长波辐射通量的大小的排序则依次为：房屋>裸地>道路>植被>水体。

（3）分析了北京城区地表净辐射的空间分布特征及演变规律。冬季北京市城区地表净辐射高于郊区，形成了一个明显的城市"高原中心"。这主要是因为在短波辐射方面，城区与郊区地表覆盖不同导致地表反照率差异，城区短波上行辐射低于郊区；长波辐射方面，冬季北方城市中心容易形成城市"冷岛"效应，造成城区地表温度低于郊区，城区长波上行辐射低于郊区。而城区短波和长波上行辐射的偏低，形成了城区地表净辐射的"高原中心"。随着近年北京城市区的快速扩张，越来越多的郊区变成了城区，城市"高原中心"越来越大，整个北京市地区的地表净辐射不断增加，区域的能量吸收不断增强，从而影响整个地区的能量平衡，给城市气候带来影响。

# 参 考 文 献

崔耀平, 刘纪远, 胡云锋, 王军邦, 匡文慧. 2012. 城市不同下垫面辐射平衡的模拟分析. 科学通报, 57(6): 465-473

崔耀平, 刘纪远, 张学珍, 胡云锋, 王军邦. 2012. 城市不同下垫面的能量平衡及温度差异模拟. 地理研究, 31(7): 1257-1268

马耀明, 王介民, Massimo M, Wim B. 1997. 黑河实验区地表净辐射区域分布及季节变化. 大气科学, 21(6): 743-749

孟宪红, 吕世华, 张堂堂. 2007. Modis 近红外水汽产品的检验、改进及初步应用——以黑河流域金塔绿洲为例. 红外与毫米波学报, 26(2): 107-111

苗世光, 窦军霞, Fei C, 李炬, 李爱国. 2012. 北京城市地表能量平衡特征观测分析. 中国科学: 地球科学, 42(9): 1394-1402

覃志豪, 李文娟, 徐斌, 陈仲新, 刘佳. 2004. 陆地卫星 TM6 波段范围内地表比辐射率的估计. 国土资源遥感, 16(3): 28-32

覃志豪, 张明华, Karnieli A, Berliner P. 2001. 用陆地卫星 TM6 数据演算地表温度的单窗算法. 地理学报, (4): 456-466

王慧, 胡泽勇, 谷良雷, 李栋梁. 2007. 黑河下游鼎新戈壁近地层能量输送及微气象特征. 高原气象, 26(5): 938-945

Bilbao J, Miguel A H D. 2007. Estimation of daylight downward longwave atmospheric irradiance under clear-sky and all-sky conditions. Journal of Climate and Applied Meteorology, 46(6): 878-889

Bisht G, Venturini V, Islam S, Jiang L E. 2005. Estimation of the net radiation using MODIS (moderate resolution imaging spectroradiometer) data for clear sky days. Remote Sensing of Environment, 97(1): 52-67

Christen A, Vogt R. 2004. Energy and radiation balance of a central European city. International Journal of Climatology, 24(11): 1395-1421

Diak G R, Mecikalski J R, Anderson M C, Norman J M, Kustas W P, Torn R D, DeWolf R L. 2004. Estimating land surface energy budgets from space: Review and current efforts at the University of Wisconsin—Madison and USDA–ARS. Bulletin of the American Meteorological Society, 85(1): 65-78

Haider T. 1997. Urban climates and heat islands: albedo, evapotranspiration, and anthropogenic heat. Energy & Buildings, 25(2): 99-103

Janet F B. 2014. Progress in observing and modeling the urban boundary layer. Urban Climate, (10): 216-240

Jiménez Muñoz J C, Sobrino J A. 2003. A generalized single-channel method for retrieving land surface temperature from remote sensing data. Journal of Geophysical Research: Atmospheres (1984–2012), 108(D22)

Jin M, Liang S. 2006. An improved land surface emissivity parameter for land surface models using global remote sensing observations. Journal of Climate, 19(12): 2867-2881

Kim H Y, Liang S. 2010. Development of a hybrid method for estimating land surface shortwave net radiation from MODIS data. Remote Sensing of Environment, 114(11): 2393-2402

Lhomme J, Vacher J, Roeheteau A. 2007. Estimating downward long-wave radiation on the Andean Altiplano. Agricultural and Forest Meteorology, 145(3-4): 139-148

Liang S. 2001. Narrowband to broadband conversions of land surface albedo I Algorithms. Remote Sensing of Environment, 76(2): 213-238

Mahmood R, Pielke R A, Hubbard K G, Niyogi D, Dirmeyer P A, McAlpine C, Baker B. 2014. Land cover changes and their bio-geophysical effects on climate. International Journal of Climatology, 34(4): 929-953

Mira M, Olioso A, Gallego-Elvira B, Courault D, Garrigues S, Marloie O, Boulet G. 2016. Uncertainty assessment of surface net radiation derived from Landsat images. Remote Sensing of Environment, 175: 251-270

Prata A J. 1996. A new long-wave formula for estimating downward clear-sky radiation at the surface. Quarterly Journal of the Royal Meteorological Society, 122: 1127-1151

Robaa S M. 2009. Urban–rural solar radiation loss in the atmosphere of Greater Cairo region, Egypt. Energy Conversion and Management, 50(1): 194-202

Sobrino J, Raissouni N, Li Z L. 2001. A comparative study of land surface emissivity retrieval from NOAA data. Remote Sensing of Environment, 75(2): 256-266

Stathopoulou M, Cartalis C, Petrakis M. 2007. Integrating Corine Land Cover data and Landsat TM for surface emissivity definition: Application to the urban area of Athens, Greece. International Journal of Remote Sensing, 28(15): 3291-3304

Tang B, Li Z. 2008. Estimation of instantaneous net surface longwave radiation from MODIS cloud-free data. Remote Sensing of Environment, 112(9): 3482-3492

Van de Griend A A, Owe M. 1993. On the relationship between thermal emissivity and the normalized difference vegetation index for natural surfaces. International Journal of Remote Sensing, 14(6): 1119-1131

Wang K, Dickinson R E. 2013. Contribution of solar radiation to decadal temperature variability over land. PNAS, 110(37): 14877-14882

Wang K, Liang S. 2008. Estimation of daytime net radiation from shortwave radiation measurements and meteorological observations. Journal of Applied Meteorology and Climatology, 48(3): 634-643

Wang W H, Liang S L. 2009. Estimation of high-spatial resolution clear-sky longwave downward and net radiation over land surfaces from MODIS data. Remote Sensing of Environment, 113(4): 745-754

White J M, Eaton F D, Auer Jr A H. 1978. The net radiation budget of the St. Louis metropolitan area. Journal of Applied Meteorology, 17(5): 593-599

Zhang X, Liang S, Wild M, Jiang B. 2015. Analysis of surface incident shortwave radiation from four satellite products. Remote Sensing of Environment, 165: 186-202

# 第8章 利用ASTER遥感数据和气象数据估算城市人为热排放通量

## 8.1 概 述

城市化过程造成城区自然地表日益减少，不透水层表面日益增多，地表覆盖的转变影响了城区下垫面"地—气"能量交换过程，使城市气象与气候发生了改变（Benjamin，2010；Zhou et al.，2010），典型结果是促成了"城市热岛"的形成。利用遥感技术研究城市热岛的时空格局和形成机制等，是研究者目前比较感兴趣的研究方向。城区人为热排放（anthropogenic heat discharge）主要来源于城区能源消耗转移而来的能量，如工厂、商业中心和居民区等的热排放、车辆耗能热排放等，它是城市边界层能量迁移的主要参与者，同时也是城市热岛形成不可忽视的热力来源，其精确估算对于城市热环境监测、人居环境改善和调控等方面具有重要的意义。

人为热排放受多种因素的影响，精确估算人为热排放是有一定难度的。目前，估算方法可以概括为三类（David and Sailor，2011；Arnfield，2003）：①现场测量。实地测量城市环境人为热通量，可以做到比较精确地测定，该种测定一般需要在建筑物顶端高度处进行测定才能起到代表城市人为热通量的作用，所以难度比较大（Spronken-Smith，2002；Oke et al.，1999；Haider，1997）。②能源清单法。粗略统计城区能量消耗体的数量及其时空分布，利用城区能量消耗体估算人为热排放；为了确定能量消耗体的数量，常统计城区的耗能实体，包括车辆数据、居民耗能数据、工厂和商业耗能数据等（Claire et al.，2009；Daisuke et al.，2009；Lee et al.，2009；Sailor and Lu，2004；Ichinose et al.，1999）。Oke（1973）通过城市车辆数量空间分布的估算，发现了城市和乡村之间的温度数值的变化和波动；佟华等（2004）对北京市2000年主要来源于汽车尾气排放的废热、工业生产的能源消耗，以及城市建筑物的各种能量消耗（如城市居民冬季采暖和夏季空调制冷）进行调查，计算所得北京市人为热排放清单结果表明，在交通最拥挤的早上8：00，北京人为热排放量值局地最大值可达180W/m²；冬季人为热排放对城市气候存在较大影响（Zhang et al.，1998；Kłysik，1996）。这些能源清单法主要存在两个方面的限制：第一，它们只能在相对粗略的空间和时间尺度上估算能源消耗量，并且必须使用其他技术在更精细的尺度上开展估计方法研究；第二，他们假定能源消耗和人为热排放是相等的（Sailor，2011）。由于能量消耗体的复杂性及其动态变化，这种特征势必给人为热排放的估算带来了一定难度。③遥感估测法。利用遥感数据反演地表参量，基于城市地表能量平衡原理，利用能量差值法估算人为热排放（Chrysoulakis，2003；Schmugge et al.，1998）。人为热排放为影响城区地表热力平衡的因子之一，因而可以利用地表能量平衡方程进行估算。近年来，定量遥感技术的快速发展使其估算技术逐渐成熟。利用热红外通道反演地表参数，辅以地面观测气象数据，可以定量解释城区能量平衡过程，从而进一步估算城市人为热排放通量（Pigeon et al.，2007；Offerle et al.，2005），如 Kato（2005）在名古屋等城市开展的人为热排放估算的工作，显示热通量可以达到 200W/m$^2$，对城市热岛的形成产生极大的影响。

这些工作中，一般将城市作为均匀下垫面处理（Weng，2009；Frey et al.，2007；Kato and Yamaguchi，2005；Yang，2000）。从根本上说，为简化城市地面能量收支建模，采用 "slab-surface-scheme" 作为城市表面参数化方案，它把城市看作一个平坦的水泥面，城市下垫面的动力特征采用有效粗糙度和零平面位移参数化，通过提高空气动力粗糙度，以反映建筑物的作用；热力特征是指将城市地表看作一种热容较小，热传导较快的 "平坦水泥板"，近地层交换参数由 Monin-Obukhov 相似理论计算（Kato and Yamaguchi，2007；Rigo and Parlow，2007）。实际上，城区由于其复杂的地表环境，改变了平坦地表形态及其组成，因而三维地表形态对能量通量分配的影响不可忽视（Wang et al.，2008；Roth，2000）。Oke 首次提出城市冠层（urban canopy layer）的概念，把城市冠层与城市边界层明确划分开。根据 Oke（1976）的研究结论，他把热岛现象分为两类，即冠层城市热岛效应和边界层城市热岛效应。针对城市冠层，Grimmond 和 Oke（1995）提了适于城市冠层能量平衡方程，和传统的均匀下垫面模型相比，利用它来研究城市能量平衡更趋于合理。

本章收集到了覆盖北京城区的 2004 年 1 月 7 日 ASTER 遥感图像，并获取了和遥感图像观测时间同步的地面气象站点观测数据作为辅助数据，利用 ASTER 可见光、近红外遥感数据反演地表反照率、热红外遥感数据反演地表温度等参数；在 ASTER 遥感数据定量反演的基础上，结合城市地表气象观测数据，定量反演净辐射、感热通量、潜热通量、储热通量等，基于城市冠层能量平衡方程估算城区人为热排放能量通量，对城区人为热排放开展了初步分析和对比，为研究城市热岛的形成机制提供参考。

## 8.2　研究区、数据和方法

### 8.2.1　研究区

最近，北京城区由于人口的急剧增加，建成区规模不断扩张，导致植被覆盖减少、不透水地表增多，城区和郊区相比具备典型热岛特征。选择北京核心城区及其近郊区为研究区，如图 8-1 所示，地势西北高东南低，西北部为山地，最高海拔 500m 左右，东部和南部较平坦，海拔 50m 以下。气候为典型的暖温带半湿润大陆性季风气候，冬季寒冷干燥。区内多种土地覆被类型并存，西北部山区植被覆盖度稍高，城区为不透水层覆盖，绿化地段间杂其间（土地覆被类型如图 8-2 所示），中心城区及新建小区等部位的建筑物密集，且高度较高；老旧小区建筑物高度稍低；城郊区建筑高度、密度较低。人为热主要来源于工业生产的能源消耗、商业和居住区域的各种能量消耗（如城市居民冬季采暖和夏季空调制冷）、汽车排放等。

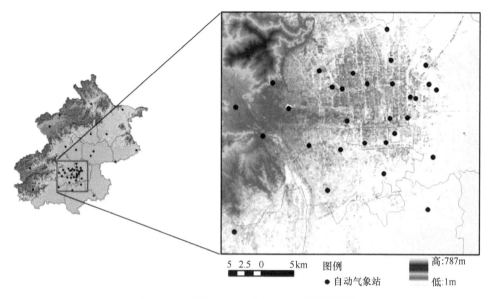

5 2.5 0　　5km　　图例　　　　　　　　　　高:787m

● 自动气象站　　　　　　　　低:1m

图 8-1　研究区 DEM 及自动气象站位置图

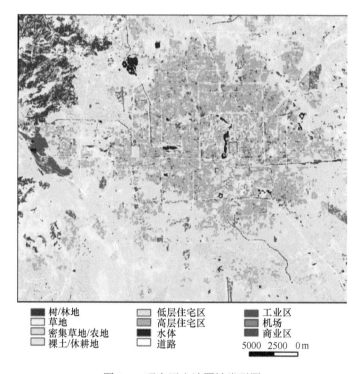

树/林地　　　　低层住宅区　　　　工业区
草地　　　　　　高层住宅区　　　　机场
密集草地/农地　水体　　　　　　　商业区
裸土/休耕地　　道路　　　　　　5000　2500　0 m

图 8-2　研究区土地覆被类型图

　　许多研究者对城市热岛开展过大量的研究，多集中在城市热力环境时空格局及其变化分析、热环境与下垫面的关系分析等方面，在城市热岛成因机制方面研究较少。

### 8.2.2　数据收集和预处理

　　从季节方面分析，夏季短波辐射较强，人为热影响较小。在冬季，短波辐射较弱，人为热的影响相对较大。研究中收集了覆盖研究区的冬季 ASTER Level 1A 遥感数据，成像时间为 2004 年 1 月 27 日 03：15（UTC），完成了遥感数据的预处理，主要包括图像的几何纠正和大气纠正等，将图像的 VNIR 和 SWIR 波段 DN 值转换为地表反射率，然后利用 15m 空间分辨率的 4 个 VNIR 波段图像，通过图像监督分类方法提取了研究区的土地覆被类型，定义为林地、草地、水域、高密度城区、低密度城区、裸露土地、道路、机场、商业区等 11 个类型，如图 8-2 所示。

同步气象观测数据主要来自研究区的 124 个气象站、自动观测站等（图 8-1），数据记录每隔 1 小时 1 次，包括气温、气压、相对湿度、风向、风速、降水量等。考虑到卫星当地过境时间为上午 11：15 左右，挑出气象数据上午 11：00 的记录字段作为同步观测数据，然后将气温、气压、相对湿度等所需数据空间化处理，并转换为格网数据。

空气温度（$T_a$）采用气象观测站点记录数据经水平插值得到，考虑到地表的非均一高度和城市冠层对能量平衡方程的影响，插值过程中按照 0.55℃/100m 的气温直减率，利用观测站点高程资料，先将观测数据外推至海平面 0m 的位置，然后利用反距离权重法插值得到海平面气温格网数据，最后利用 ASTER 提取的 DSM 外推至城市冠层，得到城市冠层气温格网数据。气压空间化处理方法和气温相似，在海拔不太高的情况（<3000m）下，海拔每上升 100m，气压大约下降 10hPa，按照该梯度获取了城市冠层气压格网数据。

风速和相对湿度未考虑城市冠层影响，直接从自动气象站点数据利用反距离法空间插值得到。由于自动气象观测站点资料未记录水汽压值，采用相对湿度和饱和水汽压推算，饱和水汽压可以表示为空气温度的函数（Brutsaert，1982）。

$$E = 1013.25 \times \exp\left(13.3185 \times t_R - 1.9760 \times t_R^2 - 0.6445 \times t_R^3 - 0.1299 \times t_R^4\right) \tag{8-1}$$

$$t_R = 1.0 - \frac{373.15}{T} \tag{8-2}$$

$$f = \frac{e_a}{E}\% \tag{8-3}$$

式中，$E$ 为饱和水汽压（hPa）；$T$ 为气温（K）；$f$ 为相对湿度；$e_a$ 为水汽压（hPa）。

### 8.2.3 原理和方法

根据 Grimmond 和 Oke（1995）提出的城市冠层能量平衡方程：

$$R_n + H_a = H + LE + S + A \tag{8-4}$$

式中，$R_n$ 为净辐射通量；$H_a$ 为人为热排放通量；$H$ 为感热通量；LE 为潜热通量；$S$ 为储热通量；$A$ 为由于气象场分布不均或者地形的影响导致上风方向流入的能量与下风方向流出的能量差异。当前由于观测仪器和观测技术的限制，$A$ 还无法准确测量，因此计算中通常假设该项为 0，即

$$H_a = H + LE + S - R_n \tag{8-5}$$

$R_n$、$H$、LE、$S$ 可以通过 ASTER 遥感图像和地面同步观测气象数据来确定，即 $H_a$ 可以以式（8-5）的差值余项进行估算，总体技术流程如图 8-3 所示。

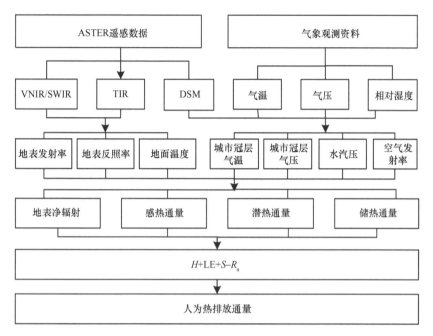

图 8-3 总体技术流程图

# 8.3 数 据 处 理

## 8.3.1 地表净辐射通量反演

地表净辐射通量是指地表实际获得的净辐射能量，它由所有的入射能量减去所有的反射能量来计算（Bastiaanssen et al.，1998）。根据 Stefan-Boltzmam 定律，地表净辐射通量可以表示为太阳短波辐射、地表反照率、空气发射率、空气温度、地表发射率和地表温度的函数：

$$R_n = R_S^\downarrow - R_S^\uparrow + R_L^\downarrow - R_L^\uparrow = (1-\alpha) \cdot R_S + \sigma\varepsilon_a T_a^4 - \sigma\varepsilon_s T_s^4 \qquad (8\text{-}6)$$

式中，$R_S$ 为短波辐射（W/m²）；$R_L^\downarrow$ 和 $R_L^\uparrow$ 分别为下行和上行辐射（W/m²）；$\alpha$ 为地表反照率；$\varepsilon_a$ 为空气发射率；$T_s$ 和 $T_a$ 分别为表面温度和空气温度（K）；$\sigma$ 为 Stefan-Boltzmam 常数。

$R_S$ 可以采用翁笃鸣等（1997）的方法模拟，$\alpha$、$\varepsilon_s$、$T_s$ 可以通过遥感数据反演得到，$T_a$ 来自于气象观测数据，$\varepsilon_a$ 可利用气象数据推算：

### 1. 地表宽波段反照率 $\alpha$

利用 6S 大气辐射传输模型将 ASTER 数据 VNIR、SWIR 数据转换为波段反射率 $r$，根据 Liang（2001）的研究，可以将多个波段的反射率转换为地表宽波段的反照率：

$$\alpha = 0.484 \times r_1 + 0.335 \times r_3 + 0.324 \times r_5 + 0.551 \times r_6 + 0.305 \times r_8 + 0.367 \times r_9 - 0.0015 \qquad (8\text{-}7)$$

式中，$\alpha$ 为地表反照率；$r_1$、$r_3$、$r_5$、$r_6$、$r_8$、$r_9$ 分别为 1、3、5、6、8、9 波段的反照率。

**2. 地表温度 $T_s$**

首先，对于 ASTER 1A 级遥感数据 DN 值，依照下式将其转换为标称辐射亮度：

$$L_\lambda = (DN - 1) \times UCC \qquad (8-8)$$

式中，UCC 为单位转换系数，可以从 ASTER 用户手册中获取。

采用 MORTRAN 对热红外波段辐射亮度进行大气纠正，通过模拟中纬度地区冬季大气获取程辐射和环境辐射参数，将标称辐射亮度 $L_\lambda$ 订正为地表辐射亮度 $L_A$，利用式（8-9）将其转换为地表温度：

$$T_s = \frac{c_2}{\lambda \ln\left(\dfrac{c_1 \cdot \varepsilon}{\pi \lambda^5 L_A + 1}\right)} \qquad (8-9)$$

式中，$c_1 = 3.7418 \times 10^{-16} \, \mathrm{W \cdot m^2}$；$c_2 = 1.4388 \times 10^{-2} \, (\mathrm{m \cdot K})/\mathrm{S}^2$

图 8-4 为地表温度反演结果。可以看出，研究区冬季城区地表温度要低于郊区，形成了和夏季城市气温"热岛"不同的结果，即冬季地表温度"冷岛"。

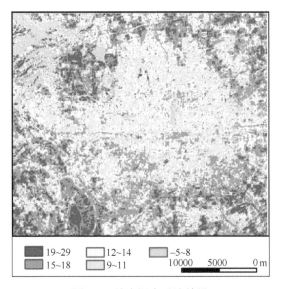

图 8-4　地表温度反演结果

**3. 地表发射率 $\varepsilon_s$**

$\varepsilon$ 为地表发射率，对于自然地表 NDVI 为 0.157~0.727，采用 Van 和 Owe（1993）的经验公式：

$$\varepsilon = 1.0094 + 0.047 \ln(NDVI) \qquad (8-10)$$

水体 NDVI 值小于 0，根据 Masuda 测定的结果，取 0.9925，对于城区建成区而言，很多建筑物像元的 NDVI 值都小于 0.157，其发射率定为 0.923。

**4. 空气发射率 $\varepsilon_a$**

下行辐射 $R_L^\downarrow$ 的空气发射率可以通过 Brutsaert（1982）的经验公式计算：

$$\varepsilon_{\mathrm{a}} = 1.24\left(\frac{e_{\mathrm{a}}}{T_{\mathrm{a}}}\right)^{1/7} \tag{8-11}$$

式中，$e_{\mathrm{a}}$ 和 $T_{\mathrm{a}}$ 分别为水汽压（hPa）和气温（K）。

　　净辐射通量如图 8-5 所示。从结果图可以看出，受城区下垫面类型影响，净辐射通量在城区形成"高原"，高于城市近郊区的自然地表。其中，水域部位净辐射通量较高，城区不透水层比自然地表要高，而高反射率的地表覆被类型净辐射通量较低，甚至出现了负值，如地表裸露区域净辐射通量值；西北部山区背阳面的阴坡净辐射通量比较高，是由于吸收太阳短波辐射近似为零，利用式（8-6）计算地表净辐射存在误差，应进一步提取图像阴影区域，剔除山体阴影的影响。考虑到该部位位于西北部山区，人为热排放非常低，误差对于城区人为热排放分析不会造成较大影响，未进行进一步处理。

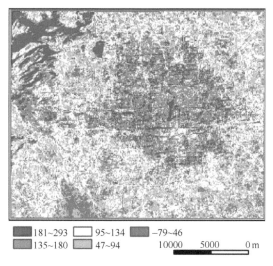

图 8-5　地表净辐射通量反演结果

　　将遥感反演的净辐射通量值和地面观测站点太阳辐射数据进行对比，可以看出净辐射值的计算精度较高，可以应用于城区能量平衡分析。

### 8.3.2　感热通量反演

　　感热通量表征城市冠层与大气之间的能量交换，根据式（8-12）计算：

$$H = \rho C_p \frac{T_{\mathrm{s}} - T_{\mathrm{a}}}{r_{\mathrm{a}}} \tag{8-12}$$

式中，$\rho$ 为空气密度（kg/m³）；$C_p$ 为空气定压比热（J/kg·K）；$T_{\mathrm{s}}$ 为表面温度（K）；$T_{\mathrm{a}}$ 为空气温度（K）；$r_{\mathrm{a}}$ 为空气动力学阻抗（s/m）。

　　感热通量的计算精度受空气动力学阻抗影响较大，也是城市地表难以参数化的因子之一，目前多数研究者利用 Monin-Obukhov 相似理论估算 $r_{\mathrm{a}}$，本书采用半经验模型（Thom and Oliver，1977）估算 $r_{\mathrm{a}}$：

$$r_{\mathrm{a}} = 4.72\{\ln(z/z_0)\}^2 / (1 + 0.54u) \tag{8-13}$$

式中，$z$ 为风速高度（m）；$z_0$ 为表面粗糙度长度（m）；$u$ 为风速（m/s）。对于研究区典型地表覆被类型，按照表 8-1 设置表面粗糙度长度值（Kato and Yamaguchi，2007）。

表 8-1　典型地表覆被类型地表参数化方案

| 土地覆被类型 | $z_0$ | $r_{smin}$ | $C_g$ |
| --- | --- | --- | --- |
| 树/林地 | 1.0 | 100 | 0.13 |
| 荒草地 | 0.004 | 500 | 0.1-0.3 |
| 农田 | 0.1 | 90 | 0.3 |
| 裸土 | 0.001 | 500 | 0.3 |
| 水域 | 0.00003 | 0.0 | — |
| 道路 | 0.05 | — | 1.0 |
| 低密度建筑 | 0.5 | — | 1.0 |
| 高密度建筑 | 2.0 | — | 1.0 |
| 工业区 | 1.5 | — | 0.8 |
| 机场 | 0.05 | — | 1.0 |
| 商业区域 | 2.0 | — | 0.8 |

最后感热通量反演结果如图 8-6 所示。从感热反演结果图上可以看出，表现出城区感热通量较郊区稍高。这是由不同地表覆被类型影响到地表温度的空间格局，同时城区空气动力学阻抗也受地表覆被类型的影响。

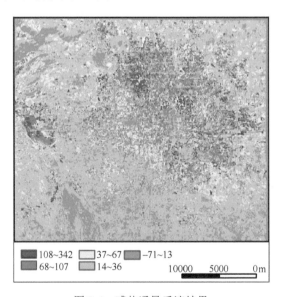

图 8-6　感热通量反演结果

### 8.3.3　潜热通量反演

潜热通量是指蒸发或凝结水分的热量交换。蒸腾和蒸发带来的潜热交换能量可以表示为

$$LE = \frac{\rho C_p}{\gamma} \cdot \frac{e_s^* - e_a}{r_a + r_s} \qquad (8\text{-}14)$$

式中，$e_s^*$ 为饱和水汽压（hPa）；$e_a$ 为水汽压（hPa）；$\gamma$ 为干湿球常数（hPa/K）；$r_s$ 为气孔阻抗（s/m）。气孔阻抗的估算采用 Jarvis（1976）方案：

$$\frac{1}{r_s} = \frac{f_1(T_a) f_2(PAR) f_3(VPD) f_4(\psi_1) f_5(CO_2)}{\gamma_{smin}} + \frac{1}{r_{cuticle}} \qquad (8\text{-}15)$$

式中，PAR 为有效光合辐射（W/m²）；VPD 为饱和气压差；$\psi_1$ 为叶水势；$CO_2$ 为大气中 $CO_2$ 浓度；$\gamma_{smin}$ 为最小气孔阻抗（s/m）；$r_{cuticle}$ 为通过角质层扩散的冠层阻抗（s/m）。参考 Nishida 等（2003）提出 VPD，$\psi_1$ 和 $CO_2$ 这些环境因子影响较小可以简化，$\gamma_{smin}$ 估计可以依据不同土地覆被类型设定（表 8-1）。最后潜热通量反演结果如图 8-7 所示。

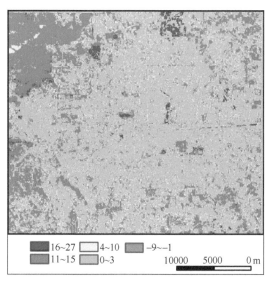

图 8-7 潜热通量反演结果

### 8.3.4 储热通量

城市冠层的储热通量是指由于传导作用而存储在城市冠层中的能量，精确估算储热通量需要获取城区表面材料的导热系数和垂直温度剖线等，这些参数的获取是有一定难度的，目前研究者大多从地表净辐射近似估算这部分热交换能量（Kato and Yamaguchi，2005，2007）。

$$S = c_g \cdot R_n \qquad (8\text{-}16)$$

式中，$c_g$ 为系数，它随不同的表面类型、季节等变化，可以通过实地测量设定，$c_g$ 和表面材料的热容和导热系数有关，高热容、低导热系数表面的系数较小。城区不透水层通常具有较高的热容和导热系数，对于表面类型为植被覆盖区域、裸土等，采用 NDVI 修正，$c_g$ 值和 NDVI 呈比例变化。该研究中 $c_g$ 值依据地表覆盖类型设置（表 8-1）。

最后储热通量反演结果如图 8-8 所示。

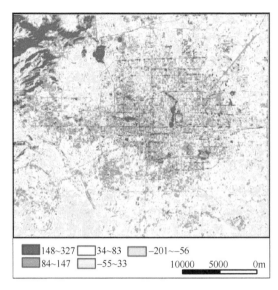

图 8-8　储热通量估算结果

## 8.4　人为热排放通量结果及分析

根据式（8-4），人为热排放通量可以采用城市冠层能量平衡差值法来估算，结果如图 8-9 所示。

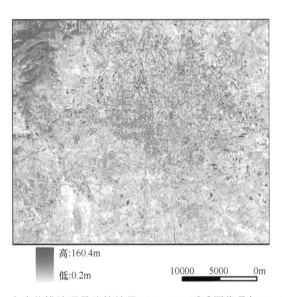

图 8-9　人为热排放通量估算结果（ASTER 遥感图像叠加 Ha 显示）

分析图 8-9 可以看出，城区人为热排放能量通量较高区域呈团簇状分布，高密度城区、工厂和商业集中区通量相对较高，低密度城区、植被覆盖区、水域等通量较低。

不同土地覆被类型表征了城市扩张过程的足迹，反映了城市不透水层扩张的规模和方向；城市不同功能分区对于能源的消费也产生不同的效果，因而对于人为热排放通量的空间格局也产生较大影响。采用空间聚类分析方法，获得人为热排放较集中的几个区域分布为：中关村及其周边、首钢区域等，可以看出其空间分布与人为热源具有较好的相关性。对于研究区不同土地覆被类型所涵盖的区域，对人为热排放的平均值、最大值进行统计，结果如表8-2所示。

表8-2　典型地表覆被类型人为热排放通量统计　　　（单位：W/m²）

| 土地覆被类型 | 人为热排放通量 | |
|---|---|---|
| | 均值 | 最大值 |
| 树/林地 | — | — |
| 草地 | — | — |
| 密集草地/农地 | — | — |
| 裸土/休耕地 | — | — |
| 水体 | — | — |
| 道路 | 20.80 | 122.07 |
| 低层住宅区 | 18.74 | 150.52 |
| 高层住宅区 | 30.81 | 163.76 |
| 工业区 | 30.45 | 156.21 |
| 机场 | 21.68 | 109.16 |
| 商业区 | 47.60 | 154.07 |

树/林地、草地、密集草地/农田、裸土/休耕地、水域等类似自然地表，不考虑其存在人为热排放；其他类型人为热排放（遥感卫星过境时刻）平均为20~48W/m²，其中低密度城区、机场等类型较低，道路上面由于承载汽车等交通工具，具有一定的人为热排放，表现稍高；其次为工业区、高密度城区，人为热通量最高的为商业区。

城市人为热排放能量参与到城区水热平衡过程中，改变了自然地表的能量平衡方程，并最终致使城区温度高于郊区温度，形成"城市热岛"现象。分析认为热排放通量对地表温度之间的相关性，如图8-10所示，二者之间的关系为

$$T = 0.09 \times H_a + 3.91 \tag{8-17}$$

人为热的参与对城市温度的升高具有提升作用，加剧城市热岛的形成。

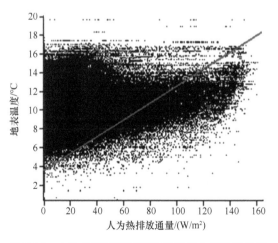

图8-10　人为热排放通量和地表温度之间的相关性

## 8.5　小　　结

本章利用 ASTER 遥感数据和同步观测气象资料，研究了城市人为热排放通量的估算方法，并以北京为例估算了城市人为热排放。利用遥感技术反演了反射率、反照率、地表温度、植被指数等生物物理参量，并进一步利用城市冠层能量平衡方程对参与城区水热交换的能量通量进行估算，利用能量平衡余项估算了城区人为热排放通量，主要结论为：

（1）北京城区冬季人为热排放最高可以达到 $160W/m^2$ 左右，城市不同功能区段、不同土地覆被类型表现为热排放存在差别，商业区最高（区域均值可以达到 $47.6W/m^2$，最大值为 $154.07W/m^2$），其次是工业区和高密度城区，城区道路和低密度城区等也存在一定的人为热排放。

（2）北京市区热排放空间形态形成团簇式，存在一些排放聚集区域，如首钢工业区、中关村商业区等。

（3）人为热排放通量参与了城区能量交换活动，对城区温度提升具有正向拉动作用，排放 $100W/m^2$ 的能量，导致城区温度大约升高 0.9℃，因而是城市热岛形成的不可忽视的能量源，可以为城市热场成因和城市热岛形成机制研究提供参考。

由于城区人为热排放存在日变化波动，利用遥感技术获取的参量表征了卫星过境时刻的能量交换过程，因而研究结果只显示为该时刻的能量分配和人为热排放情况，对于日排放总量估算需要开展进一步的方法研究；城区下垫面的形态、建筑材料等复杂性，为城区地表参数化过程带来了一定难度，同时城市冠层能量平衡方程还应该考虑更多地参与因子，使得分析趋于完善，这是后续需要开展的工作。

## 参 考 文 献

佟华, 刘辉志, 桑建国, 胡非. 2004. 城市人为热对北京热环境的影响. 气候与环境研究, (3): 409-421

翁笃鸣, 高先庆, 刘艳. 1997. 应用 ISCCP 云资料反演青藏高原地区地面总辐射场. 南京气象学院学报, 20(3): 318-325

Arnfield A J. 2003. Two decades of urban climate research: A review of turbulence, exchanges of energy and water, and the urban heat island. International Journal of Climatology, 23(1): 1-26

Bastiaanssen W G, Pelgrum H, Wang J, Ma Y, Moreno J F, Roerink G J, Van der Wal T. 1998. A remote sensing surface energy balance algorithm for land (SEBAL). Part 2: Validation. Journal of Hydrology, 212: 213-229

Benjamin L. 2010. An analytical framework for estimating the urban effect on climate. International Journal of Climatology, 30: 72-88

Brutsaert W. 1982. Evaporation into the atmosphere – Theory, history, and applications. D Reidel pub Comp, Dordrecht-Boston-London. 299

Chrysoulakis N. 2003. Estimation of the all-wave urban surface radiation balance by use of ASTER multispectral imagery and in situ spatial data. Journal of Geophysical Research, 108(D18): 4582-4592

Claire S, Sarah L, Geoff L. 2009. Estimating spatial and temporal patterns of urban anthropogenic heat fluxes for UK cities: The case of Manchester. Theoretical and Applied Climatology, 98(1-2): 19-35

Daisuke N, Akira K, Yoshiyuki S. 2009. Effects of anthropogenic heat release upon the urban climate in a Japanese megacity. Environmental Research, 109: 421-431

David J, Sailor. 2011. A review of methods for estimating anthropogenic heat and moisture emissions in the urban environment. International Journal of Climatology, 31: 189-199

Frey C M, Rigo G, Parlow E. 2007. Urban radiation balance of two coastal cities in a hot and dry. International Journal of Remote Sensing, 1: 1-18

Grimmond C S B, Oke T R. 1995. Comparison of heat fluxes from summertime observations in the suburban of four North American cities. Journal of Applied Meteorology, 34: 873-889

Haider T. 1997. Urban climates and heat islands: albedo, evapotranspiration, and anthropogenic heat. Energy and Building, 25: 99-103

Ichinose T, Shimodozono K, Hanaki K. 1999. Impact of anthropogenic heat on urban climate in Tokyo. Atmospheric Environment, 33(24-25): 3897-3909

Jarvis P G. 1976. The interpretation of the variations in leaf water potential and stomatal conductance found in canopies in the field. Philosophical Transactions of the Royal Society of London. Series B, Biological Sciences, 273: 593-610

Kato S, Yamaguchi Y. 2005. Analysis of urban heat-island effect using ASTER and ETM+ data: Separation of anthropogenic heat discharge and natural heat radiation from sensible heat flux. Remote Sensing of Environment, 99: 44-54

Kato S, Yamaguchi Y. 2007. Estimation of storage heat flux in an urban area using ASTER data. Remote Sensing of Environment, 110: 1-17

Kłysik K. 1996. Spatial and seasonal distribution of anthropogenic heat emissions in Lodz, Poland. Atmospheric Environment, 30(20): 3397-3404

Lee S H, Song C K, Baik J J, Park S U. 2009. Estimation of anthropogenic heat emission in the Gyeong-In region of Korea. Theoretical and Applied Climatology, 96(3-4): 291-303

Liang S L. 2001. Narrowband to broadband conversion of land surface albedo I algorithms. Remote Sensing of Environment, 76: 213-238

Nishida K, Nemani R R, Running S W, Glassy J M. 2003. An operational remote sensing algorithm of land surface evaporation. Journal of Geophysical Research: Atmospheres, 108(D9): 4270

Offerle B, Grimmond C S B, Fortuniak K. 2005. Heat storage and anthropogenic heat flux in relation to the energy balance of a central European city centre. International Journal of Climatology: A Journal of the Royal Meteorological Society, 25(10): 1405-1419

Oke T R. 1976. The distinction between canopy and boundary‐layer urban heat islands. Atmosphere, 14(4): 268-277

Oke T R. 1973. City size and the urban heat island. Atmospheric Environment (1967), 7(8): 769-779

Oke T R, Spronken-Smith R A, Jáuregui E, Grimmond C S. 1999. The energy balance of central Mexico City during the dry season. Atmospheric Environment, 33(24-25): 3919-3930

Pigeon G, Legain D, Durand P, Masson V. 2007. Anthropogenic heat release in an old European agglomeration (Toulouse, France). International Journal of Climatology, 27(14): 1969-1981

Rigo G, Parlow E. 2007. Modelling the ground heat flux of an urban area using remote sensing data. Theoretical and Applied Climatology, 90(3-4): 195-199

Roth M. 2000. Review of atmospheris turbulence over cities. Quarterly Journal of the Royal Meteorological Society, 126: 1941-1990

Sailor D J. 2011. A review of methods for estimating anthropogenic heat and moisture emissions in the urban environment. International Journal of Climatology, 31(2): 189-199

Sailor D J, Lu L. 2004. A top–down methodology for developing diurnal and seasonal anthropogenic heating profiles for urban areas. Atmospheric Environment, 38(17): 2737-2748

Schmugge T, Hook S J, Coll C. 1998. Recovering surface temperature and emissivity from thermal infrared multispectral data. Remote Sensing of Environment, 65(2): 121-131

Spronken-Smith R A. 2002. Comparison of summer- and winter-time suburban energy fluxes in Christchurch, New Zealand. International Journal of Climatology, 22: 979-992

Thom A S, Oliver H R. 1977. On Penman's equation for estimating regional evaporation. Quarterly Journal of the Royal Meteorological Society, 103: 345-357

Van D G A, Owe M. 1993. On the relationship between thermal emissivity and the normalized difference vegetation index for nature surfaces. International Journal of Remote Sensing, 14(6): 1119-1131

Wang Y, Jiang W, Liu H. 2008. Advanced in research of urban effect parameterization scheme on models of atmosphere. Advances in Earth Science, 23(4): 371-381

Weng Q. 2009. Thermal infrared remote sensing for urban climate and environmental studies: Methods, applications, and trends. ISPRS Journal of Photogrammetry and Remote Sensing, 64: 335-344

Yang L. 2000. Integration of a numerical model and remotely sensed data to study urban/rural land surface climate processes. Computers & Geosciences, 26: 451- 468

Zhang X, Aono Y, Monji N. 1998. Spatial variability of urban surface heat fluxes estimated from Landsat TM data under summer and winter conditions. Journal of Agricultural Meteorology, 54(1): 1-11

Zhou J, Hu D Y, Weng Q H. 2010. Analysis of surface radiation budget during the summer and winter in the metropolitan area of Beijing, China. Journal of Applied Remote Sensing, 4(1): 183-192

# 第9章 能源清单法和多源遥感数据支持下人为热通量参数化

## 9.1 概　　述

当前的世界正在经历一场前所未有的城市化过程,城市化过程往往伴随着城镇面积的扩张、城市人口数量的增加和能源消耗的增长。由于人类活动日益增多,在城市环境中产生的人为热(anthropogenic heat,AH)也日益增多。这些人为热排放直接参与了"地表–大气"界面的能量收入和支出过程,对地表能量平衡过程产生较大影响。大量研究表明,人为热排放形成并加剧了城市热岛效应,对区域环境和气候都产生了极大的影响(He et al.,2007;Fan and Sailor,2005;Tong et al.,2004;Ichinose et al.,1999)。因此,精细地参数化 AH 对区域气候变化和城市热岛效应等问题研究具有重要的意义。

人为热排放通量(anthropogenic heat flux,AHF)是对由人类活动产生并排放到大气中的那一部分热量的精确度量,即单位时间单位面积的 AH 排放量(Iamarino et al.,2012)。目前,参数化 AHF 的方法可以概括为三类(Sailor,2010):①能量收支闭合法;②建筑模型模拟法;③能源清单法。能量收支闭合法将 AHF 作为地表能量平衡方程中的一个参量(Oke,1987),可以通过计算方程中的地表净辐射、潜热通量、感热通量和土壤热通量等其余参量,然后采用余项法计算得到 AHF 数值,已有国内外研究者将该方法用于不同空间尺度的 AHF 参数化(Hu,2012;Zhou et al.,2012;Pigeon et al.,2007;Kato and Yamaguchi,2005)。由能量收支闭合法计算得到的 AHF 数值依赖感热和潜热等参量的参数化精度,显然这些参量在参数化过程中产生的累积误差会传递到 AHF 参数化,从而严重影响其结果精度;建筑模型模拟法是利用能耗模型计算得到不同类型建筑释放的能耗值,并以此作为 AHF 的指标,然后在基于建筑物模型计算的基础上,将该指标通过空间尺度转换得到整个研究区的参数化数值。显而易见,建筑模型模拟法能够得到更为准确的来源于建筑的 AHF(Heiple and Sailor,2008;Kikegawa et al.,2006;Dhakal et al.,2003),但它忽略了来自交通运输和工业消耗等方面的 AHF;能源清单法是目前估算区域 AHF 比较经典的方法,它又分为"自下而上法"和"自上而下法"两种(Sailor,2010),前者基于较小时空尺度的交通、建筑高度和占地面积等方面的细节信息建立估算模型,再通过逐级向上统计的方式得到城市尺度的 AHF(Ichinose et al.,1999),可以看出该方法对统计数据要求较高,数据获取不易,在城市群尺度的 AHF 估算中常常受限于统计数据的详细程度及其可靠性;不同于"自下而上法"需要详细的统计数据,利用子系统向上汇总以确定整个城市的 AHF 总量值,"自上而下法"是以研究区社会经济数据和能源消费数据为基础进行大尺度范围的 AHF 估算,因而城市尺度及其更大空间尺度的数据收集可操作性更高,区域大尺度的 AHF 参数化更容易实现(Dong et al.，2017；Quah and Roth，2012；Grimmond，2010）。

"自上而下"的能源清单法收集数据，是以行政区划为单位进行统计的，尺度越小，获取相关数据的难度越高，所以最终的 AHF 的空间尺度则取决于初始数据的统计尺度。为了实现不同研究区范围、不同尺度的 AHF 估算，往往需要收集大量的社会经济数据和能源消费数据（王业宁等，2016；谢旻等，2015；陆燕等，2014）。为实现较大空间尺度的 AHF 参数化，需要建立 AHF 估算模型。另外，估算得到的 AHF 是行政区划单位范围内的平均值，无法反映真实的 AHF 的空间细节及其空间分布模式，往往需按照某种空间化法则，如人口密度（population density，PD）（Dong et al.，2017）、GDP（gross domestic product）密度（Lu et al.，2016）、土地利用类型（Kimura and Takahashi，1991）将其分配到较小的空间尺度，如赋予每个栅格 AHF 值，从而得到精细化的人为热通量（refined anthropogenic heat flux，RAHF）的数值，为区域气候变化和城市气候等研究提供基础数据。因此，寻求合适的空间化法则，得到 RAHF 格网化数据也是目前学者关注的方向。

夜间灯光数据能够探测到城市、居民地等发出的低强度灯光，在监测人类夜间活动方面有其独特的优越性，是目前实现社会经济数据空间化较理想的数据源之一（Zhou et al.，2015；Coscieme et al.，2014；Li et al.，2013；Li and Zhao，2012）。目前已有学者将 DMSP/OLS（defense meteorological satellite program's operational linescan system）夜间灯光数据作为 AHF 估算和空间化的依据。例如，Bing 和 Guang（2012）通过建立 AHF 与夜间灯光数据之间的统计回归关系，基于 DMSP/OLS 夜间灯光数据估计了全球的格网化的 AHF；Yang 等（2014）利用 DMSP/OLS 夜间灯光数据提取城区面积，建立其与能源消耗之间的统计回归关系，从而实现了长时序的 AHF 估算；Dong 等（2017）利用 DMSP/OLS 夜间灯光数据对人口密度数据进行修正，实现了全球 AHF 的估算。但上述研究结果因 DMSP/OLS 夜间灯光数据的饱和性和像元溢出问题，在饱和区域 AHF 估算的准确性有待提高。马盼盼等（2016）和 Chen 等（2016）通过利用遥感植被指数数据校正后的 DMSP/OLS 夜间灯光数据构建人居指数，一定程度上缓解了像元饱和的现象，但在空间尺度上仍有进一步细化的必要。

美国国家航空航天局于 2011 年年底发射了 Suomi-NPP（Suomi national polar-orbiting partnership）卫星，搭载的可见光红外成像辐射仪（visible infrared imaging radiometer suite，VIIRS）可以获取新一代的全球夜间灯光数据（以下简称 Suomi-NPP VIIRS 数据）。相较 DMSP/OLS 夜间灯光数据而言，Suomi-NPP VIIRS 数据的空间分辨率更高，且辐射值范围更大，能够获取微弱的灯光信息，更加精细地反映了人类夜间活动的强度和空间分布（Shi et al.，2014；Elvidge et al.，2013）。

本章以建立针对大范围研究区的 RAHF 参数化方案为研究目标，在综合分析社会经济数据和能源消费数据的基础上，采用"自上而下"的能源清单法，计算北京市各县区的 AH 年排放总量和 AHF 年均值；然后，基于多源遥感数据提取表征地表人类活动特征的参数，建立京津冀各县区的 AHF 估算模型；同时，利用 Suomi-NPP VIIRS 数据和 moderate resolution imaging spectroradiometer （MODIS） 等多源遥感数据，通过对比分析和遥感参量建模，构建县区行政区划单位内部的单位格网 AHF 空间化法则，从而生成 RAHF 格网化数据（空间分辨率为 500m × 500m）。

本章主要内容包括：

1）省、市和县人为热排放的分级估算

收集并整理京津冀地区的经济和能源统计信息，对城市的能源系统进行定量分析，通过各类能源（煤、油、气、电力等）的消耗情况，按照建筑、工业、交通等不同行业和部门，同时考虑人体自身的新陈代谢，基于能源清单法实现京津冀地区人为热排放量的核算。

2）精细格网单元的人为热排放通量遥感估算

基于多源遥感数据（MODIS、DMSP/OLS、Suomi-NPP/VIIRS），分析整理京津冀地区的相关统计数据和资料，研究不同区域类型和消费方式下热排放的时间变化规律，核算能源消费及其热排放强度的时间变化；改进现有的粗糙的人为热排放的空间化方案，获取像元尺度的人为热排放通量数值。

3）人为热排放通量的年内变化建模

结合气象观测数据，改进人为热排放随时间变化的表征方式，建立像元尺度在不同时间尺度下（年际变化、月变化、日变化）的人为热排放估算模型。

# 9.2　方法和技术路线

## 9.2.1　基于能源清单法的县区级 AHF 年均值估算

人为热排放按热源不同分为工业（$E_I$）、建筑排热（$E_B$）、交通运输（$E_V$）、人体新陈代谢（$E_M$）四部分（Sailor，2010），总人为热排放量（$E_F$）为四部分之和，即

$$E_F = E_I + E_B + E_V + E_M \tag{9-1}$$

人为热排放通量（$Q_F$）为单位时间单位面积上通过的人为热排放量，其计算公式为

$$Q_P = \frac{E_P}{A \cdot T} \tag{9-2}$$

式中，$A$ 为面积，单位为 m²；$T$ 为时间，单位为 s，本书求取的是年平均人为热排放通量，因此设定其值为 365（一年的天数）×24（每天的小时数）×3600（每小时的秒数）= 31536000s。

1）工业排热估算模型

工业过程中会消耗各种类型的能源，包括各类煤（原煤、洗精煤、其他洗煤等），油（原油、汽油、柴油等），气（煤气、天然气、液化石油气等），电力和热力等。根据省市能源与利用状况方面的统计资料，得到工业消耗总量，统计各县市国民经济主要指标，按各县市第二产业的比例分配，得到工业热排放量。计算公式为

$$E_I = E_i \cdot C \tag{9-3}$$

式中，$E_i$ 为工业能耗，单位为万吨标准煤，（ton of standard coal equivalent，tce）；$C$ 为

标准煤热值，根据能源统计局提供的 2015 年中国能源统计年鉴得到其值为 29306kJ/kg。

2）建筑排热估算模型

建筑排热主要来自照明、电器和用于采暖、通风和空气调节的能耗（Sailor，2010）。将建筑分为商业建筑和生活建筑，分别进行计算。统计省市能源平衡表中全省批发、零售业和住宿、餐饮业，以及生活消费方面能源消耗量（煤、液化石油气、天然气、热力、电力），将商业建筑热源按各县市第三产业的比例分配，得到商业热排放量，将生活建筑热源按各县市城市人口比例分配，得到生活热排放量。计算公式为

$$E_B = (E_{Br} + E_{Bc}) \cdot C \qquad (9\text{-}4)$$

式中，$E_{Br}$、$E_{Bc}$ 分别为居民和商业建筑能耗，单位为万吨标准煤。

3）交通排热估算模型

车辆行驶在道路上消耗汽油和柴油的同时会伴随着热量的排放。利用经济统计数据中的各县市民用汽车保有量计算交通能耗，采用每辆车每年平均行驶 $2.5 \times 10^4$ km，每行驶 100km 汽车耗油 12.7L，汽车燃油排出的废热为 45kJ/g（Grimmond，2010），计算公式为

$$E_v = d \cdot \text{FE} \cdot \rho \cdot \text{NHC} \cdot V \qquad (9\text{-}5)$$

式中，$V$ 为机动车保有量，单位为辆；$d$ 为每车年均行驶距离，单位为 km；FE 为燃烧效率，单位为 L/km；$\rho$ 为燃烧密度，单位为 kg/L；NHC（net heat combustion）为净排热值，单位为 kJ/g。

4）人体新陈代谢排热估算模型

人体每天都会释放由食物通过新陈代谢被分解氧化而产生的热量，其大小因年龄、活动量不同而有所区别，无法准确获得排放规律。因此，借鉴国外有关研究方法（Quah and Roth，2012），将一天分为活动状态：7：00~23：00，代谢热排放强度为 171W/人；睡眠状态：23：00~7：00，代谢热排放强度为 70W/人。结合统计年鉴中各县市的人口总量计算得到人体新陈代谢的热排放量：

$$E_M = (P_1 \cdot t_1 + P_2 \cdot t_2) \cdot N \qquad (9\text{-}6)$$

式中，$P_1$、$P_2$ 为睡眠和活动时的代谢率，单位为 W；$t_1$、$t_2$ 为睡眠和活动时段的时间 23：00~7：00、7：00~23：00，单位为 h；$N$ 为人口数量。

尽管能量消耗与排放至大气中的实际热量之间存在时间滞后性，由于缺少精确的能耗效率资料，本书假定能源消耗最终全部转化为热量释放到大气中，同时忽略时间上的滞后性（Nie et al.，2014；Quah and Roth，2012；Ferreira et al.，2011）。

### 9.2.2 精细格网单元的人为热排放通量参数化

利用能源清单法估算得到的人为热排放通量年均值存在不足：一是需要基于大量的经济能源统计数据，考虑的因素过多，且计算过程过于繁琐；二是仅能得到各市范围内的年均值，无法反映各市内部人为热排放的空间异质性。可以综合利用数理统计方法、

数据挖掘方法和遥感大面积观测的优势，获取精细格网单元的人为热排放通量数值，从而获知较为详尽的人为热排放空间分布特征。

### 1. AHF 估算模型

针对大范围的研究区，利用能源清单法进行 AHF 估算耗时耗力，且经济和能源统计数据获取难度大。有学者提出利用表征人类居住区空间分布的遥感指数数据建立县区级 AHF 估算模型，从而实现大范围 AHF 的估算（Chen et al.，2016）。其中，人居指数是基于植被指数与城市不透水面之间的高度负相关性提出的，一般用于区域或全球尺度的人类居住区的提取（Lu et al.，2008）。其具体计算公式如下：

$$\mathrm{HSI} = \frac{(1 - \mathrm{NDVI}_{max}) + \mathrm{NLT}_{nor}}{(1 - \mathrm{NLT}_{nor}) + \mathrm{NDVI}_{max} + \mathrm{NLT}_{nor} \cdot \mathrm{NDVI}_{max}} \tag{9-7}$$

式中，$\mathrm{NLT}_{nor}$ 为标准化之后的夜间灯光数据；$\mathrm{NDVI}_{max}$ 为归一化植被指数的最大值。

NDVI 和 NLT 数据在反映人类活动和建成区范围的提取中具有互补性，人居指数的高值像元应该对应着较低的植被覆盖和较高的夜间灯光值，同时也意味着 AHF 较高。

### 2. 分级分类估算法

夜间灯光辐射亮度值与所含经济因子（生产总值、能源消耗、城市扩张等）、社会因子（人口规模、人口密度、城市化等）和生态因子（碳排放、地表覆被、城市灾害等）的城市因素流的数量和质量存在显著相关关系（吴健生等，2014；Frolking et al.，2013），对 Suomi-NPP VIIRS 夜间灯光辐射亮度值进行分类，能够反映不同等级的人类活动强度。根据不同的夜间灯光辐射亮度分级，分别进行 RAHF 空间化建模，有利于生成高质量、高精度的 AHF 格网化数据。

利用 K-means 聚类算法，确定 RAHF 建模的类别 $k$。该分类算法的目标是达到类内相似度最高，类间差异性最大（Hartigan and Wong，1979）：

$$V = \sum_{k=1}^{m} \sum_{i=1}^{n} \frac{(\mathrm{NLT}_{k_i} - \overline{\mathrm{NLT}_k})^2}{n} \tag{9-8}$$

式中，$k$ 为类别号；$m$ 为类别总数；$\mathrm{NLT}_{k_i}$ 为第 $k$ 类中的像元 $i$ 的夜间灯光辐射亮度值；$\mathrm{NLT}_k$ 为第 $k$ 类中的夜间灯光辐射亮度均值；$n$ 为第 $k$ 类中的像元总数；$V$ 为各类别的方差和，将其取最小值时对应的分类 $k$ 用于 RAHF 建模：

$$\mathrm{AHK}_k = f(\mathrm{HSI}_k) \tag{9-9}$$

式中，$\mathrm{AHK}_k$ 为第 $k$ 类的 AHK 值，它是第 $k$ 类 HSI 均值的函数，其中 HSI 值由式（9-7）计算得到。

### 9.2.3 技术路线

精细格网单元的人为热排放通量遥感估算的技术流程如图 9-1 所示，主要通过以下四个步骤实现。

（1）基于社会经济和能源消耗统计数据，利用自上而下的能源清单法，分别计算源于工业、交通、建筑和人体新陈代谢的能源消耗量，从而得到北京市和天津市各区县的人为热排放通量。

（2）利用计算人居指数的方法，结合 NDVI 数据和 Suomi-NPP/VIIRS 数据计算京津冀地区的人居指数。

（3）采用区域统计方法分区县统计北京市各区县的人居指数均值，对其和式（9-1）中得到的人为热排放通量进行相关分析，并拟合二者之间的统计回归关系，得到人为热排放通量估算模型。

（4）对 Suomi-NPP VIIRS 夜间灯光辐射亮度值进行分类，得到 AHF 的统计类别 $k$。结合 AHF 估算模型和通过式（9-2）得到的京津冀地区的人居指数值，生成京津冀地区精细格网单元的 AHF 数据。

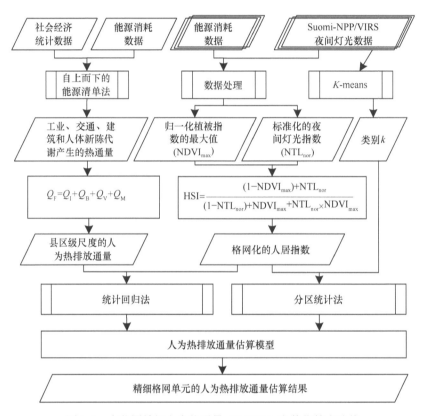

图 9-1　大范围精细人为热通量（RAHF）参数化技术路线

## 9.3　研究区及数据

### 9.3.1　研究区

京津冀地区（Beijing-Tianjin-Hebei region，BTH）包括北京市、天津市两个直辖市，以及河北省的 11 个地级市（石家庄市、沧州市、唐山市、邢台市、秦皇岛市、保定市、张家口市、邯郸市、廊坊市、衡水市和承德市），面积约 21.78 万 km$^2$，如图 9-2 所示，地处 113°27'~119°50'E，36°05'~42°40'N 之间。

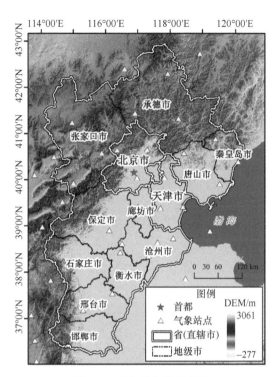

图 9-2　研究区位置示意图

　　研究区位于华北平原北部，北靠燕山山脉，南面华北平原，西倚太行山，东临渤海湾，西北和北面地形较高，南面和东面地形较为平坦。由西北向的燕山—太行山山系构造向东南逐步过渡为平原，呈现出西北高东南低的地形特点，且具有丰富的煤炭、铁矿石、石灰石等矿产资源，其中煤和石油等能源矿产构成了能源的主要来源。

　　研究区属温带季风气候，受季风影响明显，夏季高温多雨，冬季寒冷干燥。山前平原地区年平均气温 11~12℃，山区年平均气温随高度增加而降低，西北部山区气温较低，东北部平原气温稍高；一年之内，1 月最冷，平均温度为-1.6℃；8 月最热，平均温度为 25.8℃；年平均气温约为 12.8℃。年平均陆面蒸发量 700~900mm，降水年内分布不均，主要集中在 6~8 月，年降水总量约为 1539mm。主要植被类型为暖温带落叶阔叶林，并间有温性针叶林的分布。我国冬季采暖和夏季降温的能源消费约占能源需求的 19%左右（王馥棠，2002），京津冀地区受其气候特征影响，冬季采暖期较长，消耗大量的煤和天然气等能源，同时产生人为热的排放。

　　自改革开放以来，京津冀地区经济发展迅速，是中国核心经济区的重要组成部分。以北京和天津为经济增长的龙头，带动了京津冀地区经济的腾飞，使京津冀地区成为中国区域经济增长最快、经济发展水平最高的地区增长极之一。

　　北京作为全国政治、文化、国际交往和科技创新中心，历史文化悠久，各种资源丰富，辐射带动着京津冀地区的政治经济发展；天津作为国家中心城市及首批沿海开放城市，是北京通往东北、华东地区铁路的交通咽喉和远洋航运的港口，在环渤海经济圈中起着举足轻重的作用；二者城市规模大，人口密度高，热岛效应显著，形成以北京市和天津市为枢纽的交通运输系统，是全国性的交通运输大系统的主要枢纽。河北省向京津两市供应炼焦用煤和发电等动力用煤，多个大型火电厂是供应京津两市的主力电厂（陆大道，2015）。

2015 年，京津冀地区常住人口约为 1.1 亿人，地区生产总值约为 6.94 万亿元，能源消耗总量约为 44508 万 t 标准煤。1995~2015 年，京津冀地区经济规模逐步扩大，对能源的需求也逐步增多，由能源消耗产生的热量也相应地增加。人为热则主要来源于汽车尾气排放的废热、工业生产的能源消耗，以及城市建筑物的各种能量消耗（如居民冬季采暖和夏季空调制冷）（佟华等，2004）。

### 9.3.2 数据

1. 经济能源统计数据及其预处理

研究区的经济能源统计数据来源于《中国统计年鉴》、《中国能源统计年鉴》、《中国城市统计年鉴》、《北京统计年鉴》、《北京区域统计年鉴》、《天津统计年鉴》和《河北统计年鉴》。

本书在考虑到对研究区统计数据资料可得性的基础上，吸收已有能源清单法中的指标要求，整理出省级、县区级的三大产业地区生产总值、常住人口、土地面积、民用汽车保有量、终端能源消费量、批发和零售业能源消耗量、住宿和餐饮业能源消耗量、生活消费能源消耗量、工业生产能源消耗总量、建成区面积等指标，各指标内涵见表 9-1。

表 9-1 社会经济与能源统计数据主要统计指标解释

| 地区生产总值 | 是按市场价格计算的地区生产总值的简称。它是一个地区所有常住单位在一定时期内生产活动的最终成果。在实际核算中，地区生产总值的三种表现形态表现为三种计算方法，即生产法、收入法和支出法。三种方法分别从不同的方面反映地区生产总值及其构成。第三产业产值占全地区 GDP 比例主要是考察地区的产业结构水平，在市场机制的调节下，第三产业逐步成为推进城市向更高层次进步的动力，第三产业的比例在一定程度上代表了地区的城镇化层次 |
| --- | --- |
| 常住人口 | 指实际经常居住在某地区半年以上的人口。按人口普查和抽样调查规定，主要包括：①除离开本地半年以上（不包括在国外工作或学习的人）的全部常住本地的户籍人口；②户口在外地，但在本地居住半年以上者，或离开户口地半年以上而调查时在本地居住的人口；③调查时居住在本地，但在任何地方都没有登记的常住户口，如手持户口迁移证、出生证、退伍证、刑满释放证等尚未办理常住户口的人，即所谓"口袋户口"的人 |
| 土地面积 | 一宗地权属界线范围内的面积 |
| 民用汽车保有量 | 指报告期末，在公安交通管理部门按照《机动车注册登记工作规范》，已注册登记领有民用车辆牌照的全部汽车数量。汽车拥有量统计的主要分类：根据汽车结构分为载客汽车、载货汽车及其他汽车；根据汽车所有者不同分为个人（私人）汽车、单位汽车；根据汽车的使用性质分为营运汽车、非营运汽车；根据汽车大小规格不同，载客汽车分为大型、中型、小型和微型，载货汽车分为重型、中型、轻型和微型 |
| 终端能源消费量 | 指一定时期内，全国生产和生活消费的各种能源在扣除了用于加工转换二次能源消费量和损失量以后的数量。人为热排放的空间异质性只受终端能源消费的影响，而不是一次能源消费。是因为一次能源消费包含原始能源转换到可用能源之间的能源损耗，以及从源到终端用户传输过程中的能耗，即某一地区的终端能源损耗与该地区的城市化水平不成比例 |
| 批发和零售业能源消耗量 | 批发业和零售行业所消耗的能源量。批发业是指向其他批发或零售单位（含个体经营者）及其他企事业单位、机关团体等批量销售生活用品、生产资料的活动，以及从事进出口贸易和贸易经纪与代理的活动，包括拥有货物所有权，并以本单位（公司）的名义进行交易活动，也包括不拥有货物的所有权，收取佣金的商品代理、商品代售活动；还包括各类商品批发市场中固定摊位的批发活动，以及以销售为目的的收购活动；零售业是指百货商店、超级市场、专门零售商店、品牌专卖店、售货摊等主要面向最终消费者（如居民等）的销售活动，以互联网、邮政、电话、售货机等方式，还包括在同一地点，后面加工生产，前面销售的店铺（如面包房）；谷物、种子、饲料、牲畜、矿产品、生产用原料、化工原料、农用化工产品、机械设备（乘用车、计算机及通信设备除外）等生产资料的销售不作为零售活动；多数零售商对其销售的货物拥有所有权，但有些则是充当委托人的代理人，进行委托销售或以收取佣金的方式进行销售 |

| | |
|---|---|
| 住宿和餐饮业能源消耗量 | 住宿和餐饮行业所消耗的能源量。住宿业是指为旅行者提供短期留宿场所的活动，有些单位只提供住宿，也有些单位提供住宿、饮食、商务、娱乐一体的服务，不包括主要按月或按年长期出租房屋住所的活动；餐饮业是指通过即时制作加工、商业销售和服务性劳动等，向消费者提供食品和消费场所及设施的服务 |
| 生活消费能源消耗量 | 居民生活消费的各种能源的总和 |
| 工业生产能源消耗量 | 指报告期内工业企业直接用于产品生产过程的原材料、燃料、动力消耗和工艺消耗的各种能源。包括基本生产系统能源消费量和辅助生产系统能源消费量，即各基本生产车间消费的各种能源的数量和专为基本生产车间生产产品提供一定条件的辅助生产系统消费的各种能源的数量 |
| 建成区面积 | 指城市行政区内实际已成片开发建设、市政公用设施和公共设施基本具备的区域。对核心城市，它包括集中连片的部分，以及分散的若干个已经成片建设起来的，市政公用设施和公共设施基本具备的地区；对一城多镇来说，它包括由几个连片开发建设起来的，市政公用设施和公共设施基本具备的地区组成。因此建成区范围，一般是指建成区外轮廓线所能包括的地区，也就是这个城市实际建设用地所达到的范围 |

对于缺失的个别数据采用按同类型指标比例进行分配、线性回归等方式进行估算。为便于比较和计算，根据各能源类型和对应的转换系数，将能源实物量消耗转换为能源标准量消耗。能源类型及其转换系数来源于《1986 年重点工业、交通运输企业能源统计报表制度》，具体如表 9-2 所示。

表 9-2  能源折算标准煤系数

| 能源类型 | 单位 | 转换系数 | 能源类型 | 单位 | 转换系数 |
|---|---|---|---|---|---|
| 原煤 | kg | 0.7143 | 柴油 | kg | 1.4571 |
| 洗精煤 | kg | 0.9000 | 燃料油 | kg | 1.4286 |
| 其他洗煤 | kg | 0.2857 | 液化石油气 | kg | 1.7143 |
| 型煤 | kg | 0.6000 | 炼厂干气 | kg | 1.5714 |
| 焦炭 | kg | 0.9714 | 天然气 | $m^3$ | 1.2143 |
| 焦炉煤气 | $m^3$ | 0.6143 | 其他石油制品 | kg | 1.2000 |
| 其他煤气 | $m^3$ | 0.5800 | 其他焦化产品 | kg | 1.3000 |
| 原油 | kg | 1.4286 | 热力 | MJ | 0.0341 |
| 汽油 | kg | 1.4714 | 电力 | kW·h | 0.4040 |
| 煤油 | kg | 1.4714 | | | |

### 2. 夜间灯光数据产品及其预处理

本书用到的夜间灯光数据（nighttime light data，NTL）产品包括来自美国国防气象卫星计划（defense meteorological satellite program，DMSP）线性扫描业务系统（operational linescan system，OLS）的稳定夜间灯光数据（1995~2010 年）和 Suomi 国家极轨合作伙伴（Suomi National Polar-Orbiting Partnership，Suomi-NPP）可见光/红外辐射成像仪（visible infrared imaging radiometer suite，VIIRS）的年度合成夜间灯光数据（2015 年）。

DMSP/OLS 稳定夜间灯光数据来源于美国国家海洋和大气管理局（National Oceanic and Atmospheric Administration，NOAA）的国家地理数据中心（National Geophysical Data

Center，NGDC）。该数据包括了来自城市、乡镇及其他持久光源的场所发出的灯光，消除了月光、云、极光及火光等偶然噪声影响。数据的空间分辨率为 30 弧秒，在赤道处约为 1km，灰度值范围为 0~63。

Suomi-NPP/VIIRS 年度合成夜间灯光数据来源于美国国家海洋和大气管理局（National Oceanic and Atmospheric Administration，NOAA）的国家环境信息中心（National Centers for Environmental Information）。该数据为地球观测组织（Earth Observations Group，EOG）利用 Suomi-NPP/VIIRS 的 DNB（day/night band）波段生产的第一版年度合成数据，去除了杂散光、月光及云等背景噪声的影响。数据的空间分辨率为 15 弧秒，在赤道处约为 500m；数据记录的是辐射亮度值，单位为 W/（cm$^2$·sr）。将夜间灯光数据重投影为横轴墨卡托投影，并重采样至 500m。

DMSP/OLS 在城市内部出现饱和现象，而新一代夜间灯光数据 Suomi-NPP/VIIRS 夜间灯光数据能够表现出城市内部人类夜间活动强度的差异，如图 9-3 所示。

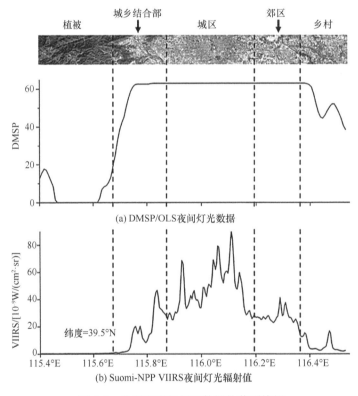

图 9-3 北京市夜间灯光数据的截面特征

**3. 植被指数产品及其预处理**

MODIS 植被指数产品（MOD13A1）来源于美国地质调查局，是应用较为广泛的植被指数数据之一。该数据由搭载在 Terra 卫星上的中分辨率成像光谱仪（moderate-resolution imaging spectroradiometer，MODIS）获取得到，为 16 天合成产品，空间分辨率为 500m。

本书选用该数据产品的归一化植被指数子集，将其由正弦曲线投影重投影至横轴墨卡托投影，为包含整个研究区，需要全球正弦投影系统中编号为 h26v04、h26v05、h27v04 和 h27v05 的景辐；收集 4~10 月的多时相 NDVI 影像以获取高植被覆盖的合成数据；同时，根据该产品 QC（quality control）子集的字段信息对其进行质量控制，处理成可应用的 NDVI 产品数据。

4. 已有的人为热排放通量数据产品

获取以下两个目前已有的全球人为热排放通量产品与本书估算得到的人为热排放通量结果进行对比，以分辨不同 AHF 估算结果的差异和验证本书估算的 AHF 结果。

1）Flanner 等的 AHF 估算结果

Flanner（2009）利用 2005~2040 年美国能源信息统计局的能源消耗数据和哥伦比亚大学社会经济数据应用中心的人口密度数据，得到了 2005~2040 年全球的 AHF，这是全球第一套人为热排放通量数据，空间分辨率为 2.5m，约为 5km。将其重投影为横轴墨卡托投影，并重采样至 500m。

2）基于 LUCY 模型的 AHF 估算

大尺度城市能源消耗模型（large scale urban consumption of energy model，LUCY model）（Allen et al.，2011）是利用国家尺度的能源消耗和交通数据，高分辨率的人口密度数据和气温数据实现人为热排放通量的估算。

根据 LUCY 模型，采集研究区内对应的输入数据，实现研究区内基于 LUCY 模型的人为热排放通量的估算。

# 9.4 省、市和县级行政区域单位的排放量估算

不同行政区划级别的人为热排放强度呈现差异，以人为热排放量为研究指标将各行政区划级别的人为热排放定量化，对京津冀地区多城市协调发展和规划建设具有应用和实践意义。对京津冀地区省（或直辖市）、市（或地级市）和县（或区）三种行政区划级别下的人为热排放量及其构成进行分析，呈现 1995~2015 年各行政区划级别的人为热排放量随时间的变化，各时间节点分别来自工业、建筑、交通和人体新陈代谢的人为热排放特征。

## 9.4.1 省级行政区域单位的人为热排放量

根据 9.2.1 节介绍的方法，本书计算了 1995~2015 年京津冀地区不同热源的人为热排放量，结果见图 9-4，对比三省市不同热源人为热排放量的大小，可以看出来自工业的热排放量最多，其次是交通、居民建筑和商业建筑，最少的来自人体新陈代谢。

1995~2015 年，除商业建筑热源排放以外，河北省各热源排放量均高于北京市和天津市，尤其是来自工业的热排放量，远远高于京津两市；北京市与天津市的各热源排放量差距较小，其中，北京市来自交通和居民建筑的热排放量高于天津市，而天津市来自工业的热排放量大于北京市。

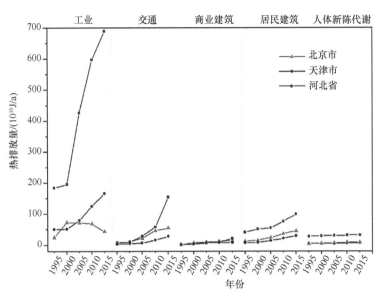

图 9-4　京津冀地区各年份不同热源人为热排放量

从三省市不同热源人为热排放量随年份变化的趋势对比，不同热源人为热排放量在 1995~2015 年大都呈现出逐年增长的趋势，其中，人体新陈代谢的热排放量随常住人口的逐渐增多而稳定增长。但北京市来自工业的热排放量从 1995 年开始增长，在 2000 年达到峰值，随后逐渐减少，由于 2008 年北京奥运会的召开，对环境质量提出较高的要求，大批能源资源型企业外迁，2010 年由工业排热产生的人为热排放量较 2005 年减少了 4.8%，为 $68.4 \times 10^{16}$ J，到 2015 年约恢复至 1995 年的工业热排放量，仅 $43.8 \times 10^{16}$ J。

### 9.4.2　市级行政区域单位的人为热排放

考虑到河北省 11 个地级市的土地面积、空间容量方面与京、津基本相当，所以将河北省 11 个地级市与京津并列评估。首先，以 2015 年京津冀地区各市（地级市）的不同热源人为热排放量及通量结果为例，研究京津冀地区的人为热排放的构成特征；其次，根据 1995~2015 年京津冀地区各市（地级市）长时序的不同热源人为热排放结果，研究京津冀地区分别来自工业、交通、建筑和人体新陈代谢的人为热排放的时间变化情况。

根据 9.2.1 节介绍的方法，计算了 1995~2015 年京津冀地区各市（地级市）由不同热源人为热排放量构成的人为热排放总量和人为热排放通量。2015 年京津冀地区各市（地级市）不同热源人为热排放量及人为热排放通量如图 9-5 所示，结果显示：2015 年京津冀地区的人为热排放总量为 $1.40 \times 10^{19}$ J，其中工业热排放量最高，为 $8.99 \times 10^{18}$ J，占总体人为热排放量的 64.1%；交通热排放量和建筑热排放量的分别为 $2.38 \times 10^{18}$ J、$2.18 \times 10^{18}$ J，占总量的 17.0% 和 15.5%；人体新陈代谢热排放量最少，为 $4.8 \times 10^{17}$ J，占总量的 3.43%。各市的人为热排放总量相差较大，排热量最大的 5 个市分别是天津、唐山、石家庄、北京和保定，其排放总量约占京津冀地区总量的 63.4%。

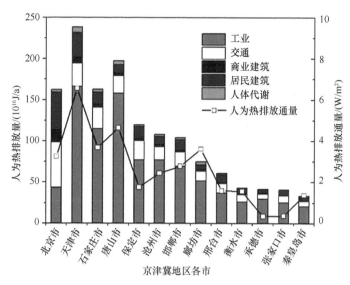

图 9-5　2015 年京津冀地区各市（地级市）不同热源人为热排放量及通量

京津冀地区的平均人为热排放通量为 2.06W/m$^2$，各市的人为热排放通量相差很大，在 0.35~6.55W/m$^2$ 波动。其中，天津的人为热排放通量远高于其他城市，唐山和廊坊也相对较高；京津冀地区西北部生态涵养区的承德和张家口的人为热排放通量则远低于其余各市。

1995~2015 年京津冀地区各市（地级市）来自工业热源的人为热排放量结果如图 9-6（a）所示。结果显示：1995~2015 年，天津市和河北省各地级市的工业热源排放量整体上看来呈增长趋势，北京市的工业热源排放除了在 1995~2000 年快速增长外，工业热源排放量自 2000 年便开始逐渐减少，这与北京市在京津冀地区的功能定位十分相关。部分地级市（石家庄、承德、张家口、秦皇岛、唐山）的工业热排放量在 1995~2000 年小幅下降；2000~2005 年，天津市和河北省各地级市的工业热排放量均有不同程度的增长，其中唐山、石家庄和邯郸的增长速率较快，增幅尤为明显；2005~2010 年，衡水的工业热源排放量小幅减少，其余各市依旧持续增长，增长率以天津、唐山和邯郸为首；近 5 年，天津、保定和石家庄的工业热排放量增幅较大。

统计各市（地级市）在 1995 年、2000 年、2005 年、2010 年和 2015 年共五年的工业热源排放累积量可知（表 9-3），天津、唐山和石家庄是京津冀地区工业热源排放的主要来源地，秦皇岛、张家口、承德和衡水的工业热源排放量相对较低，主要原因是这些地区的工业能源消耗较少。

根据京津冀地区各市（地级市）来自建筑的人为热排放结果[图 9-6(b)]可知，1995~2015 年各市（地级市）建筑热源排放量规律明显，呈稳定的线性增长；北京市和天津市的建筑热源排放量远远高于河北省各地级市。北京市来自建筑的热排放量增长速度最快，在此期间，增长了 327%；增长率最小的张家口在此期间也出现了翻倍增长（约 2.4 倍）。建筑热源排放量与地区城市化程度相关，建成区范围越大，建筑越多、越密集，往往意味着夏季制冷和冬季制暖所需的能耗越大，也相应地造成更多的人为热排放。

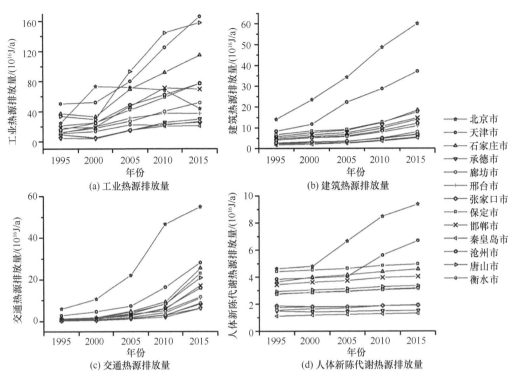

图 9-6　1995~2015 年京津冀地区各市（地级市）不同热源的人为热排放量

表 9-3　京津冀地区各市（地级市）累积工业热排放累积量

| 排序 | 地级市名称 | 工业热源排放量/$10^{16}$ kJ |
|---|---|---|
| 1 | 天津 | 473.76 |
| 2 | 唐山 | 459.17 |
| 3 | 石家庄 | 347.06 |
| 4 | 北京 | 281.89 |
| 5 | 沧州 | 228.68 |
| 6 | 邯郸 | 225.10 |
| 7 | 保定 | 224.76 |
| 8 | 廊坊 | 149.37 |
| 9 | 邢台 | 137.63 |
| 10 | 衡水 | 95.22 |
| 11 | 承德 | 78.59 |
| 12 | 张家口 | 78.42 |
| 13 | 秦皇岛 | 70.41 |

　　根据京津冀地区各市（地级市）来自交通的人为热排放结果[图 9-6(c)]可知，1995~2015 年各市（地级市）交通热源排放量持续增长，增长速率也逐渐增大。北京市的交通热源排放量远高于天津市和河北省各地级市。河北省各地级市的交通热源排放量在这 4个以五年为间隔的时间段内表现出了明显的规律性变化，各地级市来自交通的热排放量差距越来越大；第 1 个五年期间，各地级市的交通热源排放量变化步调一致，增长率均约为 43.3%；第 2 个五年期间，各地级市的交通热源排放量大幅增长，增长率达到最大

值 172%；第 3 个五年期间的增长率稍微减小，约为 100%；在第 4 个五年期间，又加速增长，增长率达到 167%。

根据京津冀地区各市（地级市）人体新陈代谢热排放量结果[图 9-6(d)]可知，北京市的人体新陈代谢热排放量普遍高于其余各市，且 2000~2010 年，呈超高速增长，主要因为在这十年期间，北京市经历了人口爆炸式增长，增长率约为 77%；2010~2015 年增长有所缓和，但相较河北省的各地级市而言，增幅仍旧较大。天津市的人体新陈代谢热排放量从 2005 年开始快速增长，到 2015 年增加了约 1.73 倍。河北省各地级市在此期间的人体新陈代谢热排放量增长步调一致，增幅较小（平均约为 9%），呈规律性线性增长。

最后，将来自工业、建筑、交通和人体新陈代谢的热排放量加起来，得到了京津冀地区各市（地级市）人为热排放总量，结果如图 9-7 所示。由前文关于京津冀地区人为热排放的构成特征研究可知，人为热排放量受到工业热源排放量的影响较大，因此人为热排放总量的变化特征与工业热源排放量的变化特征较为相似：1995~2015 年，天津市和河北省各地级市的人为热排放总量整体上看来呈增长趋势，北京市的人为排放总量除了在 1995~2000 年快速增长外，人为热排放总量自 2000 年便开始逐渐减少。部分地级市（石家庄、承德、张家口、秦皇岛、唐山）的人为热排放总量在 1995~2000 年小幅下降；2000~2005 年，天津市和河北省各地级市的人为热排放总量均有不同程度的增长，其中唐山、秦皇岛和承德的增长速率较快，增幅尤为明显；2005~2010 年，各市（地级市）依旧持续增长，增长率以天津、唐山和承德为首；近 5 年，保定、廊坊和石家庄的人为热排放量增幅较大；京津冀地区的人为热排放主要来源于天津、唐山、北京和石家庄。

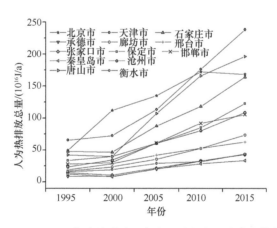

图 9-7　1995~2015 年京津冀地区各市（地级市）人为热排放总量

根据 9.2.1 节介绍的人为热排放通量的计算方法，得到京津冀地区各市人为热排放通量（图 9-8）。结果显示：1995~2015 年，除了 2000 年北京市的人为热排放通量最高外，其余各年份天津市的人为热排放通量最高，且在此期间稳定快速增长，2000~2015 年为线性增长，增长率约为 50%。部分地级市（石家庄、承德、张家口、秦皇岛、唐山）的人为热排放总量在 1995~2000 年小幅下降；2000~2005 年，京津冀地区各市（地级市）的人为热排放通量快速增长，增长速率达到最大，而后的十年间，人为热排放通量虽依旧增长，但增长率逐渐减小。

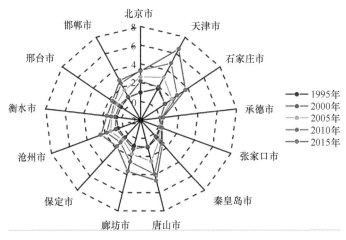

图 9-8　1995~2015 年京津冀地区各市（地级市）人为热排放通量（单位：W/m²）

从空间分布的角度进行分析，2015 年，位于京津冀地区中东部的天津、唐山和廊坊的人为热排放通量高于其余各市；位于京津冀地区南部的邢台和衡水的人为热排放通量相对较低；最低的人为热排放通量则出现在位于京津冀地区西北部的承德和张家口，这与西北部地区多为山区的地形特征有关。

### 9.4.3　各区县不同热源人为热排放

根据 9.2.1 节介绍的方法，采集 2015 年北京市和天津市的区县级统计数据，计算了北京市和天津市各区县由不同热源人为热排放量构成的人为热排放总量和人为热排放通量，结果见图 9-9、图 9-10。

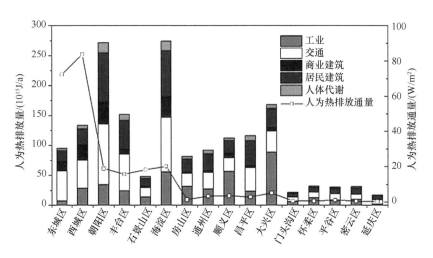

图 9-9　2015 年北京市各区不同热源人为热排放量及通量

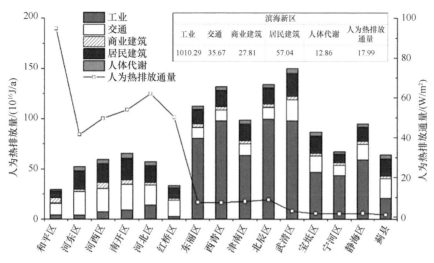

图 9-10　2015 年天津市各区县不同热源人为热排放量及通量

2015 年北京市的人为热排放总量为 $1.68×10^{18}$ J，其中建筑热排放量最高，为 $6.01×10^{17}$ J，占总体人为热排放量的 35.7%；交通热排放量和工业热排放量的分别为 $5.50×10^{17}$ J、$4.38×10^{17}$ J，占总量的 32.7%和 30.0%；人体新陈代谢热排放量最少，为 $9.4×10^{16}$ J，占总量的 5.6%。各区的人为热排放总量相差较大，排热量最大的 2 个区分别是海淀区和朝阳区，其来自建筑和交通的排热量分别高达 $2.03×10^{17}$ J、$2.2×10^{17}$ J，约占整个北京市的 36.7%；属于首都生态涵养发展区的延庆、门头沟、平谷、密云和怀柔的人为热排放总量较少，仅占北京市人为热排放总量的 8%。

北京市的平均人为热排放通量为 $3.25W/m^2$，各区的人为热排放通量相差很大，在 $0.28～83.8W/m^2$ 范围内波动。其中，东城和西城的人为热排放通量远高于其他区县，海淀、朝阳、石景山和丰台也相对较高；其余各区的人为热排放通量均低于 $6W/m^2$。

2015 年天津市的人为热排放总量为 $2.38×10^{18}$ J，约为北京市的 1.5 倍，其中工业热排放量最高，为 $1.66×10^{18}$ J，占总体人为热排放量的 69.8%；交通热排放量和建筑热排放量的分别为 $2.82×10^{13}$ J、$3.72×10^{13}$ J，占总量的 11.8%和 15.6%；人体新陈代谢热排放量最少，为 $7×10^{16}$ J，占总量的 2.8%。各区县的人为热排放总量相差较大，排热量最大的为滨海新区，高达 $1.14×10^{18}$ J，远高于其余区县，其人为热排放主要来自工业排热，为 $1.01×10^{18}$ J，约占滨海新区人为热排放总量的 88.3%；属于中心城区的和平区、红桥区、河东区、河北区、河西区和南开区的人为热排放总量较少，占天津市人为热排放总量的 12.5%。

天津市的平均人为热排放通量为 $6.55W/m^2$，各区县的人为热排放通量相差很大，在 $1.28～94.9W/m^2$ 范围内波动。其中，属于中心城区的和平区、红桥区、河东区、河北区、河西区和南开区的人为热排放通量远高于其他区县。

京津冀地区各市的人为热排放来源占比差异较大，京津冀地区人为热排放主要来源于工业排热（占 64.1%），天津市的人为热排放也主要来源于工业排热（占 69.8%），而北京市人为热排放来自工业排热的仅占 30%，其人为热排放主要来源于建筑排热（占 35.7%），工业、建筑和交通排热各自的占比差异较小，人为热排放源结构较为单一。

## 9.5  精细格网单元人为热排放通量的估算

### 9.5.1  人为热排放通量和人居指数之间的关联模型

我国发布的经济能源统计数据是基于行政区划的，尺度由大到小包括：全国>省（直辖市）级>地级市级>区县级>乡镇级>街道级。尺度越小，相应的统计资料越难获取。若需要得到更为详细的人为热排放情况，则必须采集更小尺度的经济能源统计数据。根据不同研究尺度下的人为热排放通量的历史研究可知，研究区的空间尺度越大，为降低人为热排放通量计算的复杂性，经济能源统计数据的采集尺度也就越大。例如，全球尺度的人为热排放通量计算往往是基于由美国能源信息署（Energy Information Administration，EIA）发布的各个国家的能源消耗数据（Zhang et al.，2013）；全国尺度的人为热排放通量估算则是基于省市级的统计数据（Chen et al.，2012）。

针对京津冀地区，能够采集到的最小尺度的统计数据为北京市和天津市两个直辖市的区县级统计数据和河北省的地级市级统计数据。因此，为平衡人为热排放结果的准确性与人为热排放计算方法的复杂性，考虑到相邻地区自然气候条件相似，人们的作息规律接近，能耗结构相近，故利用北京市和天津市的区县级统计数据和多源遥感数据，构建区县级人为热排放通量估算模型，从而得到京津冀地区区县级的人为热排放通量。

利用能源清单法进行 AHF 估算耗时耗力，且经济和能源统计数据获取难度大。有学者提出利用表征人类居住区空间分布的遥感指数数据建立县区级 AHF 估算模型，从而实现大范围 AHF 的估算（Chen et al.，2016）。其中，人居指数（human settlement index，HSI）是基于植被指数与城市地表不透水面之间的高度负相关性提出的，一般用于区域或全球尺度的人类居住区的提取（Lu et al.，2008），较直接利用夜间灯光数据提取居住区而言，人居指数的提取结果更加符合现实情况。除此之外，人居指数还与 GDP 关系紧密，能作为估计 GDP 的辅助数据（Yue et al.，2014）。一般情况下，人居指数的高值像元应该对应着较低的植被覆盖和较高的夜间灯光值，同时也意味着 AHF 较高。

本书利用 DMSP/OLS NTL 数据构建 1995 年、2000 年、2005 年、2010 年的区县级人为热排放通量估算模型，利用 Suomi-NPP/VIIRS NTL 数据构建 2015 年的区县级人为热排放通量估算模型，如图 9-11 所示。其中，由于新一代夜间灯光数据的敏感性更高，2015 年的 HSI 结果在西北部山区和城镇附近的耕地中出现大量低值范围的数值，因此需利用阈值法过滤掉低值部分，作为下一步建模的输入数据。

采用区域统计方法分区县统计北京市和天津市各区县的人居指数均值，计算公式如下：

$$\overline{\mathrm{HSI}} = \frac{1}{n}\sum_{i-1}^{n}\mathrm{HSI}_i \qquad (9\text{-}10)$$

式中，$\mathrm{HSI}_i$ 为某区县内部像元 $i$ 对应的 HSI 值；$n$ 为该区县内部的像元总数；$\overline{\mathrm{HSI}}$ 为该区县的 HSI 均值。对其和对应的利用能源清单法得到的北京市和天津市各区县的人为热排放通量年均值进行相关分析，并拟合两者之间的统计回归关系，结果如图 9-12 所示，样本点为北京市和天津市的 32 个区县。

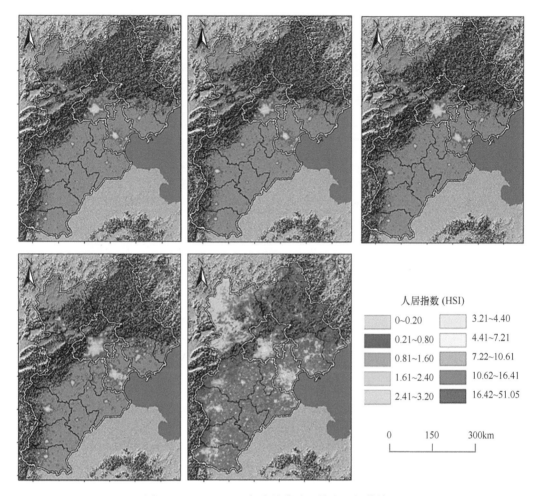

图 9-11 1995~2015 年京津冀地区的人居指数结果

计算各年份拟合的决定系数，用于验证 AHF 与 HSI 之间的相关性，以及说明拟合公式的拟合优度，它反映因变量的全部变异中能够通过回归关系被自变量解释的比例，计算公式如下：

$$R^2 = \frac{\sum_i^n \left( \mathrm{AHF}_i^* - \overline{\mathrm{AHF}} \right)^2}{\sum_i^n \left( \mathrm{AHF}_i - \overline{\mathrm{AHF}} \right)^2}$$ （9-11）

式中，$\overline{\mathrm{AHF}}$ 为人为热排放通量年均值；$\mathrm{AHF}_i^*$ 为利用拟合公式计算得到的 AHF 模型估计值。决定系数越高，说明两者之间的相关性越高，以及用于表达二者之间关系的拟合公式的拟合性越好。各年份的拟合结果如表 9-4 所示，由拟合结果可知，各年份 $R^2$ 取值为 0.61~0.92，说明各区县的人为热排放通量年均值与人居指数均值之间具有很强的相关性，两者之间的相关关系利用二次非线性函数表达具有很好的拟合效果。

### 9.5.2 基于关联模型的精细格网单元人为热排放通量估算

利用上述建立的人为热排放通量估算方案，获取了 1995 年、2000 年、2005 年、2010 年和 2015 年京津冀地区人为热排放通量的精细格网单元分布。以京津两市中心点为经

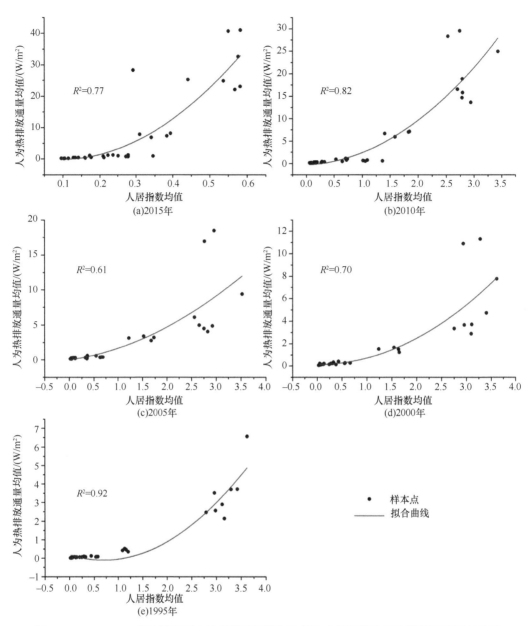

图 9-12　1995~2015 年京津地区人为热排放通量年均值与人居指数均值之间的统计回归关系

表 9-4　1995~2015 年京津地区人为热排放通量（AHF）年均值与人居指数（HSI）均值之间回归关系的拟合公式

| 年份 | 拟合公式 | $R^2$ |
| --- | --- | --- |
| 1995 | $AHF=0.584×HSI^2-0.818×HSI+0.183$ | 0.92 |
| 2000 | $AHF=0.597×HSI^2-0.025×HSI+0.136$ | 0.70 |
| 2005 | $AHF=0.693×HSI^2+0.958×HSI-0.0017$ | 0.61 |
| 2010 | $AHF=2.263×HSI^2+0.458×HSI-0.313$ | 0.82 |
| 2015 | $AHF=139.49×HSI^2-26.68×HSI+1.157$ | 0.77 |

过点，绘制剖面线，以 500m 为间隔获取对应点的人为热排放通量，结果如图 9-13 所示。1995~2015 年，人为热排放通量虽在数值上逐步增长，但其空间分布在任一时间节点上

都呈现出由城区向郊区逐渐递减、高值聚集于城区的特征。

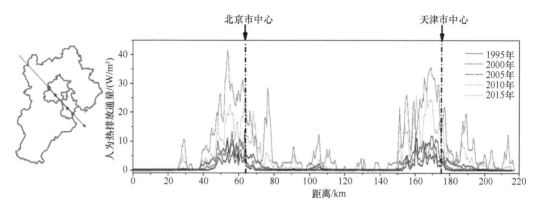

图 9-13  京津地区人为热排放通量剖面分析结果

图中五角星为京津两市中心，圆点为剖面线的起终点

以 2015 年京津冀地区人为热排放通量的精细格网单元分布结果为例（图 9-14），进一步探讨人为热排放通量的空间分布特征。结果显示：人为热排放通量分布不均，具有明显的聚集特征，跟经济发展和人口密度分布紧密关联。城市核心区域的人为热排放通量远高于周围郊县，大致呈由中心向四周逐渐递减的趋势。人为热排放通量最高值大部分位于机场、火车站和中心商业区。基于夜间灯光数据和人居指数空间化得到的人为热排放通量结果较行政区划级的人为热排放通量均值而言，更加合理和清晰地展示了京津冀地区人为热排放通量的空间分布，直观地表现了各地区人为热排放的强度。

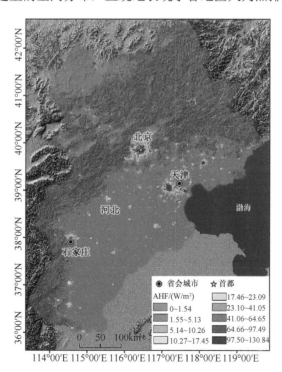

图 9-14  2015 年京津冀地区人为热排放通量的精细格网单元分布

为分析城区人为热排放通量与非城区人为热排放通量之间的差异性，将县区级人为热排放通量向上统计得到地级市级、市辖区和其余各县的人为热排放通量结果，如表9-5所示。由该结果可知，城区的人为热排放通量均值远大于非城区，大部分城市的城区人为热排放通量为郊区人为热排放通量的5~40倍。由统计数据可知，石家庄市和唐山市的人口之和占河北省总人口的25.1%，GDP之和占河北省GDP的37.6%，同时，两市的人为热排放通量之和占河北省11个市的总人为热排放通量的29.1%。一定程度上说明人为热排放通量的大小与人口密度、工业水平和经济发展水平密切相关。在中国，大量的研究针对城区范围计算人为热排放通量。例如，何晓凤等（2007）研究得到南京市和杭州市城区的人为热排放通量分别为40W/m$^2$和50W/m$^2$；Wang（2011）估算广州市城区的人为热排放通量为41.1W/m$^2$。本书则是针对整个城市范围，包括城区和非城区，因此估算得到的地级市人为热排放通量略低于上述研究的结果。

表9-5　2015年京津冀区域各地级市城区和郊区的年均人为热排放通量（单位：W/m$^2$）

| 京津冀地区各市（地级市） | 城区 AHF 均值 | 郊区 AHF 均值 | AHF 均值 |
| --- | --- | --- | --- |
| 北京市 | 20.81 | 0.51 | 18.33 |
| 天津市 | 30.04 | 1.25 | 23.39 |
| 石家庄市 | 19.68 | 0.54 | 1.60 |
| 沧州市 | 11.31 | 1.23 | 1.90 |
| 唐山市 | 10.07 | 2.20 | 2.91 |
| 邢台市 | 8.88 | 0.50 | 0.96 |
| 秦皇岛市 | 7.94 | 0.75 | 2.19 |
| 保定市 | 4.94 | 0.56 | 0.75 |
| 张家口市 | 3.86 | 2.77 | 2.84 |
| 邯郸市 | 3.31 | 0.66 | 0.83 |
| 廊坊市 | 1.23 | 1.04 | 1.06 |
| 衡水市 | 0.76 | 0.52 | 0.55 |
| 承德市 | 0.60 | 0.59 | 0.59 |

表9-6列出了2015年的AHF估算结果中各类别AHF对整体AHF的贡献率。可以看出，京津冀地区0~10W/m$^2$的低值AHF对整体AHF的贡献率最高，达到39.03%，主要分布在大面积的非城区；其次，大于100W/m$^2$的高值AHF则主要来自小面积的城区中心，对整体AHF的贡献率为21.66%。其余类别的AHF，大致呈现出随着AHF值的增大，贡献率逐渐减小的趋势。

表9-6　2015年京津冀地区不同类别AHF对整体AHF的贡献率

| AHF 类别/（W/m$^2$） | 贡献率/% | AHF 类别/（W/m$^2$） | 贡献率/% |
| --- | --- | --- | --- |
| <0 | 0 | 50~60 | 5.11 |
| 0~10 | 39.03 | 60~70 | 2.57 |
| 10~20 | 6.34 | 70~80 | 2.69 |
| 20~30 | 6.21 | 80~90 | 2.45 |
| 30~40 | 4.26 | 90~100 | 5.31 |
| 40~50 | 4.36 | >100 | 21.66 |

### 9.5.3 估算结果的对比及其精度分析

目前，由人类活动产生的感热和潜热能量难以清晰地界定（Iamarino et al.，2012），因此难以利用实地测量的通量数据对人为热排放通量估算结果进行验证（Sailor，2010），往往采用与其余研究结果的对比研究进行精度验证。通过与已经存在的其余区域尺度的和全球尺度的人为热排放通量数据进行比较来评估和验证本书的人为热排放通量估算结果。参与对比的人为热排放通量产品有 Flanner 等（2009）的 AHF 结果和基于 LUCY 模型的 AHF 结果，产品详细介绍见 9.3.2 节。

首先，从估算结果的空间形态，对比 AHF 估算方案得到的格网单元的 AHF、Flanner（2009）的研究成果和大尺度城市能源消耗模型（the large scale urban consumption of energy model，LUCY model）（王有民和王守荣，2000），可以分辨出本章 AHF 结果和其他 AHF 数据产品之间的差异。

本章提出的 AHF 估算方案得到的 AHF（分辨率为 500m×500m）取值范围为 0~130.84W/m$^2$，高值 AHF 为 80~130.84W/m$^2$，对比历史研究结果，Lindberg 等（2013）研究得到欧洲城市的年平均人为热排放通量为 1.9~4.6W/m$^2$；Pigeon 等（2007）估算法国图卢兹的人为热排放通量大部分为 5~50W/m$^2$。Ichinose 等（1999）研究得到东京平均人为热排放通量高达 400W/m$^2$，在清晨甚至达到 1590W/m$^2$。虽然研究区不同，人为热排放通量因环境或经济发展政策等不一致而出现差异，但大体范围与本书研究结果均较为一致。局部 AHF 空间分布如图 9-15（a）~（c）所示。以北京市、天津市和石家庄市（河北省省会）为例，分析 AHF 估算结果的局部特征，如图 9-16 所示，城区内部 AHF 空间异质性较高，城区周边主要交通道路的 AH 较为明显。

图 9-15（a）~（c）为 Flanner（2009）的 AHF 结果部分示例（分别为北京、天津、石家庄等城市及其周边区域），AHF 取值范围为 0~49.58W/m$^2$，高值 AHF 为 38.70~49.58W/m$^2$。使用 LUCY 模型的 AHF 估算方案，基于各类能源经济统计数据和高分辨率

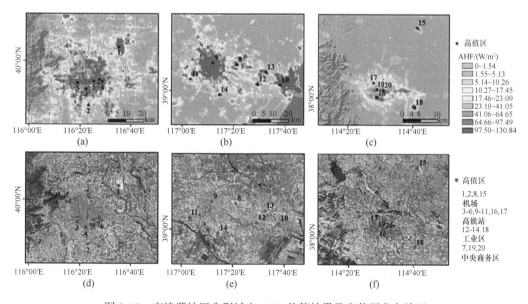

图 9-15  京津冀地区典型城市 AHF 估算结果及高值区分布验证

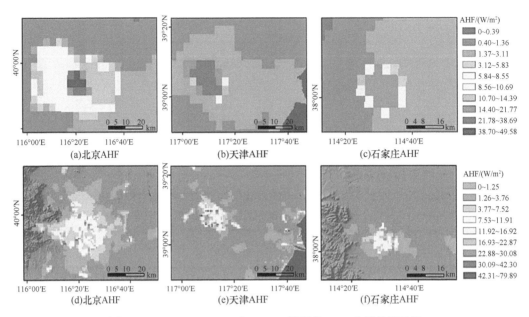

图 9-16　Flanner（2009）与 LUCY 模型的 AHF 估算结果示例

的人口密度数据得到了 2015 年京津冀地区的 AHF，图 9-15（d）～（f）为该结果的局部示例，AHF 取值范围为 0~79.89W/m$^2$，高值 AHF 为 42.31~79.89W/m$^2$。

对比三种 AHF 估算方案的 AHF 估算结果，可以看出：本书 AHF 估算方案的空间分异性最大，能够得到更加细致的 AHF，因此能表征出城市内部的 AHF 变化特征；LUCY 模型次之，Flanner 的研究结果在空间表现上最差，无法表达 AHF 空间上的细节。同时，对比同范围 Google Earth 中的高分辨率遥感影像，如图 9-15（d）～（f）所示，发现 AHF 高值大部分位于机场、火车站、工业园区和中心商业区，而这些典型地区耗能量和人口密度都很高，往往意味着更大的热量排放，进一步说明本书 AHF 估算结果在局部细节表征方面的有效性。

其次，采用土地覆盖类型和地表不透水面盖度等数据产品，进一步定量化分析 AHF 结果和其他数据产品在各种土地覆盖类型和各等级地表不透水面盖度中的精度。统计三种估算结果在各土地覆盖类型中 AHF 的均值和最大值，其中，土地覆盖数据采用欧空局的 300m 空间分辨率的全球土地覆盖数据产品。结果如表 9-7 所示，居民区 AHF 均值高于其余土地覆盖类型，AHF 为 11.1W/m$^2$，LUCY 模型为 1.24W/m$^2$，Flanner 的研究结果为 3.00W/m$^2$。AHF 估算方案中，居民区与其余土地覆盖类型 AHF 结果差距最大，大约为 25 倍，LUCY 模型次之，Flanner（2009）研究结果差距最小，且该研究结果在农业和其他土地覆盖类型中的 AHF 结果偏高。

采用地表不透水面盖度数据分别统计三种估算结果在各盖度中的 AHF 均值。地表不透水面盖度是指某区域内不透水面覆盖面积与区域面积的比例。京津冀地区的 ISP 是参照 USGS 生成美国地表不透水面盖度产品的方法得到的（Xian et al.，2011）。

将 ISP 分为高（70%~100%）、中（40%~70%）、低（10%~40%）和自然地表（0~10%）等四种类型。统计结果如表 9-8 所示，三种估算结果均是高盖度地区的 AHF 最大；ISP

表 9-7  不同估算结果在各土地覆盖类型中 AHF 的均值和最大值

| LCCS | | AHF 均值/（W/m²） | | | AHF 最大值/（W/m²） | | |
|---|---|---|---|---|---|---|---|
| 土地覆盖类型 | 比例/% | AHF | LUCY | Flanner 等（2009） | AHF | LUCY | Flanner 等（2009） |
| 耕地 | 55.07 | 0.81 | 0.24 | 1.04 | 0.99 | 34.10 | 20.06 |
| 林地 | 12.57 | 0.09 | 0.05 | 0.43 | 0.92 | 9.54 | 13.30 |
| 草地 | 22.81 | 0.45 | 0.07 | 0.37 | 1.13 | 13.30 | 34.60 |
| 居民用地 | 7.85 | 11.10 | 1.24 | 3.00 | 130.84 | 79.89 | 49.58 |
| 水域 | 1.14 | 0.03 | 0.17 | 0.90 | 0.99 | 14.53 | 35.20 |
| 其他用地 | 0.56 | 0.97 | 0.27 | 1.04 | 4.30 | 21.77 | 35.20 |

表 9-8  不同估算结果在各等级地表不透水面盖度中的 AHF 均值

| 地表不透水面盖度/% | AHF 均值/（W/m²） | | |
|---|---|---|---|
| | AHF | LUCY | Flanner |
| 0~10 | 1.18 | 0.23 | 1.03 |
| 10~40 | 3.68 | 0.53 | 1.72 |
| 40~70 | 9.41 | 0.96 | 2.63 |
| 70~100 | 33.57 | 2.86 | 5.81 |

越大的地区，AHF 也越大，即 AH 排放越多。肖捷颖等（2014）的研究结果中，ISP 高盖度地区 AHF 均值为 41.3W/m²，AHF 估算结果在高盖度区域的 AHF 均值为 33.57W/m²，研究结果的精度明显要高出其他两种结果。

除此之外，为进一步分析和验证模型估计结果的准确性，将县区级的人为热排放通量向上统计得到地级市级的人为热排放通量，再将其转换为人为热排放量；然后，使用统计局提供的经济能源统计数据，利用能源清单法计算各地级市的人为热能源排放量；最后将两者进行对比，计算两者之间的误差百分比，从而验证模型估算结果的准确性。

计算得到各市模型估算结果与统计数据之间的误差百分比，如表 9-9 所示。各市误差百分比均处于合理范围内，说明模型估算的人为热排放通量结果较合理。因此，在缺少经济能源统计数据时，基于多源遥感数据采用人为热排放通量估算模型同样能够有效估计人为热排放通量。

表 9-9  模型估算结果与统计得到的能源消耗之间的误差百分比

| 京津冀地区各市（地级市） | 误差百分比 | 京津冀地区各市（地级市） | 误差百分比 |
|---|---|---|---|
| 北京市 | 0.6 | 保定市 | 0.2 |
| 天津市 | 2.1 | 张家口市 | 1.4 |
| 石家庄市 | 0.7 | 邯郸市 | 0.3 |
| 沧州市 | 0.2 | 廊坊市 | 0.1 |
| 唐山市 | 0.9 | 衡水市 | 0.2 |
| 邢台市 | 0.2 | 承德市 | 0.1 |
| 秦皇岛市 | 0.5 | | |

本书利用结合夜间灯光数据和归一化植被指数的人居指数，间接构建夜间灯光数据与人为热排放通量之间的相关关系，利用植被指数与夜间灯光数据所代表的人类活动区

域之间的负相关性，有效消除夜间灯光数据的像元饱和性问题。因此，将模型应用于大范围区域的人为热排放通量的估算时，模型估算结果转换为能量消耗与实际能量统计数据之间的误差较低，且人为热排放通量在城区内部的空间分布表征较以往同类型研究而言更加精细（马盼盼等，2016；陆大道，2015）。

# 9.6　人为热排放通量的月值和日值估算

人为热排放具有明显的月变化和日变化特征，不同时间维度下人为热排放的精细估算对有关气候环境模式、空气污染和城市热岛等研究具有重要意义，但由于社会经济数据和能源消耗统计资料，以及更为细致的实地调查资料的缺乏，因此，基于能源清单法获取的年均人为热排放通量，假定京津冀地区各城市内部人为热排放的时间变化特征一致，利用气温数据构建的降尺度因子和基于全球多个城市人为热排放结果构建的经验公式，探讨北京市、天津市和河北省人为热排放通量的月变化和日变化特征，并基于该特征完成人为热排放通量的月值和日值估算。

## 9.6.1　人为热排放通量的月变化

以 2015 年京津冀地区的人为热排放结果为例，分析人为热排放通量的月变化特征。将年平均人为热排放通量、月平均人为热排放通量和小时平均人为热排放通量分别标记为 $AHF_y$、$AHF_m$ 和 $AHF_h$。

以往研究显示由人体新陈代谢和工业活动产生的人为热排放无明显的月变化特征，其在不同月份的变化很小（王少剑等，2015；Quah and Roth，2012；Ichinose et al.，1999），而建筑热源排放和交通热源排放具有明显月变化特征。人为热排放的强度产生月变化特征主要是受到气候环境的影响，建筑热源排放量的大小与城市气温有关，冬夏两季由于气温偏离人类适宜居住的温度（平衡点温度，$T_b$），导致采暖与制冷等能源消耗活动的加剧，产生大量的人为热排放。基于此原理，参照 Dong 等（2017）的方法，利用自上而下能源清单法获取的年均人为热排放量，通过权重函数计算得到月均人为热排放量，其中，权重函数与气温相关。公式如下：

$$AFH_m = AFH_y \times \beta_m \tag{9-12}$$

式中，$\beta_m$ 为月权重函数，取决于气温与平衡点温度（$T_b$）之间的温度差及由此引起的能源消耗的变化率，即当温度变化 1℃时人为热排放的增长率。$T_b$ 为一年中能源消耗量最低时对应的气温，此研究中设定为 20℃。研究发现月度能源消耗与月平均气温之间存在线性关系，基于局地年平均温度构建的敏感函数 $f_s$(%/℃) 来估算月权重函数 $\beta_m$，计算公式如下：

$$\beta_m = \frac{\alpha_m}{(\sum_{m=1}^{12} \alpha_m)/12} \tag{9-13}$$

$$\alpha_m = |T_m - T_b| \times f_s + 1 \tag{9-14}$$

$$f_{s-w}(\%/{}^\circ\!C) = \begin{cases} 0.3, & T_y < 10 \\ 0.002T_y^2 + 0.062T_y - 0.4495, & 10 \leq T_y < 27 \\ 2.8, & T_y \geq 27 \end{cases} \quad (9\text{-}15)$$

$$f_{s-c}(\%/{}^\circ\!C) = \begin{cases} 2.8, & T_y < 10 \\ -0.0063T_y^2 + 0.1063T_y + 2.2806, & 10 \leq T_y < 27 \\ 0.3, & T_y \geq 27 \end{cases} \quad (9\text{-}16)$$

式中，$\alpha_m$ 为月权重因子；$T_m$ 为月均气温；$T_y$ 为年均气温；$f_{s-w}(\%/{}^\circ\!C)$ 和 $f_{s-c}(\%/{}^\circ\!C)$ 为基于全球多个城市人为热排放结果构建的经验公式，分别为夏季和冬季的敏感函数。研究发现，在冬季，敏感性随着局地年平均气温的增大而减小，而夏季敏感性随着局地年平均气温的增大而增大。同样，Hou 等（2014）针对上海市的研究表明，当气温大于 22℃或者小于 10℃时，电力消耗的增长量与气温与平衡点温度的差值之间存在着接近线性变化的相关关系，而这两个温度值也分别被作为夏季和冬季的平衡点温度。

北京市、天津市和河北省的月度人为热排放通量结果如图 9-17 所示。可以看出，由于天津市各月的人为热排放总量较大且排放面积较小，导致各月的人为热排放通量均高于北京市和河北省；但各地的人为热通量月变化均表现出一致的变化趋势，冬季的人为热排放通量最高，在 1 月达到全年的峰值；各地的月度人为热排放通量分别在 5 月和 9 月达到全年的最低值，在 7 月和 8 月由于空调制冷导致的电力消耗所产生的热排放，人为热排放通量又达到另一个波峰。总体变化特征符合位于北半球中纬度地区的人为热排放通量的月变化特征。

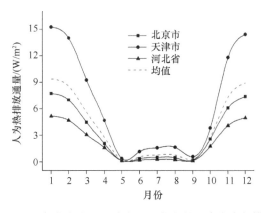

图 9-17　2015 年北京市、天津市和河北省的月度人为热排放通量

考虑到用单一均值气温表征整个地区的气温状况所得到的月度人为热排放通量仅能代表该地区的平均人为热排放情况，无法反映出由于地理位置、地形特征和城市发展等造成的人为热排放通量的异质性。因此，基于上述人为热排放月变化特征和京津冀地区气温的空间分布，获取了 2015 年京津冀地区 1~12 月各月精细格网单元的人为热排放通量，合理的展示了京津冀地区各月的人为热排放通量的空间分布，有效地体现出了 AHF 空间分布的异质性，能够为气候环境变化和城市热环境的研究提供基础分析数据。

### 9.6.2 人为热排放通量的日变化

人为热排放的强度产生日变化特征主要是受到人类活动规律的影响，如早晚上下班时的交通高峰期会引起交通热源排放量的增加；商业金融及行政办公区工作时段、居民住宅区夜晚和黎明时分的建筑热源排放量的增加；人体新陈代谢强度的日变化规律引起人体新陈代谢热源排放量的规律性变化等。小时人为热排放通量是基于月均人为热排放通量向下降尺度得到，公式如下：

$$AFH_h = AFH_m \times \gamma \tag{9-17}$$

式中，$AFH_h$ 为小时人为热排放通量；$AFH_m$ 为月度人为热排放通量；$\gamma$ 为小时权重因子。本书采用 Dong 等（2016）依据月均气温构建的四种模式，各模式对应的月均气温条件如表 9-10 所示，四种模式对应的日变化权重因子由表 9-11 给出。

表 9-10　决定日变化小时权重因子模式的对应条件

| 序号 | 模式 | 条件 |
|---|---|---|
| 1 | 低气温 | $T_m < 12.4℃$ |
| 2 | 较低气温 | $12.4℃ \leqslant T_m < 16.95℃$ |
| 3 | 较高气温 | $16.95℃ \leqslant T_m < 20.95℃$ |
| 4 | 高气温 | $T_m \geqslant 20.95℃$ |

注：$T_m$ 为月均气温。

表 9-11　四种模式对应的日变化权重因子

| 小时 | 模式 | | | | 小时 | 模式 | | | |
|---|---|---|---|---|---|---|---|---|---|
| | 1 | 2 | 3 | 4 | | 1 | 2 | 3 | 4 |
| 1 | 0.61 | 0.40 | 0.51 | 0.44 | 13 | 1.31 | 1.36 | 1.48 | 1.59 |
| 2 | 0.43 | 0.22 | 0.37 | 0.33 | 14 | 1.30 | 1.33 | 1.46 | 1.58 |
| 3 | 0.29 | 0.16 | 0.34 | 0.32 | 15 | 1.32 | 1.35 | 1.47 | 1.60 |
| 4 | 0.26 | 0.10 | 0.29 | 0.26 | 16 | 1.31 | 1.38 | 1.52 | 1.64 |
| 5 | 0.30 | 0.16 | 0.35 | 0.31 | 17 | 1.30 | 1.38 | 1.52 | 1.65 |
| 6 | 0.34 | 0.23 | 0.41 | 0.35 | 18 | 1.39 | 1.40 | 1.52 | 1.64 |
| 7 | 0.46 | 0.41 | 0.59 | 0.50 | 19 | 1.46 | 1.44 | 1.53 | 1.57 |
| 8 | 0.80 | 0.74 | 0.85 | 0.71 | 20 | 1.43 | 1.34 | 1.34 | 1.29 |
| 9 | 1.41 | 1.05 | 0.95 | 0.84 | 21 | 1.19 | 1.07 | 1.09 | 0.99 |
| 10 | 1.32 | 1.12 | 1.15 | 1.17 | 22 | 1.21 | 1.00 | 0.98 | 0.87 |
| 11 | 1.36 | 1.33 | 1.43 | 1.53 | 23 | 0.99 | 0.69 | 0.72 | 0.63 |
| 12 | 1.32 | 1.34 | 1.46 | 1.58 | 24 | 0.86 | 0.56 | 0.60 | 0.52 |

根据上述方法，分别获取了北京市、天津市和河北省各月份对应的小时人为热排放通量和日变化特征，结果如图 9-18~图 9-20 所示。结果显示：北京市 11 月至次年 3 月的人为热排放通量的日变化特征为模式 1，人为热排放通量在一天中出现两个峰值，分别出现在早上 8：00 和下午 7：00，这与历史研究结果相符（Sailor，2010；Ma et al.，2017），全天最低值出现在凌晨 4：00，小时人为热排放通量变化幅度较大，最大值与最小值之间相差 9.3W/m²；4 月和 10 月的人为热排放通量的日变化特征为模式 2，人为热

排放通量在下午 7：00 出现峰值，全天最低值依旧出现在凌晨 4：00；5~9 月的人为热排放通量的日变化特征为模式 4，峰值出现在下午 5：00，全天最低值依旧出现在凌晨 4：00，小时人为热排放通量变化幅度较小，最大值与最小值之间仅相差 0.7W/m²。天津市和河北省人为热排放通量的日变化特征与北京市相似，除了 5 月的人为热排放通量的日变化特征为模式 3，以及小时人为热排放通量数值上存在的差异，天津市的小时人为热排放通量值最大。

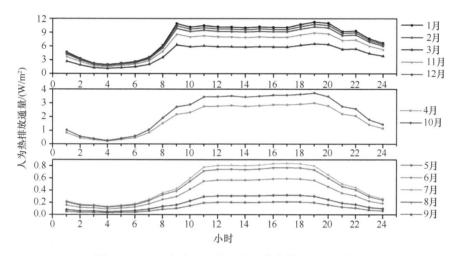

图 9-18　2015 年北京市各月份人为热排放通量日变化

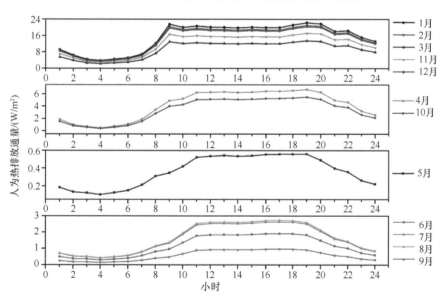

图 9-19　2015 年天津市各月份人为热排放通量日变化

　　人为热排放的大小与人类活动的强度高度相关，一天中，人类活动最活跃的时间大概在早上 8：00 和下午 7：00。人为热排放通量早晚差异较大，日间的人为热排放通量远高于夜间；冬季小时人为热排放通量的早晚差异较夏季的早晚差异更大，可能是由于在京津冀地区冬季采暖造成的能源消耗远远高于夏季空调制冷引起的能源消耗。

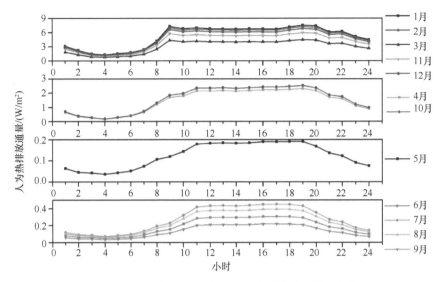

图 9-20   2015 年河北省各月份人为热排放通量日变化

人为热排放的日变化特征因受到人们生产生活作息的影响具有很大的地区差异，根据代表北半球中纬度地区日变化人为热排放的经验公式得到的京津冀地区的人为热排放的日变化特征，仅能表现出大致的变化特征，初步为气候效应研究提供参考数据，而更加准确的规律性特征需要因地制宜、调研更为细致的实测数据并考虑更多的影响因素。

## 9.7   小   结

本章以京津冀地区为例，建立了 RAHF 参数化方案，生成人为热排放通量网格化数据，主要结论为：

（1）利用"自上而下"的能源清单法估算了研究区各县区的 AH 年排放总量和 AHF 年均值，然后基于多源遥感数据提取表征地表人类活动特征的参数，建立县区级尺度的 AHF 估算模型，并将模型推广于京津冀地区的 AHF 估算，计算得到京津冀地区县区级的 AHF。利用经济能源统计数据对估算结果进行验证，AHF 模型估算结果与统计得到的能源消耗之间的误差比例小于 1%。

（2）利用 Suomi-NPP VIIRS 数据和 MODIS 等多源遥感数据，构建县区行政区划单位内部的单位格网 AHF 空间化法则，从而生成 RAHF 格网化数据（空间分辨率为 500m × 500m）。本参数化结果和其他数据产品的精度比较显示，RAHF 方案可以得到更加精细的 AHF，在空间细节的表征上较其他 AHF 参数化方案有明显的优势，对于不同下垫面性质的 AHF 参数化也更加合理。

（3）继人口密度、GDP、土地利用数据和 DMSP/OLS 夜间灯光数据之后，Suomi-NPP VIIRS 数据可以用于高空间分辨率的 AHF 的空间化，并且较 DMSP/OLS 夜间灯光数据能够得到更加准确和精细的 AHF 结果。Suomi-NPP VIIRS 夜间灯光数据用于人为热通量估算具有较好的应用前景。

该 RAHF 参数化方案仅在京津冀地区进行了应用，对其他地区的 AHF 参数化，模型的有效性还需进一步的验证。

# 参 考 文 献

何晓凤, 蒋维楣, 陈燕, 刘罡. 2007. 人为热源对城市边界层结构影响的数值模拟研究. 地球物理学报, 50(1): 74-82

陆大道. 2015. 京津冀城市群功能定位及协同发展. 地理科学进展, 34(03): 265-270

陆燕, 王勤耕, 翟一然, 宋媛媛, 张艳燕, 孙平. 2014. 长江三角洲城市群人为热排放特征研究. 中国环境科学, 34(2): 295-301

马盼盼, 吾娟佳, 杨续超, 齐家国. 2016. 基于多源遥感信息的人为热排放量空间化——以浙江省为例. 中国环境科学, 36(1): 314-320

佟华, 刘辉志, 桑建国, 胡非. 2004. 城市人为热对北京热环境的影响. 气候与环境研究, 9(3): 409-421

王馥棠. 2002. 近十年来我国气候变暖影响研究的若干进展. 应用气象学报, 13(6): 755-766

王少剑, 方创琳, 王洋. 2015. 京津冀地区城市化与生态环境交互耦合关系定量测度. 生态学报, 35(7): 2244-2254

王业宁, 陈婷婷, 孙然好. 2016. 北京主城区人为热排放的时空特征研究. 中国环境科学, 36(7): 2178-2185

王有民, 王守荣. 2000. 气候异常对京津冀地区水资源的影响及对策. 地理学报, 55(b11): 135-142

吴健生, 刘浩, 彭建, 马琳. 2014. 中国城市体系等级结构及其空间格局——基于 DMSP/OLS 夜间灯光数据的实证. 地理学报, 69(6): 759-770

肖捷颖, 张倩, 王燕, 季娜, 李星. 2014. 基于地表能量平衡的城市热环境遥感研究——以石家庄市为例. 地理科学, 34(3): 338-343

谢旻, 朱宽广, 王体健, 冯文, 朱新胜, 陈飞. 2015. 中国地区人为热分布特征研究. 中国环境科学, 35(3): 728-734

Allen L, Lindberg F, Grimmond C S B. 2011. Global to city scale urban anthropogenic heat flux: Model and variability. International Journal of Climatology, 31(13): 1990-2005

Bing C, Guang Y S. 2012. Estimation of the distribution of global anthropogenic heat flux. Atmospheric and Oceanic Science Letters, 5(2): 108-112

Chen B, Shi G, Wang B, Zhao J, Tan S. 2012. Estimation of the anthropogenic heat release distribution in China from 1992 to 2009. Acta Meteorologica Sinica, 26(4): 507-515

Chen F, Yang X, Wu J. 2016. Simulation of the urban climate in a Chinese megacity with spatially heterogeneous anthropogenic heat data. Journal of Geophysical Research Atmospheres, 121

Coscieme L, Pulselli F M, Bastianoni S, Elvidge C D, Anderson S, Sutton P C. 2014. A thermodynamic geography: Night-time satellite imagery as a proxy measure of emergy. Ambio, 43(7): 969-979

Dhakal S, Hanaki K, Ai H. 2003. Estimation of heat discharges by residential buildings in Tokyo. Energy Conversion & Management, 44(9): 1487-1499

Dong Y, Varquez A C G, Kanda M. 2017. Global anthropogenic heat flux database with high spatial resolution. Atmospheric Environment, 150: 276-294

Elvidge C D, Baugh K E, Zhizhin M, Hsu F C. 2013. Why VIIRS data are superior to DMSP for mapping nighttime lights. In Proceedings of the Asia-Pacific Advanced Network, 35: 62-69

Fan H, Sailor D J. 2005. Modeling the impacts of anthropogenic heating on the urban climate of Philadelphia: A comparison of implementations in two PBL schemes. Atmospheric Environment, 39(1): 73-84

Ferreira M J, Oliveira A P D, Soares J. 2011. Anthropogenic heat in the city of São Paulo, Brazil. Theoretical and Applied Climatology, 104: 43-56

Flanner M G. 2009. Integrating anthropogenic heat flux with global climate models. Internet Healthcare Strategies, 36(2): 270-271

Frolking S, Milliman T, Seto K C, Friedl M A. 2013. A global fingerprint of macro-scale changes in urban structure from 1999 to 2009. Environmental Research Letters, 8(2): 024004

Grimmond C S B. 2010. The suburban energy balance: Methodological considerations and results for a mid-latitude west coast city under winter and spring conditions. International Journal of Climatology, 12: 481-497

Hartigan J A, Wong M A .1979. Algorithm AS 136: A k-means clustering algorithm. hm. Journal of the Royal Statistical Society, 28(1): 100-108

He X F, Jiang W M, Chen Y, Liu G. 2007. Numerical simulation of the impacts of anthropogenic heat on the structure of the urban boundary layer. Chinese Journal of Geophysics, 50(1): 75-83

Heiple S, Sailor D J. 2008. Using building energy simulation and geospatial modeling techniques to determine high resolution building sector energy consumption profiles. Energy & Buildings, 40(8): 1426-1436

Hou Y L, Hai Z M, Dong G T, Jun S. 2014. Influences of Urban Temperature on the Electricity Consumption of Shanghai. Advances in Climate Change Research, 5(2): 74-80

Hu D. 2012. Estimation of urban energy heat flux and anthropogenic heat discharge using aster image and meteorological data: Case study in Beijing metropolitan area. Journal of Applied Remote Sensing, 6(1): 063559

Iamarino M, Beevers S, Grimmond C S B. 2012. High-resolution (space, time) anthropogenic heat emissions: London 1970-2025. International Journal of Climatology, 32: 1754-1767

Ichinose T, Shimodozono K, Hanaki K. 1999. Impact of anthropogenic heat on urban climate in Tokyo. Atmospheric Environment, 33(24-25): 3897-3909

Kato S, Yamaguchi Y. 2005. Analysis of urban heat-island effect using ASTER and ETM+ Data: Separation of anthropogenic heat discharge and natural heat radiation from sensible heat flux. Remote Sensing of Environment, 99(1-2): 44-54

Kikegawa Y, Genchi Y, Kondo H, Hanaki K. 2006. Impacts of city-block-scale countermeasures against urban heat-island phenomena upon a building's energy-consumption for air-conditioning. Applied Energy, 83(6): 649-668

Kimura F, Takahashi S. 1991. The effects of land-use and anthropogenic heating on the surface temperature in the Tokyo Metropolitan area: A numerical experiment. Atmospheric Environment Part B Urban Atmosphere, 25: 155-164

Li X, Xu H, Chen X, Li C. 2013. Potential of NPP-VIIRS nighttime light imagery for modeling the regional economy of China. Remote Sensing, 5(6): 3057-3081

Li Y, Zhao X. 2012. An empirical study of the impact of human activity on long-term temperature change in China: A perspective from energy consumption. Journal of Geophysical Research Atmospheres, 117(D17)

Lindberg F, Grimmond C S B, Yogeswaran N, Kotthaus S, Allen L. 2013. Impact of city changes and weather on anthropogenic heat flux in Europe 1995-2015. Urban Climate, 4: 1-15

Lu D, Tian H, Zhou G, Ge H. 2008. Regional mapping of human settlements in southeastern China with multi-sensor remotely sensed data. Remote Sensing of Environment, 112(9): 3668-3679

Lu Y, Wang Q G, Zhang Y, Sun P, Qian Y. 2016. An estimate of anthropogenic heat emissions in China. International Journal of Climatology, 36(3): 1134-1142

Ma S, Pitman A, Hart M, Evans J P, Haghdadi N, MacGill I. 2017. The impact of an urban canopy and anthropogenic heat fluxes on Sydney's climate. International Journal of Climatology, 37(S1): 255-270

Nie W S, Sun T, Ni G H. 2014. Spatiotemporal characteristics of anthropogenic heat in an urban environment: A case study of Tsinghua Campus. Building & Environment, 82: 675-686

Oke T R. 1987. Boundary Layer Climates: Second Edition. London: Methuen Publishing Ltd

Pigeon G, Legain D, Durand P, Masson V. 2007. Anthropogenic heat release in an old European agglomeration (Toulouse, France). International Journal of Climatology, 27(14): 1969-1981

Quah A K L, Roth M. 2012. Diurnal and weekly variation of anthropogenic heat emissions in a tropical city, Singapore. Atmospheric Environment, 46: 92-103

Sailor D J. 2010. A review of methods for estimating anthropogenic heat and moisture emissions in the urban environment. International Journal of Climatology, 31(2): 189-199

Shi K, Yu B, Huang Y, Hu Y, Yin B, Chen Z, Wu J. 2014. Evaluating the ability of NPP-VIIRS nighttime light data to estimate the gross domestic product and the electric power consumption of China at multiple scales: A comparison with DMSP-OLS data. Remote Sensing, 6(2): 1705-1724

Tong H, Liu H Z, Sang J G, Hu F. 2004. The impact of urban anthropogenic heat on Beijing heat environment. Climatic & Environmental Research, 9(3): 409-421

Wang Z. 2011. Estimation and sensitivity test of anthropogenic heat flux in Guangzhou. Journal of the Meteorological Sciences, 31: 422-430

Xian G Z, Homer C G, Dewitz J, Fry J, Hossain N, Wickham J. 2011. Change of impervious surface area between 2001 and 2006 in the conterminous United States. Photogrammetric Engineering and Remote Sensing, 77(8): 758-762

Yang W, Chen B, Cui X. 2014. High-Resolution Mapping of Anthropogenic Heat in China from 1992 to 2010. International Journal of Environmental Research & Public Health, 11(4): 4066-4077

Yue W, Gao J, Yang X. 2014. Estimation of gross domestic product using multi-sensor remote sensing data: A case study in Zhejiang Province, East China. Remote Sensing, 6(8): 7260-7275

Zhang G J, Cai M, Hu A. 2013. Energy consumption and the unexplained winter warming over northern Asia and North America. Nature Climate Change, 3(5): 466-470

Zhou Y, Ma T, Zhou C, Xu T. 2015. Nighttime light derived assessment of regional inequality of socioeconomic development in China. Remote Sensing, 7(2): 1242-1262

Zhou Y, Weng Q, Gurney K R, Shuai Y, Hu X. 2012. Estimation of the relationship between remotely sensed anthropogenic heat discharge and building energy use. ISPRS Journal of Photogrammetry and Remote Sensing, 67: 65-72

# 第10章 利用ZY-3高分辨率影像提取城区地表信息

## 10.1 概　　述

### 10.1.1 城区地表三维信息的应用概况

城区地表三维特征是人们关注的焦点之一。城区地表三维信息可以广泛应用于城市的规划设计、城市空气污染控制、城市生态环境保护、城市通信网络的布设、城市光照研究、城市化进程的监测等。因而，准确、高效地获取城区地表三维信息，对于城市数字化管理和智慧城市建设具有重要作用和应用价值。

目前经济和社会的发展步伐明显加快，使得城市的动态变化速度也大大加快，许多应用中都迫切要求提供城市三维信息，"数字城市"的发展更要求能高效地获取城市信息。采用一般的方法和手段，如地面人工测量的方式获取城市地表三维数据，需要投入大量的人力、物力和财力，且速度慢、效率低，效果也不理想，与城市发展速度高度不匹配。因此，传统的技术手段很难满足应用要求。

遥感技术可以快速地获取城市地面的三维位置信息、地物光谱信息，二者联合起来可以保证城区地表三维数据从信息获取到结果提供等在很短时间内完成，从而满足城市快速发展对数据获取的迫切要求。

### 10.1.2 城区地表三维信息的获取方式

近些年，随着空间信息技术的发展和数据源的多样化，城区地表三维信息获取技术逐步提高，每一种数据获取方式都相对于之前方式有很大的变化，随着"数字城市"的发展，需要寻求获取速度更快、效果更好的方式。从数据获取方式的不同，可以分为：激光雷达技术、航空摄影测量技术（倾斜摄影测量）等。

#### 1. 激光雷达技术

激光雷达技术是一种主动遥感技术，利用它进行城区三维信息获取，可以快速、精准地得到地表物体的三维坐标。根据传感器平台的不同，激光雷达可分为车载激光雷达、机载激光雷达和星载激光雷达等。

激光雷达系统主要由以下三部分组成。

（1）激光扫描仪：记录传感器到被测物的距离。

（2）差分GPS（global positioning system）：分为地面GPS和机载GPS，主要用来获得坐标信息。

（3）IMU（inertial measurement unit）：激光雷达工作时，IMU用于记录其各种姿态参数（侧滚角、航偏角、俯仰角）。

激光雷达工作时，由激光器发射的波和被测物体反射波之间的相位差来确定被测物体与激光器之间的距离。同时由 GPS 接收机得到扫描的位置，由 IMU 测出激光扫描仪的姿态，根据几何原理即可得到激光采样点的三维坐标。图 10-1 为机载激光雷达工作原理图，图 10-2 为机载激光雷达图像和高分辨率遥感图像的比较。

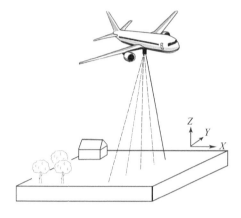

图 10-1　机载激光雷达工作原理图

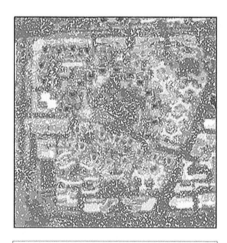

图例
点云高程/m
- 106.2~281.5
- 90.6~106.2
- 76.1~90.6
- 64.5~76.1
- 55.1~64.5
- 47.5~55.1
- 41.6~47.5
- 36.2~41.6
- 19.2~36.2

0　　　0.1　　0.2km

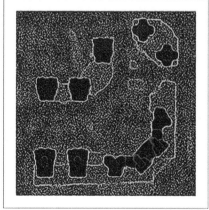
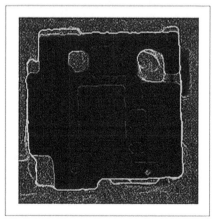

图 10-2　机载激光雷达图像和高分辨率遥感图像的比较

2. 航空摄影测量技术

航空摄影测量技术通过航拍获取不同视角的多张具有重叠度的影像，然后选择合适的影像立体像对，获取各自的内、外方位元素，重建地物立体几何模型，确定地物 $x$、$y$、$z$ 值，从而实现城区地表三维信息提取。

城区地表属于典型的复杂下垫面类型，城区有些建筑物比较复杂，加上建筑物在影像上形成的阴影、建筑物之间的遮挡等原因，使得立体像对进行影像匹配的时候会出现误匹配现象，或者匹配失败等，这直接导致城区复杂下垫面区域的地物立体几何建模无效，无法获取该部分地物的 $z$ 值，从而在整体上影响城区地表三维信息的提取效果。

随着航空摄影测量技术的发展，为解决城区复杂下垫面专题信息提取的难题，倾斜摄影测量技术得到快速发展。它是利用飞行平台搭载多个传感器，分别从垂直、倾斜等角度获取地面同一地物的不同影像，可以较好地解决城市建筑物之间的遮挡、阴影等影响。倾斜摄影测量技术通过专用的软件对获得倾斜影像进行处理，可以快速、高效、准确地获取城区地表三维信息。

采用数字摄影测量法利用航摄立体像对提取地区地表三维特征，其空间分辨率（精度）主要取决于航片比例尺的大小：比例尺小，不能反映地形的细微差异，比例尺大，对小区域作业而言，成本又相对较高，因此可根据作业单位实际生产能力和任务进行选择。

采用数字射影测量法利用卫星图像立体像对提取地区地表三维特征，其空间分辨率主要受图像比例尺的影响，卫星图像覆盖面积较大，更适用于大面积获取，与航空摄影测量相比，成本较低。

### 10.1.3　城市数字地表模型

城市数字地表模型（digital surface model，DSM）是反映城市信息的重要载体之一，因为它提供了城区包括建筑、树木等在内的多种地物高程信息。DSM 可以广泛应用于城市各种应用，如城市规划、城市微气候分析、城市三维可视化、城市灾害管理等（Rottensteiner et al.，2014；Brédif et al.，2013）。因而，以合理成本准确提取城区的 DSM 具有重要价值。

DSM 可以由现有数字地形图生成，或者利用航空照片、光学卫星图像像对提取，或者使用激光扫描提取（Baltsavias，1999）。航空照片和机载激光扫描数据可以生成高密度的、高精度的三维点云，并最终获取高精度的 DSM 结果；但是航空数据采集的缺点是有限的、较小的覆盖面积，一些人为约束如空域限制，以及获取其具有相对较高的成本。利用星载立体像对数据生成 DSM 也是重要手段之一，虽然其 DSM 空间分辨率相对稍低，但是它可以以合理的成本快速获取数据。最近，随着高分辨率光学卫星成像技术快速发展，分析这些 DSM 的潜力以提供诸如建筑物高度特征逐渐成为研究的热点（Deilami and Hashim，2011；Eckert and Hollands，2010）。

大量学者开展了星载光学卫星立体像对提取城区 DSM 的研究，已经证明了高精度光学立体像对应用于城区三维建模的潜力（Poli et al.，2015；Garouani et al.，2014；Tong et al.，2010；Shiode，2000）。当前应用于城区 DSM 提取的都是高分辨率（如 < 1m）卫

星立体像对。城区立体像对影像的分辨率会直接影响城区 DSM 的精度,因为同名点的匹配是基于图像特征的。

## 10.2　研究区和数据

### 10.2.1　研究区

选择位于北京市鸟巢周边的地表作为试验区,在 116°21′38.885″~116°25′12.564″E,39°58′7.229″~40°00′50.414″N 之间。该地区地形比较平坦,高程为 21~55m。研究区长宽约为 5km,面积约为 25.43km²。区内建筑较为复杂,既包括生活区,也有商业 CBD 区建筑等,建筑物整体分布比较密集,共约 3170 栋建筑,如图 10-3 所示。

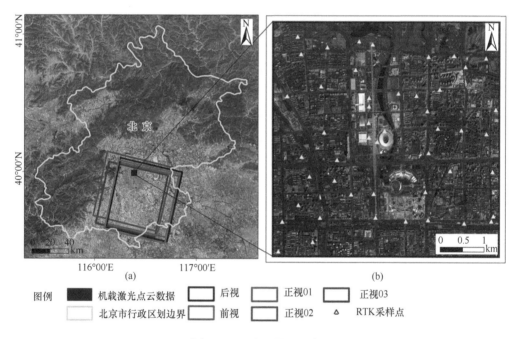

图 10-3　研究区位置示意图

### 10.2.2　数据

*1. ZY-3 卫星高分辨率影像*

资源三号（ZY-3）卫星是中国第一颗自主的民用高分辨率立体测绘卫星,通过立体观测,可以测制 1∶5 万比例尺地形图,为国土资源、农业、林业等领域提供服务（Wang et al.,2014）。卫星的设计工作寿命为 4 年。卫星可对地球南北纬84°以内地区实现无缝影像覆盖,回归周期为 59 天,重访周期为 5 天。

资源三号 01 星于 2012 年 1 月 9 日成功发射,资源三号 02 星于 2016 年 5 月 30 日发射,02 星发射后,与在轨工作的 01 星形成有效互补,实现双星在轨稳定运行,及时获取高分辨率影像数据,实现覆盖全国的高分影像数据获取能力。

ZY-3 卫星搭载了四台光学相机，包括一台地面分辨率 2.1m 的正视全色 CCD 相机、两台地面分辨率 3.5m 的前视和后视全色 CCD 相机、一台地面分辨率 5.8m 的正视多光谱相机。多光谱数据包括蓝（0.45~0.52μm），绿（0.52~0.59μm），红（0.63~0.69μm），近红外（0.77~0.89μm）等 4 个通道。

收集了 2016 年 5 月 21 日的前视、后视、正视和多光谱等图像数据，以及 2015 年 09 月 03 日和 2015 年 09 月 23 日的两景全色正视影像，数据信息如表 10-1 所示，所有的全色影像分别用同轨及异轨立体像对来生成多视角点云数据，立体像对影像的空间范围见图 10-3（a）。多光谱影像与对应的全色影像生成相应的融合图像，用来提取城区土地利用类型及地表建筑物。

表 10-1　收集的 ZY-3 卫星遥感数据

| 数据类型 | 空间分辨率/m | 成像日期 | 中心经度 | 中心纬度 |
|---|---|---|---|---|
| 全色正视 | 2.1 | 2015 年 9 月 3 日 | 116.2°E | 39.4°N |
| | | | 116.3°E | 39.8°N |
| | | | 116.5°E | 40.2°N |
| | | 2015 年 9 月 23 日 | 116.4°E | 39.8°N |
| | | | 116.5°E | 40.2°N |
| | | 2016 年 5 月 16 日 | 116.0°E | 39.8°N |
| | | | 116.1°E | 40.2°N |
| | | 2016 年 5 月 21 日 | 116.5°E | 39.8°N |
| | | | 116.6°E | 40.2°N |
| 多光谱 | 5.8 | 2015 年 5 月 16 日 | 116.0°E | 39.8°N |
| | | | 116.1°E | 40.2°N |
| | | 2015 年 5 月 21 日 | 116.5°E | 39.8°N |
| | | | 116.6°E | 40.2°N |

### 2. 机载激光雷达数据

通过 Leica ALS 60system 采集于 2016 年，点云密度为 2~4 points/m$^2$，它的空间范围见图 10-3 中矩形区域。激光雷达点云数据首先进行分类，分为地面、非地面及噪声点，然后建立了 0.5m 分辨率的数字表面模型。生成的 DSM 与地面 50 个控制点 $x$，$y$，$z$ 坐标对比，水平误差小于 1 个像元（0.5m），高度误差小于 0.15m。

使用激光雷达数据提取建筑物高度，用来评估 ZY-3 多视角数据提取的建筑物高度精度。

### 3. 地面控制点数据

为获取比较精准的地面控制点，采用实地测量的方式，现场采集地面控制点数据。

（1）内业工作：在 ZY-3 全色波段影像上选择实测点的大致位置，一方面，要求地面点在整个研究区分布比较均匀，不能集中在某处，要分散开；另一方面，考虑到地面定位的精确度，在图上标注易于辨识的特征点，如道路交叉口、标志性地物的交叉处等，实际点位布设如图 10-3（b）所示。

（2）外业工作：室内工作完成后，根据地面点位的分布，设置实地测定的具体时间和路线安排，然后通过实地测定，确定地面控制点 $x$，$y$，$z$ 坐标信息。作业技术采用的是实时动态（real-time kinematic，RTK）定位技术，这是一种基于载波相位观测值的定位技术，它能够实时提供测站点在指定坐标系中的三维定位结果，并达到厘米级精度。

工作模式采用连续运行（卫星定位服务）基准 CORS 站（continuously operating reference stations，CORS）模式，即在实际作业时，我们仅需携带 RTK 流动站仪器，通过点位的选择并接收卫星信号，获得所在地点的粗位置数据。然后将这个位置数据与 Ntrip 协议（通过互联网进行 RTK 格式数据的网络传输的协议）参数上传到互联网平台，利用互联网下播所在大致位置的差分数据。通过设备的差分解算功能，结合原始观测值和差分数据，进行解算，实现纠偏，以此来获得高精度的点位坐标。GPS RTK 设备与外业工作具体情况参见图 10-4。

每个点平均采测 10 次，后期剔除误差大的点，并进行均值化处理。最终共收集了50 个地面控制点，每个测点都标示了具体序号，具体位置见图 10-5。在后续遥感图像的处理过程中，采用 10 个控制点用来进行遥感图像的几何校正，另外 40 个点用来评价遥感图像处理及其输出结果的几何定位精度。

图 10-4　GPS RTK 设备与外业工作

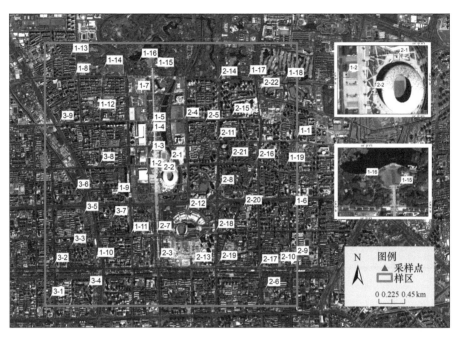

图 10-5　外业测定地面控制点的标号及其位置分布（图右矩形框为测点位置放大图）

# 10.3　ZY-3 卫星影像的空间定位

## 10.3.1　有理函数模型

RFM（rational functional model）即有理函数模型，可以用来模拟或替代严格成像模型。它的建立首先利用星载 GPS 测定的卫星轨道参数及恒星相机、惯性测量单元测定的姿态参数建立严格几何模型；之后，利用严格模型生成大量均匀分布的虚拟地面控制点，再利用这些控制点计算 RFM 的参数（rational polynomial coefficients，RPCs），其实质是利用 RFM 拟合严格的几何模型，在不知道传感器物理模型有关参数的情况下对传感器严格成像模型的一种近似模拟。

RFM 将地面点坐标（由经纬度与高程表示）与其对应的像点坐标（由行列号表示）用比值多项式关联起来，为了使计算误差最小并增强参数计算的稳定性，需要将地面点坐标和像点坐标进行归一化处理，其值为–1～1，如式（10-1）所示：

$$\begin{cases} s = \dfrac{\mathrm{Num}_s(X,Y,Z)}{\mathrm{Den}_s(X,Y,Z)} \\[3mm] l = \dfrac{\mathrm{Num}_L(X,Y,Z)}{\mathrm{Den}_L(X,Y,Z)} \end{cases} \tag{10-1}$$

式中，$\mathrm{Num}_s(X,Y,Z)$、$\mathrm{Den}_s(X,Y,Z)$、$\mathrm{Num}_L(X,Y,Z)$ 和 $\mathrm{Den}_L(X,Y,Z)$ 均为 3 次 20 项组成的多项式，形式如下：

$$\begin{aligned} \mathrm{Num}_L(X,Y,Z) = {} & a_1 + a_2Y + a_3X + a_4Z + a_5XY + a_6YZ + a_7XZ + a_8Y^2 + a_9X^2 + a_{10}Z^2 \\ & + a_{11}XYZ + a_{12}Y^3 + a_{13}YX^2 + a_{14}YZ^2 + a_{15}Y^2X + a_{16}X^3 + a_{17}XZ^2 \\ & + a_{18}Y^2Z + a_{19}X^2Z + a_{20}Z^3 \end{aligned}$$

$$\text{Num}_S(X,Y,Z) = b_1 + b_2 Y + b_3 X + b_4 Z + b_5 XY + b_6 YZ + b_7 XZ + b_8 Y^2 + b_9 X^2 + b_{10} Z^2$$
$$+ b_{11} XYZ + b_{12} Y^3 + b_{13} YX^2 + b_{14} YZ^2 + b_{15} Y^2 X + b_{16} X^3 + b_{17} XZ^2$$
$$+ b_{18} Y^2 Z + b_{19} X^2 Z + b_{20} Z^3$$

$$\text{Den}_L(X,Y,Z) = c_1 + c_2 Y + c_3 X + c_4 Z + c_5 XY + c_6 YZ + c_7 XZ + c_8 Y^2 + c_9 X^2 + c_{10} Z^2$$
$$+ c_{11} XYZ + c_{12} Y^3 + c_{13} YX^2 + c_{14} YZ^2 + c_{15} Y^2 X + c_{16} X^3 + c_{17} XZ^2 + c_{18} Y^2 Z$$
$$+ c_{19} X^2 Z + c_{20} Z^3$$

$$\text{Den}_S(X,Y,Z) = d_1 + d_2 Y + d_3 X + d_4 Z + d_5 XY + d_6 YZ + d_7 XZ + d_8 Y^2 + d_9 X^2 + d_{10} Z^2$$
$$+ d_{11} XYZ + d_{12} Y^3 + d_{13} YX^2 + d_{14} YZ^2 + d_{15} Y^2 X + d_{16} X^3 + d_{17} XZ^2 + d_{18} Y^2 Z$$
$$+ d_{19} X^2 Z + d_{20} Z^3$$

式中，$X$，$Y$，$Z$ 为归一化的地面点坐标；$s$，$l$ 为归一化的像点坐标，它们之间的关系如下所示：

$$\begin{cases} X = \dfrac{\text{Latitude} - \text{LAT\_OFF}}{\text{LAT\_SCALE}} \\[2mm] Y = \dfrac{\text{Longitude} - \text{LONG\_OFF}}{\text{LONG\_SCALE}} \\[2mm] Z = \dfrac{\text{Height} - \text{HEIGHT\_OFF}}{\text{HEIGHT\_SCALE}} \\[2mm] s = \dfrac{\text{Sample} - \text{SAMP\_OFF}}{\text{SAMP\_SCALE}} \\[2mm] l = \dfrac{\text{Line} - \text{LINE\_OFF}}{\text{LINE\_SCALE}} \end{cases} \qquad (10\text{-}2)$$

式中，LAT_OFF、LAT_SCALE、LONG_OFF、LONG_SCALE、HEIGHT_OFF、HEIGHT_SCALE 为地面点坐标的归一化参数；SAMPLE_OFF、SAMPLE_SCALE、LINE_OFF、LINE_SCALE 为像点坐标的归一化参数。

RFM 参数共有 90 个，其中，有理多项式系数有 80 个，即 $a_n$、$b_n$、$c_n$ 皆为有理多项式系数；另外 10 个为归一化系数，它们提供将地面点坐标、像点坐标归一化为 $-1\sim1$ 的参数。在使用高分辨率遥感影像时，这些系数均可从影像附带的 RPC 参数文件中获取，表 10-2 为 RPC 数据格式。

表 10-2  RPC 数据格式

| 字段 | 名称 | 数据位数 | 值域 | 单位 |
|---|---|---|---|---|
| LINE_OFF | 扫描线偏移量 | 10 | $-999999.99\sim999999.99$ | pixel |
| SAMP_OFF | 采线偏移量 | 10 | $-999999.99\sim999999.99$ | pixel |
| LAT_OFF | 纬度偏移量 | 12 | $-9000000000\sim+9000000000$ | |
| LONG_OFF | 经度偏移量 | 13 | $-80000000000\sim18000000000$ | |
| HEIGHT_OFF | 高度偏移量 | 9 | $-9999.99\sim9999.99$ | m |
| LINE_SCALE | 扫描线比例因子 | 10 | $-999999.99\sim999999.99$ | pixel |
| SAMP_SCALE | 采线比例因子 | 10 | $-999999.99\sim999999.99$ | pixel |

| 字段 | 名称 | 数据位数 | 值域 | 单位 |
|---|---|---|---|---|
| LAT_SCALE | 纬度比例因子 | 12 | −9000000000~+9000000000 | |
| LONG_SCALE | 经度比例因子 | 13 | −80000000000~18000000000 | |
| HEIGHT_SCALE | 高度比例因子 | 9 | −9999.99~9999.99 | |
| LINE_NUM_COEFF_1 | 扫描线分子系数1 | 22 | ±9.999999999999999E±99 | |
| 至 | … | … | … | |
| LINE_NUM_COEFF_20 | 扫描线分子系数20 | 22 | ±9.999999999999999E±99 | |
| LINE_DEN_COEFF_1 | 扫描线分母系数1 | 2 | ±9.999999999999999E±99 | |
| 至 | … | … | … | |
| LINE_DEN_COEFF_20 | 扫描线分母系数20 | 22 | ±9.999999999999999E±99 | |
| SAMP_NUM_COEFF_1 | 采样点分子系数1 | 22 | ±9.999999999999999E±99 | |
| 至 | … | … | … | |
| SAMP_NUM_COEFF_20 | 采样点分子系数20 | 22 | ±9.999999999999999E±99 | |
| SAMP_DEN_COEFF_1 | 采样点分母系数1 | 22 | ±9.999999999999999E±99 | |
| 至 | … | … | … | |
| SAMP_DEN_COEFF_20 | 采样点分母系数20 | 22 | ±9.999999999999999E±99 | |

在 RFM 中，一次多项式表示由光学投影引起的畸变改正，二次多项式表示由地球曲率、大气折射、镜头畸变及星载 GPS/IMU 固有误差等引起的改正，三次多项式表示由其他未知畸变引起的改正。

### 10.3.2 立体影像的空间定位

在 ZY-3 卫星影像几何纠正的预处理过程中，首先是读取 RPC 参数，然后根据 RFM 公式，即可实现像点坐标到地面点坐标之间的转换，即完成 ZY-3 卫星影像的几何定位。在实际应用过程中，需要将 RFM 模型线性化，将式（10-1）泰勒展开为一次项，于是求解地面点坐标的误差方程为

$$\begin{cases} v_s = \dfrac{\partial s}{\partial X} \cdot \Delta X + \dfrac{\partial s}{\partial Y} \cdot \Delta Y + \dfrac{\partial s}{\partial Z} \cdot \Delta Z + s_0 \\ v_l = \dfrac{\partial l}{\partial X} \cdot \Delta X + \dfrac{\partial l}{\partial Y} \cdot \Delta Y + \dfrac{\partial l}{\partial Z} \cdot \Delta Z + l_0 \end{cases} \qquad (10\text{-}3)$$

根据同名像点的像方坐标 $(s_l, l_l)$、$(s_r, l_r)$，可以列出以下误差方程组：

$$\begin{bmatrix} V_{s_l} \\ V_{s_r} \\ V_{l_l} \\ V_{l_r} \end{bmatrix} = \begin{bmatrix} \dfrac{\partial s_l}{\partial X} & \dfrac{\partial s_l}{\partial Y} & \dfrac{\partial s_l}{\partial Z} \\ \dfrac{\partial s_r}{\partial X} & \dfrac{\partial s_r}{\partial Y} & \dfrac{\partial s_r}{\partial Z} \\ \dfrac{\partial l_l}{\partial X} & \dfrac{\partial l_l}{\partial Y} & \dfrac{\partial l_l}{\partial Z} \\ \dfrac{\partial l_r}{\partial X} & \dfrac{\partial l_r}{\partial Y} & \dfrac{\partial l_r}{\partial Z} \end{bmatrix} \begin{bmatrix} \Delta X \\ \Delta Y \\ \Delta Z \end{bmatrix} - \begin{bmatrix} -s_{l_0} \\ -s_{r_0} \\ -l_{l_0} \\ -l_{r_0} \end{bmatrix} \qquad (10\text{-}4)$$

记为：$v = A\Delta - l$

$$\text{其中 } v = \begin{bmatrix} V_{s_l} \\ V_{s_r} \\ V_{l_l} \\ V_{l_r} \end{bmatrix}, \quad A = \begin{bmatrix} \dfrac{\partial s_l}{\partial X} & \dfrac{\partial s_l}{\partial Y} & \dfrac{\partial s_l}{\partial Z} \\ \dfrac{\partial s_r}{\partial X} & \dfrac{\partial s_r}{\partial Y} & \dfrac{\partial s_r}{\partial Z} \\ \dfrac{\partial l_l}{\partial X} & \dfrac{\partial l_l}{\partial Y} & \dfrac{\partial l_l}{\partial Z} \\ \dfrac{\partial l_r}{\partial X} & \dfrac{\partial l_r}{\partial Y} & \dfrac{\partial l_r}{\partial Z} \end{bmatrix}, \quad \Delta = \begin{bmatrix} \Delta X \\ \Delta Y \\ \Delta Z \end{bmatrix}, \quad l = \begin{bmatrix} -s_{l_0} \\ -s_{r_0} \\ -l_{l_0} \\ -l_{r_0} \end{bmatrix}$$

于是，地面点坐标为

$$\Delta = \begin{bmatrix} \Delta X & \Delta Y & \Delta Z \end{bmatrix}^T = \left(A^T A\right)^{-1} A^T l \tag{10-5}$$

### 10.3.3 系统误差的补偿

由于卫星影像的 RFM 存在一定的系统误差，为提高卫星影像的空间定位精度，在利用 RFM 进行空间定位之前需要对模型进行修正，尽可能地减少模型带来的系统误差。

总体说来，系统误差补偿模式可以分为物方补偿和像方补偿两种方案，无论采取哪种参数求解都有误差，所以需要利用地面控制点来提高 RFM 的精度。研究表明，基于像方补偿能够较好地消除系统误差（Fraser and Hanley，2005），一般有两种方式：一种方式为重新计算法，利用控制点直接求解 RPC 参数，由于参数间存在较强相关性，使求解比较困难（吕争等，2014）；另外一种为补偿 RFM 的系统误差法，即利用外业测量的少量地面控制点，通过仿射变换解算图像的相关变换参数来补偿系统误差，这种方法在一定程度上能增强模型的稳定性（王雪平，2014）。

分析 ZY-3 卫星的推扫式传感器系统参数对影像几何定位的影响，整景影像在获取时可能产生行向和列向上的偏移，因此可以有针对性地采用仿射变换方法对该类误差进行修正。基于仿射变换的修正思路，修正模型如下：

$$\begin{cases} S = s + F_S = f_0 + f_1 s + f_2 l \\ L = l + F_L = e_0 + e_1 s + e_2 l \end{cases} \tag{10-6}$$

式中，$(S, L)$ 为控制点经过平差计算后得到的像方坐标；$(s, l)$ 为地面控制点横、纵坐标利用 RPC 参数求解出的影像行列号坐标；$(F_S, F_L)$ 为误差在行、列方向上的改正量；$(f_0, f_1, f_2)$ 和 $(e_0, e_1, e_2)$ 为影像的仿射变换参数。

因此，空间定位的改正量可表示为

$$\begin{cases} F_S = f_0 + f_1 s + f_2 l - s \\ F_L = e_0 + e_1 s + e_2 l - l \end{cases} \tag{10-7}$$

基于有理函数模型进行空间定位，可以将像方补偿的仿射变换参数 $(f_0, f_1, f_2)$ 和 $(e_0, e_1, e_2)$ 作为未知数与地面控制点的归一化坐标 $(X, Y, Z)$ 等未知数一并求解。因此，将 $(F_S, F_L)$ 按照泰勒级数展开，得到误差方程式，表达为

$$\begin{cases} v_S = \dfrac{\partial F_S}{\partial f_0} \cdot \Delta f_0 + \dfrac{\partial F_S}{\partial f_1} \cdot \Delta f_1 + \dfrac{\partial F_S}{\partial f_2} \cdot \Delta f_2 + \dfrac{\partial F_S}{\partial e_0} \cdot \Delta e_0 + \dfrac{\partial F_S}{\partial e_1} \cdot \Delta e_1 + \\ \qquad \dfrac{\partial F_S}{\partial e_2} \cdot \Delta e_2 + \dfrac{\partial F_S}{\partial X} \cdot \Delta X + \dfrac{\partial F_S}{\partial Y} \cdot \Delta Y + \dfrac{\partial F_S}{\partial Z} \cdot \Delta Z + F_{S_0} \\ v_L = \dfrac{\partial F_L}{\partial f_0} \cdot \Delta f_0 + \dfrac{\partial F_L}{\partial f_1} \cdot \Delta f_1 + \dfrac{\partial F_L}{\partial f_2} \cdot \Delta f_2 + \dfrac{\partial F_L}{\partial e_0} \cdot \Delta e_0 + \dfrac{\partial F_L}{\partial e_1} \cdot \Delta e_1 + \\ \qquad \dfrac{\partial F_L}{\partial e_2} \cdot \Delta e_2 + \dfrac{\partial F_L}{\partial X} \cdot \Delta X + \dfrac{\partial F_L}{\partial Y} \cdot \Delta Y + \dfrac{\partial F_L}{\partial Z} \cdot \Delta Z + F_{L_0} \end{cases} \tag{10-8}$$

矩阵的形式表示为

$$V = \begin{bmatrix} A & B \end{bmatrix} \begin{vmatrix} t \\ P \end{vmatrix} - L \tag{10-9}$$

其中，

$$V = \begin{bmatrix} v_S & v_L \end{bmatrix}^{\mathrm{T}}$$

$$L = \begin{bmatrix} -F_{S_0} & -F_{L_0} \end{bmatrix}^{\mathrm{T}}$$

$$P = \begin{bmatrix} \Delta X & \Delta Y & \Delta Z \end{bmatrix}^{\mathrm{T}}$$

$$t = \begin{bmatrix} \Delta f_0 & \Delta f_1 & \Delta f_2 & \Delta e_0 & \Delta e_1 & \Delta e_2 \end{bmatrix}^{\mathrm{T}}$$

$$A = \begin{vmatrix} \dfrac{\partial F_S}{\partial f_0} & \dfrac{\partial F_S}{\partial f_1} & \dfrac{\partial F_S}{\partial f_2} & \dfrac{\partial F_S}{\partial e_0} & \dfrac{\partial F_S}{\partial e_1} & \dfrac{\partial F_S}{\partial e_2} \\ \dfrac{\partial F_L}{\partial f_0} & \dfrac{\partial F_L}{\partial f_1} & \dfrac{\partial F_L}{\partial f_2} & \dfrac{\partial F_L}{\partial e_0} & \dfrac{\partial F_L}{\partial e_1} & \dfrac{\partial F_L}{\partial e_2} \end{vmatrix}$$

$$B = \begin{vmatrix} \dfrac{\partial F_S}{\partial X} & \dfrac{\partial F_S}{\partial Y} & \dfrac{\partial F_S}{\partial Z} \\ \dfrac{\partial F_L}{\partial X} & \dfrac{\partial F_L}{\partial Y} & \dfrac{\partial F_L}{\partial Z} \end{vmatrix}$$

针对每个像点可列出一组误差方程，这类误差方程中含有两类未知量，即 $t$ 和 $P$，其中 $t$ 对应于所有的仿射变换参数的总和，$P$ 对应于所有的待求地面点坐标。

误差方程的解算步骤：求解地面坐标改正数和仿射变换系数，需要给定一定初始值，通过设置阈值进行迭代计算来获得，如果改正数大于阈值，则对仿射变换参数和地面坐标进行更新，进行新一轮的迭代计算，直到整个平差过程收敛，再通过影像自带的归一化系数即可计算出较为准确的地物方坐标。

在控制点数量不超过 3 个时，首先求解仿射变换系数。如果仅有 1 个控制点，利用求解偏移参数（$e_0$，$f_0$）来消除平移误差；当有 2 个控制点时，求解偏移参数（$e_0$，$f_0$）和 $l$ 方向上的系数（$e_2$，$f_2$）来获得较高的精度（李庆鹏和王志刚，2011）；当有 3 个地面控制点时，可以求解仿射变换系数（$e_0$，$e_1$，$e_2$，$f_0$，$f_1$，$f_2$）；当有 3 个以上地面控制点时，仿射变换中的 6 个参数需要采用最小二乘原理通过设置阈值进行迭代计算来获得。

## 10.4 利用 ZY-3 卫星影像立体像对提取城区地表 DSM

### 10.4.1 立体像对基本原理

人如果只用一只眼睛看，是无法看出景物的立体效果和地物的远近的，需要用两只眼睛才能看到。这是因为人的眼睛之间是有一定间距的，所以观察一个物体时，两只眼睛的角度是不一样的，产生了立体效应。摄影测量也是如此，想要利用平面的照片构建出立体的模型，就需要用到两张在不同的方位拍同一个物体的相片。

要用两张相片求解物体在地面摄影测量坐标系中的坐标，就要用到共线方程，它将在像平面上的点、摄影中心和实际物体所在点联系了起来。若将内外方位元素全部计算出，即可利用共线方程计算出地面点的坐标，若推广到整个面，即可计算出整个重叠区域中各点三维信息。

图 10-6 展示了一个典型的卫星影像的立体像对。$B$ 代表左右影像的基线距离，而 $H$ 是卫星的高度，$h$ 指的是建筑上 $A$ 点的高度。

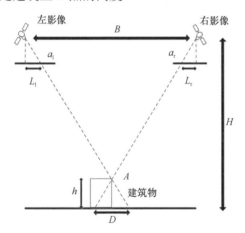

图 10-6　立体像对与视差示意图

从图 10-6 中很容易得到：

$$\frac{D}{h} = \frac{B}{H-h} \tag{10-10}$$

而左右影像的视差 $d$ 可以用如下公式表示：

$$d = L_l - L_r \tag{10-11}$$

式中，$L_l$ 与 $L_r$ 为 $A$ 点在左右影像中的位置（即 $a_l$ 与 $a_r$）的离坐标原点的距离。

进一步，$D$ 可以表示成视差 $d$ 与像元大小 $S$（m）的乘积：

$$D = d \cdot S \tag{10-12}$$

联合式（10-10）与式（10-12），且当 $H \gg h$，如星载卫星的高度时候，$H-h \approx H$，则可以得到如下关系式：

$$d = \frac{B}{H} \times \frac{1}{S} \times h \tag{10-13}$$

从式（10-13）中可以看出，立体像对的视差 $d$ 取决于以下三个因素：

（1）基高比，立体像对的基高比越大，越容易形成有效的视差；

（2）地物的高度 $h$，地物的高度越高，越容易形成有效的视差；

（3）像元的分辨率，即像元的分辨率越高，越容易形成有效的视差。

从基高比看，ZY-3 卫星基高比对应着卫星相机的倾角及异轨的卫星侧摆角度，相机的倾角与异轨卫星的侧摆角度越大，越容易形成大的视差，前后视相机倾角较大，约为±23.5°，而本章 ZY-3 卫星异轨侧摆角度分别为–6.61°、–1.67° 和 1.19°，那么 ZY-3 异轨模式更容易获得同名匹配点；从像元分辨率来看，ZY-3 正视影像的分辨率优于前后视影像，两者分辨率分别为 2.1m 及 3.5m。高的分辨率使得其一方面可以弥补 ZY-3 重轨模式视差不够的缺陷，而另一方面有助于获得更多的同名匹配点。

### 10.4.2 技术流程

随着遥感技术的发展，传感器越来越复杂，以共线方程为理论基础的传统数学模型的复杂性和计算难度大大增加，同时因为卫星轨道参数保密等原因，高分辨率遥感卫星并不提供严密的物理传感器信息，所以严格的成像几何模型是无法处理其影像的。但是它会提供一个 RPC 文件，其中包含了有理函数信息，因此可以使用 RFM 模型来计算整个重叠区域中各点三维信息。

将 RFM 公式线性化后建立误差方程和法方程，代入足够的控制点坐标即可计算出有理函数系数；再将有理函数系数代回 RFM 公式，并泰勒展开一次项得到误差方程，最后将两张相片中同名点的像平面坐标代入，即可算出所求点在地面摄影测量坐标系中的坐标，对各点进行插值处理，即可生成该区域的 DSM 结果。

提取 DSM 的具体处理流程如图 10-7 所示。

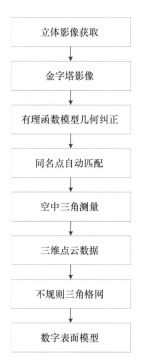

图 10-7　DSM 提取流程图

### 10.4.3 数据处理

基于异轨模式下的两景立体影像采用自动测量的方法找到同名点，同时添加不同数量的控制点（图 10-8），利用有理函数模型将地面点大地坐标与其对应的像点坐标用比值多项式关联，通过影像内分布的控制点及同名点求解每景影像的仿射变换系数，根据求解的仿射变换系数对地物点在两景影像的同名点进行基于像方的误差补偿。

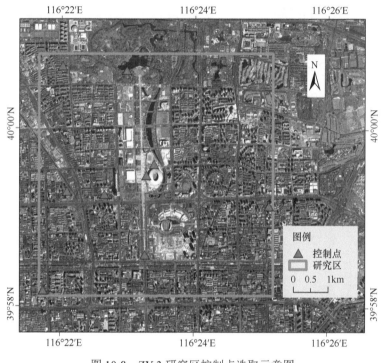

图 10-8　ZY-3 研究区控制点选取示意图

立体像对的左右影像分别建立各自正解形式的有理函数模型以后，需要根据同名点的像点坐标计算出相应地面点的空间坐标完成立体定位，即通过像点坐标和高程信息建立有理函数模型的反变换，获取到每一个点的三维信息。再通过地理信息系统三维重建构建不规则三角网（TIN）；最后对 TIN 进行冗余处理和密集处理，重采样生成 2m 分辨率的 DSM，结果见图 10-9。

### 10.4.4 结果对比及精度评价

在利用 ZY-3 两景影像提取 DSM 过程中，对比分析了不加控制点和添加 1 个、2 个、10 个等不同数量地面控制点生成的 DSM 结果。

图 10-10 为利用 40 个检查点开展不同 DSM 结果的精度检验统计分析图。从图 10-10 中可以看出：加入控制点之后能够明显提升光学立体像对 DSM 精度，加入控制点之后的影像高程值明显趋近于实测的 GPS 点位高程。

进一步，我们进行了通过 DSM 提取的检查点平均高程与实测平均高程的对比（图 10-11），从图 10-11 中可以看出，不加入控制点的情况下，资源三号卫星经过影像附

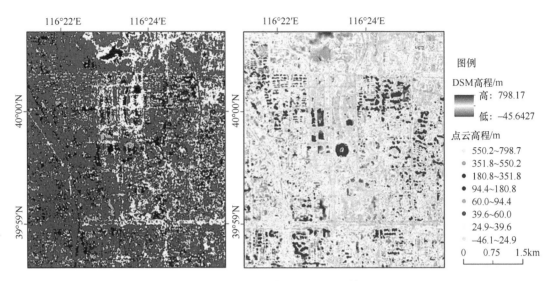

图 10-9　ZY-3 提取的点云及 DSM 结果

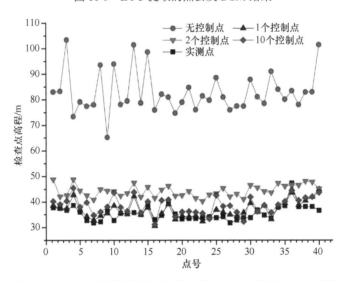

图 10-10　ZY-3 不同数量控制点提取的 DSM 对应的检查点高程

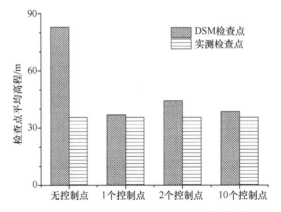

图 10-11　ZY-3 不同数量控制点提取的 DSM 检查点高程平均值

带的 RPC 参数进行区域网平差后，40 个检查点高程的平均误差为 47.33m；分别增加 1、2、10 个控制点后其高程平均误差分别为 1.31m、8.80m、3.06m。结果表明，在试验区域中增加 1 个控制点时，其高程精度明显改善，随着控制点数量的增加，其精度缓缓提高，误差从高往低排序为：1 个控制点 > 10 个控制点 > 2 个控制点。根据趋势来看，通过加入控制点进行高程精度优化的方法得到的校正结果已趋于稳定。

由试验结果得知，不同控制点布设方案会对高程有所影响，因此选取不加控制点及分别加入 1、2、10 个控制点后所提取的 DSM 进行对比分析，将不同 DSM 所提取的检查点高程值与实测值进行相关性分析，结果如图 10-12 所示；未加入控制点所提取的 DSM 的检查点高程值与实测值的 $R^2$ 为 0.01，可见相关性极其小，拟合程度较差；在分别加入 1 个、2 个、10 个控制点后所提取的 DSM 的检查点高程与实测高程的 $R^2$ 分别为 0.46、0.35、0.27。

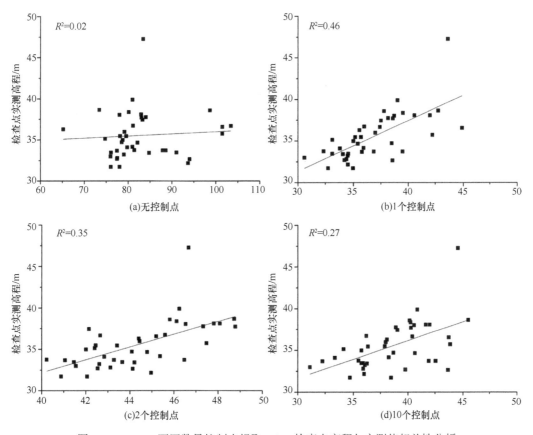

图 10-12　ZY-3 不同数量控制点提取 DSM 检查点高程与实测值相关性分析

同时，为了更加详细的判断 ZY-3 立体影像通过有理函数模型提取的 DSM 与实际地面高程值的差异分布情况，我们分析了不同数量控制点情境下 ZY-3 提取 DSM 结果的残差。从图 10-13 可看出，由于控制点的布设方案不同，所提取的 DSM 检查点的残差分布范围均不一致且有明显变化。在加入 1 个控制点时，其检查点的残差分布范围为 0~10m；在加入 2 个、10 个控制点后，检查点残差分布范围分别为 0~14m、-3~12m。可见由于控制点的数量不同，通过优化后的有理函数模型所提取的 DSM 结果有所差异，但整体精度较不添加控制点而言有大幅提升。

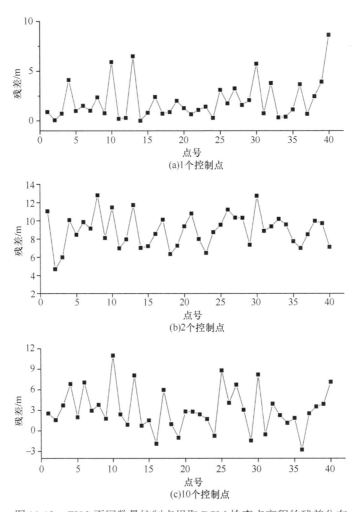

图10-13 ZY-3 不同数量控制点提取 DSM 检查点高程的残差分布

为了更全面了解 ZY-3 提取的 DSM 与实际高程值的相关性，在此将 LiDAR 数据提取的 DSM 看作较为准确的实际值，分别随机提取研究区范围内基于不同控制点数量生成的带有高程信息的 1000 个点数据，将这 1000 个点在 LiDAR 数据生成的 DSM 上的高程值导出，并在二者之间开展分析，结果如图 10-14 所示。分别加入 1 个、2 个、10 个

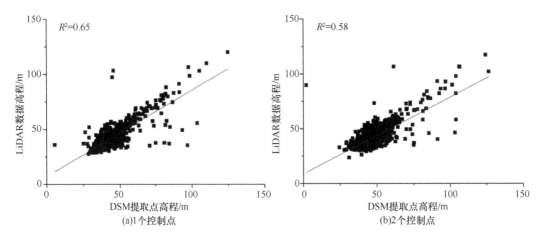

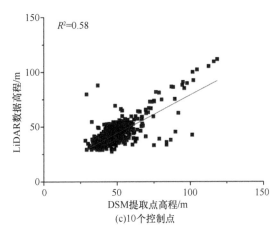

(c)10个控制点

图 10-14　ZY-3 不同数量控制点生成点云与 LiDAR 数据的相关性分析

控制点后，ZY-3 立体影像通过有理函数模型生成的 DSM 与 LiDAR 数据生成的 DSM 之间，其 $R^2$ 分别为 0.65、0.58、0.58。因此，通过添加控制点的方式优化有理函数模型，提取城市地区复杂下垫面数字表面模型的方法具有可行性。

## 10.5　综合利用 ZY-3 影像和多视角光学点云数据改善城区 DSM 性能

由于 ZY-3 影像空间分辨率限制，城区建筑物、植被和地表等也存在高低差异，仅仅利用 ZY-3 光学立体像对生成的城区原始 DSM 结果图像，往往会存在克里斯托夫效应，即建筑物、植被看起来像一个柔软的纺织品覆盖在城市地表上空（Dial，2000），这使得 DSM 结果不能很好地表征城区地表精细形态特征，尤其是对城区建筑物、植被等三维形态特征有更多要求的时候，常规立体像对提取方法无法满足 DSM 专题信息提取需求，因而寻找其他更有效方法来改善城区 DSM 性能具有重要意义和应用价值。

利用卫星立体像对提取 DSM 都是以图像像元为单位进行的（Xu et al.，2015；Zeng et al.，2014；Izadi and Saeedi，2012；Licciardi et al.，2012；Hirschmuller，2007；Zhang and Gruen，2006），通过图像匹配技术可以确定"图像像元对"，对其进行空间定位处理即可确定像元的 $X$、$Y$、$Z$ 坐标。这些数据处理过程中输出的图像像元数据，从数据特性来看和激光雷达点云数据的属性很相似，都具有 $X$、$Y$、$Z$ 坐标属性，因而可以称之为"光学点云数据"，DSM 就是对点云数据的高度数值进行空间插值处理生成的。

Ni 等（2014，2015）利用 ZY-3 以及 ALOS/PRISM 立体像对生成的不同视角点云数据进行融合，证实了多视角点云数据融合在植被冠层高度提取领域中的应用潜力和发展前景。但是，城区高度异质性的下垫面除了植被类型以外还包括其他复杂地物地表，利用 ZY-3 该类空间分辨率影像进行城区 DSM 提取，需要综合考虑卫星遥感图像的性能和城区复杂地表的地物形态，最大限度地利用好 ZY-3 影像的成像性能，优化遥感数据的处理技术流程，形成一种通过光学点云数据生成城区建筑物高度的技术方法，从而有效地提升城区地表建筑物精细化表征能力，这对于城区 DSM 提取具有重要作用和现实价值。

## 10.5.1 技术流程

ZY-3 卫星传感器具有同轨（along-track）以及异轨（across-track）两种立体成像模式（Deilami and Hashim，2011），对于同轨模式，三线阵传感器常常是对应着三种不同的光学系统，可以同时获取前视、后视和星下点成像数据，它们之间相互组合，可以形成一系列立体像对；而对于异轨模式，常常是通过卫星的侧摆，以形成不同的异轨立体像对。事实上，这些不同视角的光学影像蕴含了不同的信息，如前视视角影像可以看见建筑物北边的特征，后视视角影像可以看见建筑物南边的特征，不同轨道的星下点视角影像则蕴含着建筑物东西方向的特征，将同轨与异轨像对产生的点云进行融合则能够提升点云的密度，进而能够更好地表征城区下垫面的复杂结构。

此外，ZY-3 卫星同轨立体测图模式已经得到广泛应用，然而，对于 ZY-3 异轨模式的研究少见报道，出于对卫星仪器的保护，ZY-3 卫星侧摆角严格限制在±15°之间，而且，当测卫星的侧摆角大于±5°的时候，多光谱及前后视相机关闭，只保留正视相机。但是，这并不是说 ZY-3 异轨模式不能形成有效的视差用于立体测图。相反，在城区，尤其是对于建筑区域，ZY-3 卫星小的侧摆角度设计使得 ZY-3 异轨模式能形成更好的城区光学点云数量和质量，原因如下：

（1）Eckert 和 Hollands（2010）不推荐在城区使用较大的基高比，在城区，较大的基高比虽然有助于形成有效的视差，但是较大的视差也会造成建筑区立体像对密集点匹配困难以及错配率升高，因而，ZY-3 卫星小的卫星侧摆角度就能形成较小的基高比，那么 ZY-3 异轨正视立体像对就有可能获得更多的匹配点。

（2）ZY-3 正视影像空间分辨率（2.1m）高于前后视影像（3.5m），较高的空间分辨率也有助于同名特征点的匹配。

（3）Hu 等（2016）研究发现 ZY-3 异轨模式在基高比 0.36 非理想状态下，加入少量控制点影像平差定向和几何定位精度较为理想，其中，平面误差均值与高程误差均值分别为 2.4m 与 1.7m，中误差分别为 1.4m 与 4.0m。那么，融入少量控制点的 ZY-3 异轨正视立体像对将更加有利于城区 DSM 的生成，因为它们具有较小的基高比与相对高的空间分辨率。

综上所述，利用 ZY-3 影像和多视角光学点云数据提取 DSM 方法研究主要包括以下3 个内容。

*1）多视角光学点云数据的生成*

选择 ZY-3 卫星不同侧摆角、相机不同倾角条件下获取的影像数据，组合形成不同的立体像对，这些像对既有同轨成像也有异轨成像，因而存在两种不同成像模式；对不同立体像对进行处理，并输出不同组合条件下的光学点云结果，为后续 DSM 生成提供基础数据。

*2）点云数据的融合方案*

多视角点云数据的融合包括点云数据质量的预判断、显著高程误差点云数据的去除，以及点云数据不同融合方案的性能分析和对比，并藉此确定适合城区 DSM 提取的融合方案。

3）建筑区域 DSM 性能的提升

为提升建筑区域 DSM 表征能力，并进一步改善 DSM 结果的性能，本小节通过设定建筑区高程改进流程，提升 DSM 的表征能力：首先利用 ZY-3 卫星多光谱和全色数据生成建筑物位置专题数据，然后建立利用建筑区内点云数据拟合建筑物高度的具体技术方案，从而确立建筑物范围内的高度；将建筑区高程数值提升后的数据和光学点云数据直接生产的 DSM 数据二者进行合并，即建筑区高程数值来自性能提升后的数据，其他区域高程数据来自原始 DSM 数据，该二者合并处理起到了强强合并的效果，从而有效地提升了城区 DSM 对复杂下垫面区域的建筑物特性的表达能力。

总体技术流程见图 10-15。

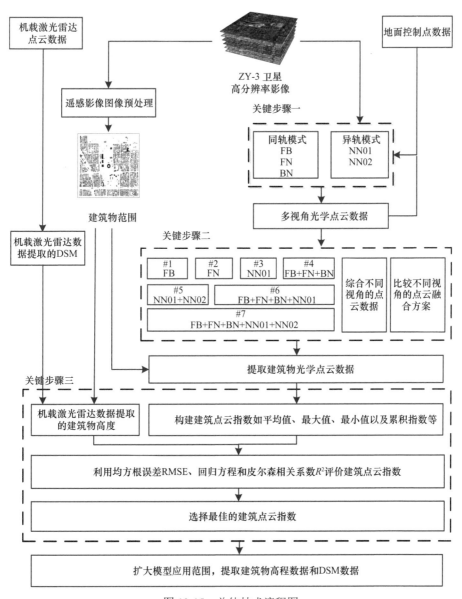

图 10-15　总体技术流程图

### 10.5.2 多视角光学点云数据的生成

1. 多视角立体像对的构成

为生成多套点云数据，有效实现同一地区点云加密，应该尽可能地收集覆盖研究区的 ZY-3 立体像对数据。

根据本研究区 ZY-3 卫星数据的收集情况，以及不同影像成像特征，共设计了 5 种不同的立体像对组合方案，包括同轨方案 3 组、异轨方案 2 组，具体情况如下。

1）3 组同轨方案

FB（前视 forward+ 后视 backward）；

FN（前视 forward+ 垂直下视 nadir01）；

BN（后视 backward+ 垂直下视 nadir01）。

2）2 组异轨方案

NN01（垂直下视 nadir02+ 垂直下视 nadir03）；

NN02（垂直下视 nadir01+ 垂直下视 nadir02）。

表 10-3 列举了不同立体像对组合方案的具体配置信息、数据获取时间、卫星侧摆角、相机倾角和空间分辨率等信息。

表 10-3　不同组合方案的立体像对配置

| 组合方案 | 立体像对的配置 | 数据采集时间 | 卫星侧摆角/（°） | 相机倾角/（°） | 空间分辨率/m |
|---|---|---|---|---|---|
| FB | Forward | 2016 年 5 月 21 日 | −1.57 | 23.5 | 3.5 |
| | Backward | 2016 年 5 月 21 日 | −1.77 | −23.5 | 3.5 |
| FN | Forward | 2016 年 5 月 21 日 | −1.57 | 23.5 | 3.5 |
| | Nadir 01 | 2016 年 5 月 21 日 | −1.67 | 0 | 2.1 |
| BN | Backward | 2016 年 5 月 21 日 | −1.77 | −23.5 | 3.5 |
| | Nadir 01 | 2016 年 5 月 21 日 | −1.67 | 0 | 2.1 |
| NN01 | Nadir 02 | 2015 年 9 月 3 日 | −6.61 | 0 | 2.1 |
| | Nadir 03 | 2015 年 9 月 23 日 | 1.19 | 0 | 2.1 |
| NN02 | Nadir 01 | 2016 年 5 月 21 日 | −1.67 | 0 | 2.1 |
| | Nadir 02 | 2015 年 9 月 3 日 | −6.61 | 0 | 2.1 |

2. 不同视角点云数据生成及对比

表 10-3 方案中的立体像对组合中的不同视角影像被作为左视影像和右视影像处理，摄影测量沿着两条不同视线观察物体位置的位移或差异（即视差）来确定物体的高度。通过匹配左右影像的同名特征点，测量其视差；同名点的匹配采用极线几何原理，即对于一幅图像上的给定像元点，只需要在另一幅图像上沿着其极线对其像元点进行搜索；使用识别出来匹配像元点的视差，按照几何关系模型即可计算得到地面点的高程值。

在上述过程中，同时利用 10 个地面控制点来进行有理函数模型的误差补偿（Fraser and Hanley，2005），用以保证 RFM 空间定位的准确性，最终得到了不同立体像对的点云数据的输出结果，包括 FB、FN、BN、NN01、NN02 等不同组合方案的输出数据。

为评估上述点云数据的质量，更好地应用于点云数据融合和 DSM 生成，需要对数据精度进行定量分析，这里采用地面 RTK 测定的地面控制点作为检验数据。本次 50 个地面控制点数据除 10 个应用于 RFM 空间定位外，其余 40 个地面控制点全部用于精度分析。点云数据采用空间插值处理得到原始 DSM 值，将其和 40 个地面控制点对应出的高程值提取出来，然后做出二值之间的二维散点图。

图 10-16（a）～（d），以及图 10-16（e）分别显示了 FB、FN、BN、NN01 以及 NN02 的高程散点图，可以看出这些点云数据和地面控制点之间存在较多相关性，其中 FB、FN、与 BN 的 $R^2$ 分别为 0.34、0.43、0.27，而 NN01、NN02 的 $R^2$ 分别为 0.30、0.23；前者的 RMSE 分别为 4.82m、3.17m、3.52m，而后者的 RMSE 分别为 3.83m、5.40m（图 10-16）。

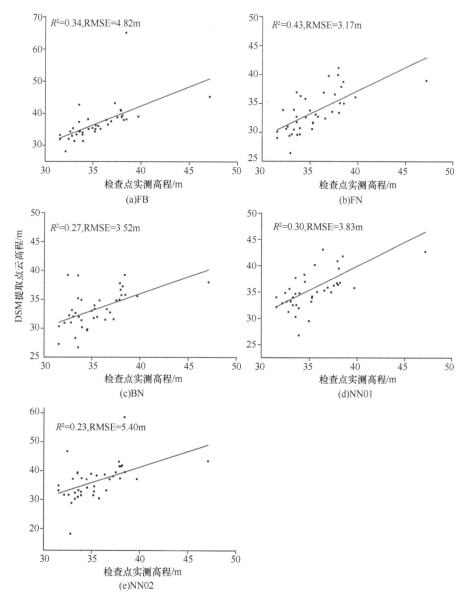

图 10-16　由不同视角点云生成 DSM 的精度对比

如果考虑立体像对的影像空间分辨率，由于异轨模式所选定的两个立体像对要高于同轨模式所选定的 3 个立体像对，那么高空间分辨率的遥感影像可以获得更好的影像匹配效果，应该可以取得较好的 DSM 结果精度；但是，本次实验结果显示同轨模式的点云数据质量要优于异轨模式，需要针对影像 DSM 结果精度的主要因素进一步开展分析。

实际上，利用不同视角的影像生成城区的光学点云数据和 DSM，有效的视差以及同名点的匹配都影响点云数据质量和数量，因而是控制 DSM 精度的关键因素。一方面，如果左影像和右影像二者形成的视差较大，那么生成点云数据高程值的质量就有保证；另一方面，想要精准地刻画城区复杂的地表三维形态，仅仅保证有效视差，即点云数据的质量是不够的，点云的数量也是一个关键因素。足够的点云数量，需要在影像匹配阶段搜寻得到更多成功的匹配像点，失败的像点匹配会直接导致点云数据的缺失。

在城区，较大的基高比虽然有助于形成有效的视差，但是较大的视差也会造成建筑区立体像对密集点匹配困难，以及错配率升高。图 10-17 显示了城市不同视角的 ZY-3 影像，其中（a）~（d）分别是前视、后视、正视 01 和正视 02，从图 10-17 中很容易看出，相比于（c）和（d）图像，（a）、（b）之间容易形成较大的视差，但是（a）与（b）之间的同名点匹配难度大于（c）与（d）。也就是说，城区光学点云数据的数量和质量也许存在一个制衡关系，即有效视差的保证可能是以牺牲同名点匹配的数量为前提的。

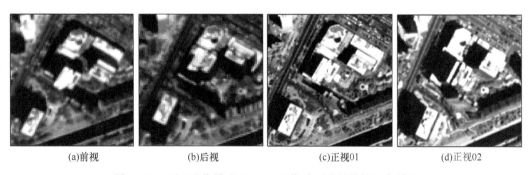

(a)前视      (b)后视      (c)正视01      (d)正视02

图 10-17 不同成像模式下 ZY-3 影像地面建筑物的视角差异

### 3. 不同土地覆被的点云数据结果差异

分析不同土地覆被条件下点云数据的结果差异，可以明晰城区下垫面不同类型对点云的影响，并进一步获知 ZY-3 点云数据对不同覆被类型的表征能力。图 10-18 显示了不同土地覆被情况下不同视角点云数据的高度数值及其分布差异。

图 10-18（a）~（c）分别显示了 FB、FN、NN01 点云数据空间分布特征，从图中可以看出，FB、FN、NN01 的点云分布存在显著差异。并且经过与土地覆被数据叠加统计发现，这种点云数据对于建筑物和水体区域的描述能力较弱，尤其是 FB 与 FN，点云数量在建筑区的数量较少，参见图 10-18（d）。图 10-18（e）为图（a）~（c）在建筑区的放大，对于建筑区来说，FB、FN、NN01 点云数量均少，点云数量多少排序为：NN01 > FN > FB。

同时，图 10-18（f）显示了不同点云高度值的频数统计图，从直方图分布上看，三者分布趋势相似，而从点云数量上看，NN01 > FB > FN。这是由于 ZY-3 不同影像分辨率造成的，NN01 由两景正视影像生成（2.1m 空间分辨率），FB 由前后视影像生成（3.5m

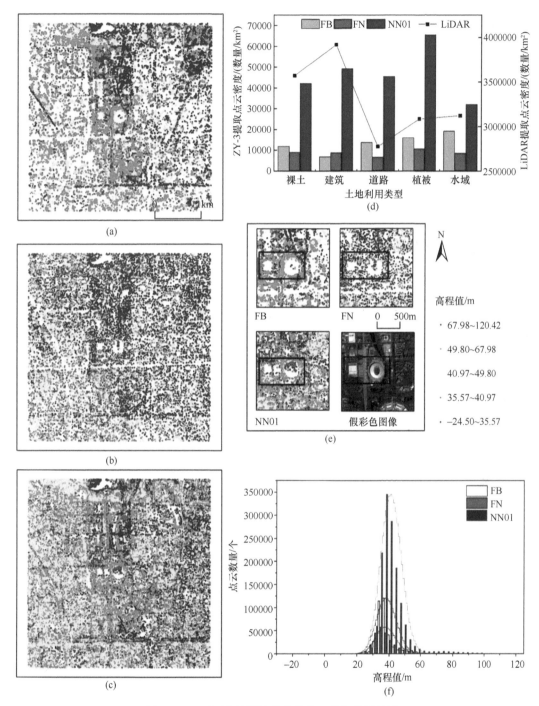

图 10-18  不同土地覆被的光学点云数据结果差异

空间分辨率),FN 由前视和正视影像生成(2.1m + 3.5m),由于不同分辨率影像导致 NN01 捕获的同名特征点较多,FB 次之,FN 由于分辨率不匹配,导致同名特征点较少。同时,FN 的点云数量在高程值 40m 之前小于 FB,在 40m 之后大于 FB,而 40m 以后基本上土地覆被类型以建筑物居多,这是由于 FN 的基高比小于 FB,从而在建筑区 FN 以更小的视差能够捕获更多的同名匹配点。

图 10-18（d）显示了不同土地覆被类型不同视角点云密度与 LiDAR 点云之间对比，可以看出，从不同土地覆被类型来看，LiDAR 点云密度从高到低排序为：建筑物 > 裸土 > 水体 > 植被 > 道路；ZY-3 点云密度为植被 > 建筑物 > 道路 > 裸土 > 水体，ZY-3 点云密度在植被区最高，而 LiDAR 点云在建筑区的密度最高。且 FB 在植被、道路、裸土、水体区域的点云密度高于 FN，而 FN 在建筑区域的点云密度要高于 FB。

### 10.5.3 点云数据融合的比较

开展多视角点云数据融合包括以下两个关键步骤。

#### 1. 点云数据质量预判断

由于影像分辨率不同、获取时间不同，以及相机倾角与卫星侧摆角不同等因素影响，对生成的点云数据进行质量控制是进行后续点云融合处理的基础，因而需要对点云数据的质量进行判断，只采用质量较高的点云数据，剔除达不到要求的点云数据。

具体实施方法为：利用外业 RTK 采集的地面控制点数据与不同点云数据生成的 DSM 高程值做相关分析，通过 $R^2$ 和 RMSE 值进行判断，仅采用合格的点云数据进行后续的融合处理。

#### 2. 不同视角点云数据融合的实验方案设计

共设计了 7 组实验，表 10-4 列举了各组融合实验所采用的点云数据集，其中实验 1、2、3 分别为单一立体像对模式生成的点云数据，即 FB、FN、NN01 三种模式生成的点云数据，该三种设计可以反映不同空间分辨率、不同视角的点云数据对建筑物的表达能力；实验 4 为 FB、FN 和 BN 的融合，它可以反映单独的同轨模式点云的融合结果；实验 5 为 NN01 和 NN02 的融合，它可以反映单独的异轨模式的融合实验；实验 6、7 为同轨及异轨模式的融合，两者的区别为实验 6 中没有 NN02，而实验 7 包含了所有的点云。

表 10-4　各组融合实验所采用的点云数据集

| 实验序号 | FB | FN | BN | NN01 | NN02 |
|---|---|---|---|---|---|
| 1 | √ | | | | |
| 2 | | √ | | | |
| 3 | | | | √ | |
| 4 | √ | √ | √ | | |
| 5 | | | | √ | √ |
| 6 | √ | √ | √ | √ | |
| 7 | √ | √ | √ | √ | √ |

在设计好点云数据融合实验对比方案以后，分别将以上各种方案提到的不同点云数据进行叠加处理，生成一个新的点云数据集，形成实验 1~7 点云数据的融合结果。为清晰地展示这些融合点云的效果，利用插值算法生成了不同融合方式的 DSM。图 10-19（a）~（g）分别显示了实验 1~7 生成的 DSM 结果，从图 10-19 中可以看出，融合点云生成的 DSM 建筑区轮廓相比于单一点云 DSM 要更为清晰；实验 1 几乎看不出建筑物的轮廓，

这是因为 FB 中建筑区点云较少；（e）的建筑物轮廓要优于（d），这说明异轨模式融合点云对建筑区的刻画能力整体上要优于同轨模式，这说明了城区建筑物刻画的精细程度依赖于点云的密度，点云密度越高，对建筑物的刻画能力越强。

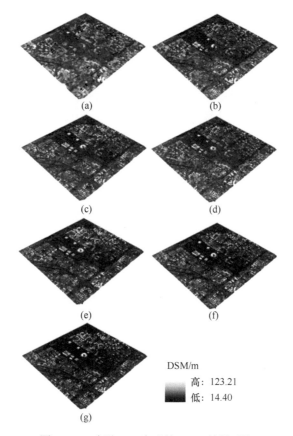

图 10-19　实验 1~7 生成的 DSM 结果对比

### 10.5.4　建筑区域 DSM 性能的提升

1. 原理和方法

利用 ZY-3 立体像对提取城区地表 DSM，建筑物、植被等地物目标是重点关注的对象。以建筑物高度专题信息提取为例，其图像匹配搜寻到的同名像元可能很少，形成建筑区光学点云数量很少的事实，这会直接影响光学点云数据的空间插值处理。一方面，通过空间插值生成的 DSM 的高度值无疑是不准确的；另外一方面，采用稀少光学点云数据进行空间插值处理得到的结果不能精细地表征城市建筑区，产生克里斯托夫效应。为改善城区 DSM 性能，需要引入新方法，如加强建筑物重建以提升 DSM 性能。前人已经证明高分辨率卫星遥感影像能够很好地应用于城区地表建筑物提取（Du et al.，2015；Ok，2013；Sirmacek and Unsalan，2009；Shackelford et al.，2004；Kim and Muller，1999），如果能够从建筑区的光学点云做起，找出一种从建筑区光学点云获取建筑物高度的方法，这无疑会提升建筑物高度的提取性能。

为了利用点云数据高程值确定建筑物高度，需要建模二者之间的函数关系。为此，抽取点云数据高程值的特征变量作为建模自变量，共选择了 12 组指标，包括 Max（高程最大值）、Min（高程最小值）、Men（高程平均值），以及 B10、…、B90（这些变量的含义为一个建筑区范围内点云高程的累积高程值，如 B70 是指一个建筑区内 70%的点云高程值小于这个值）；建筑物真实高程值作为建模因变量，由于机载 LiDAR 数据获取的建筑物高程值非常接近真实数值，这里将其视为因变量。

将 12 个指标代表的建筑物高程同来自机载 LiDAR 数据提取的建筑物高程值进行对比分析，使用均方根误差 RMSE、回归方程的皮尔森相关系数 $R^2$ 等参量评估指标变量的表现。RMSE 及回归方程的计算见式（10-14）、式（10-15）：

$$RMSE = \sqrt{\frac{1}{n}\sum_{i=1}^{n}(h_i - \hat{h}_i)^2} \tag{10-14}$$

$$y = ax + b \tag{10-15}$$

式中，$n$ 为参与建模的建筑物个数；$\hat{h}_i$ 为建筑 $i$ 的 LiDAR 提取高程值；$h_i$ 为建筑区 $i$ 这 12 组指标计算的高程值。回归方程的预测变量 $y$ 是指建筑物的实际高程值，即 LiDAR 数据提取的建筑物高程值；回归方程的自变量 $x$ 是指建筑物高程值，即上述 12 组指数计算的建筑物高程值；$a$ 和 $b$ 分别为回归方程的系数。其中，相关系数 $R^2$ 越高、RMSE 越低，说明指标表征的建筑物高程值越接近真实的建筑物高程值。

在实际操作和数据处理过程中，可以利用 ZY-3 多光谱和全色融合影像提取研究区土地覆被专题信息，然后通过分类重编码得到城区建筑物范围专题数据；利用城区建筑物范围专题数据，通过叠加分析处理，可以分离出建筑区的点云数据；最后，利用上述所建立的点云数据高程值和建筑物高程值之间的函数关系，分别获得城区所有建筑物的具体高程值。有时候也会碰到难以处理的问题，如即使进行了多视角点云的融合加密，仍然会存在建筑物区域内无点云或者点云数量太少的情况，导致不足以利用函数关系获取建筑物高程值。在具体实施过程中，将该部分问题区域单独处理了，即该建筑物不参与建模。

### 2. 利用点云数据建模研究区建筑物高程值

为了直观展示出 LiDAR 点云与 ZY-3 点云在建筑区中的区别，选择了一个街区编号为 1125 的建筑物进行 LiDAR 点云与 ZY-3 点云对比分析（图 10-20）。图 10-20（a）显示了在一个街区内建筑区 ZY-3 所有视角融合点云的分布，图 10-20（a）右边上下两张图片分别为在 No. 1125 建筑区 ZY-3 融合点云与 LiDAR 点云对比，可以看出，在建筑区 ZY-3 点云稀疏。在编号 1125 的建筑区内，ZY-3 点云直方图的峰值略微低于 LiDAR 的点云数据，这显示了在一个具体的建筑区域内 ZY-3 点云高程的简单平均值并不能准确反映该建筑区域的高程值。同时，二者对比可以发现 LiDAR 点云数据对建筑区边缘刻画得更好，而 ZY-3 点云数据不能很好地展现建筑物的边缘部分[图 10-20（b）]；图 10-20（c）显示了 ZY-3 点云分布特征和 LiDAR DSM 的对比。图 10-20（c）中粗线条从上往下分别是 Max、Mea、Min，图 10-20（c）中细线条从下往上分别是 B10~B90，可以很清晰地看出，B70 指标最接近 LiDAR 提取的建筑物高度。

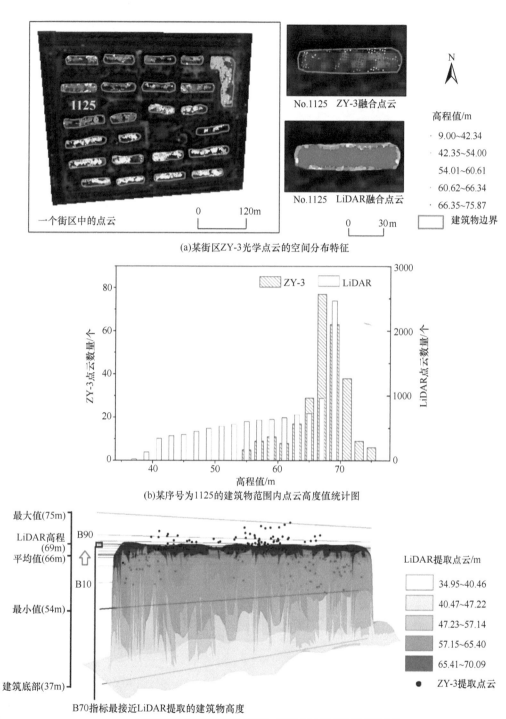

(a)某街区ZY-3光学点云的空间分布特征

(b)某序号为1125的建筑物范围内点云高度值统计图

(c)某序号为1125的建筑范围内点云和LiDAR DSM之间的比较

图 10-20　LiDAR 点云与光学点云在建筑区中的区别

　　为了进一步量化点云数据和建筑物高程数据之间的定量关系，实现利用点云数据建模研究区建筑物高程值目标，分析了不同指标参量下的建筑物高程值和机载 LiDAR 建筑物高程值之间的相关性，图 10-21 显示了两种数据之间的散点图，包括 Max、Mea、Min、B10~B90 等不同情境下二者之间的关系分析。

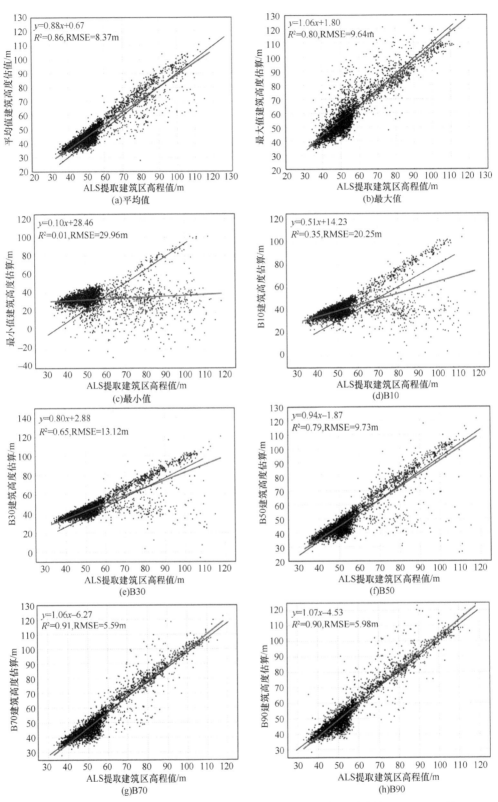

图 10-21　两种数据之间的散点图，包括最大值、平均值、最小值、B10~B90 等
不同情境下二者之间的关系分析

值得注意的是，图 10-21 中每个点代表一栋建筑，共展示了 3024 栋建筑的拟合结果。在该研究区中，整体上研究区的总建筑物数量为 3170 栋，在处理过程中，共剔除了 146 栋建筑没有参与建模，因为它们的融合加密点云数量小于 5 个。

图 10-21（a）~（h）中，纵轴分别为 Mea、Max、Min、B10、B30、B50、B70、B90 建筑物高程值，它们的横轴为 ALS 提取的建筑区的高程值。可以很清晰地看出，B70 与 LiDAR 的建筑高度拟合效果最好，$R^2$=0.91，RMSE=5.59m，回归方程为

$$y = 1.06x - 6.27$$ （10-16）

式中，$y$ 为 B70 建筑物高程值；$x$ 为机载 LiDAR 数据提取的建筑区的高程值。

图 10-21 并没有展示出 B20、B40、B60、B80 等指标参量的情况，其中，B20、B40、B60 与其相近的指数参量类似，B80 与 B70 的结果类似，但是 B70 指标拟合效果稍好于 B80，可以获得稍高的 $R^2$ 以及更低的 RMSE 值。

分析实验 1~7 所有不同融合方式的点云数据和建筑物高程数据之间的定量关系，均发现 B70 指标与 LiDAR 提取的建筑物高度拟合的 $R^2$ 最高，RMSE 最小。表 10-5 汇总了实验 1~7 所有实验 B70 指标的表现，从表 10-5 中可以发现：

（1）FB（实验 1）参与高程建模的建筑物数量最少，因为相机倾角较大、基高比也较大，不利于建筑区相应像元同名点的搜索与匹配，因而在该部分区域所获得的点云数量偏少，并影响了建筑物的高程建模。相关分析显示：$R^2$ 为 0.38，RMSE 高达 10.55m，而且只能确定 1121 栋建筑物的高程值；NN01（实验 3）显示出了更好的表现，它们的 $R^2$ 为 0.73，RMSE 为 8.38m，能够有效确定 2810 栋建筑的高程值。

（2）FB+FN+BN（实验 4）的点云拟合建筑高度的结果与 NN01（实验 3）点云的表现相似，其 $R^2$、RMSE 分别为 0.72 和 0.73、7.79 与 8.38，但是能够确定建筑物的个数上 NN01 要高于 FB+FN+BN。

（3）融合所有点云（实验 7）的拟合精度最好，拟合的建筑高度能够达到一个较高的 $R^2$=0.91 及较低的 RMSE=5.59m，其回归模型为 $y$=1.06$x$–6.27，能够有效确定 95.39% 的城区建筑高度。

表 10-5 不同实验方案下 **B70** 点云数据和建筑物高程数据之间的定量关系

| 实验序号 | $R^2$ | RMSE/m | 参与高程建模的建筑物/栋 | 斜率 | 截距 |
| --- | --- | --- | --- | --- | --- |
| 1 | 0.38 | 10.55 | 1121 | 0.64 | 14.98 |
| 2 | 0.60 | 10.21 | 1809 | 0.76 | 6.95 |
| 3 | 0.73 | 8.38 | 2810 | 0.92 | 0.55 |
| 4 | 0.72 | 7.79 | 2217 | 0.9 | 0.93 |
| 5 | 0.83 | 7.91 | 2961 | 1.01 | –4.04 |
| 6 | 0.78 | 7.56 | 2877 | 0.93 | 0.23 |
| 7 | 0.91 | 5.59 | 3024 | 1.06 | –6.27 |

**3. 北京城区地表建筑物高程的估算结果**

采用上述提升建筑区域 DSM 性能的技术方法，对北京城区（大约涵盖五环以内的城区范围）进行了应用。采用融合点云与建筑物范围数据，基于 B70 指标对北京市约

1 510 606 栋建筑进行高程值估算，图 10-22 展示了生成的建筑物高程结果。其中，可以有效确定高程的建筑为 1 438 852 栋，占总数的 95.25%。图 10-22 中还显示了 LiDAR 提取的建筑高程与 B70 提取的建筑物高程对比图，从图中可以看出，两者基本一致。此外，在与 LiDAR 数据提取的建筑物高程对比过程中发现，一些高的建筑物未能确定，是由于这些建筑物的点云数量偏少造成的。

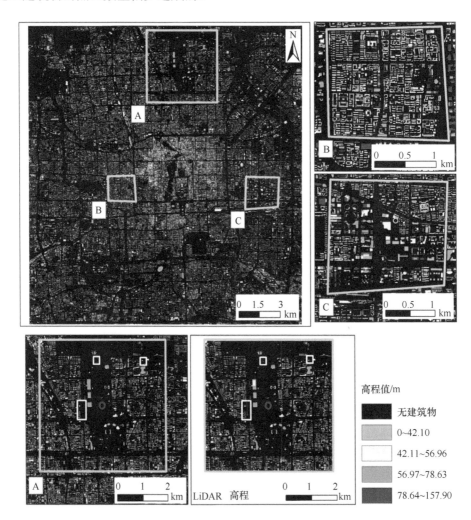

图 10-22　北京城区地表建筑物高程的提取结果

### 10.5.5　应用前景

表 10-5 中展示了不同的点云融合结果，从中可以看出，随着多视角点云的增加，点云数量增多，落入建筑区域的点云数量和点云密度都有增加趋势，利用 ZY-3 提取的建筑物高度精度显著提升，这说明了 ZY-3 卫星 2~6m 空间分辨率立体像对数据应用于城区地表信息提取、城区建筑物专题信息提取的可行性，ZY-3 在城市三维建模领域具有的较大的应用潜力。

同时，B70 指标对于不同融合方式点云的表现都较好，这说明 B70 不依赖于立体像对的视角，适用于 ZY-3 卫星不同轨道模式在城区建筑物高度提取中的应用。然而，对于不同传感器、不同分辨率的立体像对，B70 的表现有待进一步验证。

本小节生成的光学多视角融合点云对于高的建筑物表现很不好（图 10-23），从图 10-23 中可以看出，随着建筑物高度的提升，点云的数量和质量都在快速下降。这是由于高的建筑物带来了较大的视差，难以实现立体像对的同名点匹配，造成错配率升高。

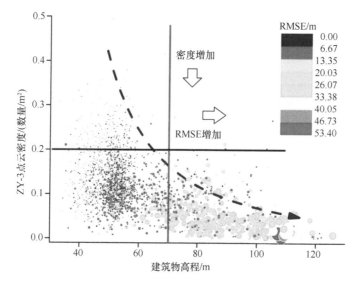

图 10-23　ZY-3 点云建筑物高度与密度的关系及 ZY-3 点云的 RMSE
与 LiDAR 数据的建筑物高程比较

本小节初步提出了对于 2~6m 高分辨率星载点云应用于城区 DSM 提取的方法框架，且对于建筑物高度的提取达到一个较为理想的精度。本小节提出的综合多视角点云数据与 ZY-3 多光谱遥感影像提取城区 DSM 方法框架对分辨率为 2~6m 高分辨率卫星影像的城区复杂下垫面应用提供了一种全新的方法和思路。

# 10.6　小　　结

综合利用 ZY-3 卫星同轨、异轨两种模式立体像对提取多视角点云数据，对多视角点云进行融合生成高密度城区点云数据，利用多光谱影像数据提取城区土地覆被数据及建筑物范围数据，通过与 LiDAR 提取的建筑物高度对比，发现 B70 指标能够较好的拟合城区建筑物高度，并最终提出了 2~6m 高分辨率卫星立体像对应用于城区 DSM 提取的方法框架，主要结论如下：

（1）ZY-3 卫星异轨正视立体像对能更好地用于城区 DSM 生成，因为它们较小的侧摆角度与高于前后视的分辨率，在分析城区视差决定因素的基础上得出城区的 DSM 立体像对模式应该使用较小的基高比与高分辨率影像的结论。

（2）ZY-3 卫星多视角融合点云能够有效提取城区建筑物的高度，高度拟合模型精度达到 $R^2$=0.91，RMSE=5.59m，在 3170 栋建筑高度估算中，模型有效识别 95.39% 的建筑物高度，在 1 510 606 栋建筑进行高度估算中，模型有效识别 95.30% 的建筑高度，并且随着融合点云数量的增多，模型 $R^2$ 与有效识别高度的建筑物数逐步增多，RMSE 显著减少。

（3）本章提出的多视角图像生成城区 DSM 的技术方法，可以更好地表征城区下垫面建筑物高度特征，有效提升城区 DSM 性能。未来，2~6m 高分辨率星载多视角点云数据可以成为城区三维建模基础数据的重要来源。

# 参 考 文 献

李庆鹏, 王志刚. 2011. 基于 RPC 模型区域网平差技术的立体影像 DSM 提取. 航天器工程, 20(3): 126-130

吕争, 傅俏燕, 王小燕. 2014. "资源三号"卫星正视影像区域网平差. 航天返回与遥感, 35(1): 72-80

王雪平. 2014. 基于稀少控制点的资源三号影像几何纠正研究. 长沙: 中南大学硕士学位论文

Baltsavias E P. 1999. A comparison between photogrammetry and laser scanning. ISPRS Journal of Photogrammetry & Remote Sensing, 54(2–3): 83-94

Brédif M, Tournaire O, Vallet B, Champion N. 2013. Extracting polygonal building footprints from digital surface models: A fully-automatic global optimization framework. ISPRS Journal of Photogrammetry & Remote Sensing, 77(3): 57-65

Deilami K, Hashim M. 2011. Very high-resolution optical satellites for DEM generation: A review. European Journal of Scientific Research, 49(4): 1450-1216

Dial G. 2000. IKONOS satellite mapping accuracy. Ecotoxicology, 15: 371

Du S, Zhang F, Zhang X. 2015. Semantic classification of urban buildings combining VHR image and GIS data: an improved random forest approach. ISPRS Journal of Photogrammetry & Remote Sensing, 105: 107-119

Eckert S, Hollands T. 2010. Comparison of automatic DSM generation modules by processing IKONOS stereo data of an urban area. IEEE Journal of Selected Topics in Applied Earth Observations & Remote Sensing, 3(2): 162-167

Fraser C S, Hanley H B. 2005. Bias-compensated RPCs for sensor orientation of high-resolution satellite imagery. Photogrammetric Engineering & Remote Sensing, 71(8): 909-915

Garouani A E, Alobeid A, Garouani S E. 2014. Digital surface model based on aerial image stereo pairs for 3D building. International Journal of Sustainable Built Environment, 3(1): 119-126

Hirschmuller H. 2007. Stereo processing by semiglobal matching and mutual information. IEEE Transactions on Pattern Analysis & Machine Intelligence, 30(2): 328-341

Hu F, Yang B, Tang X M, Gao X M. 2016. Geo-positioning Accuracy Analysis of ZY-3 Cross-track Stereo-images. Spacecraft Recovery & Remote Sensing, 37(1): 71-79

Izadi M, Saeedi P. 2012. Three-dimensional polygonal building model estimation from single satellite images. IEEE Transactions on Geoscience & Remote Sensing, 50(6): 2254-2272

Kim T, Muller J P. 1999. Development of a graph-based approach for building detection. Image. Vision Computing, 17(1): 3-14

Licciardi G A, Villa A, Mura M D, Bruzzone L, Chanussot J, Benediktsson J A. 2012. Retrieval of the height of buildings from worldview-2 multi-angular imagery using attribute filters and geometric invariant moments. IEEE Journal of Selected Topics in Applied Earth Observations & Remote Sensing, 5(1): 71-79

Ni W, Ranson K J, Zhang Z, Sun G. 2014. Features of point clouds synthesized from multi-view ALOS/PRISM data and comparisons with Lidar data in forested areas. Remote Sensing of Environment, 149(12): 47-57

Ni W, Sun G, Ranson K J, Pang Y, Zhang Z, Yao W. 2015. Extraction of ground surface elevation from ZY-3 winter stereo imagery over deciduous forested areas. Remote Sensing of Environment, 159: 194-202

Ok A O. 2013. Automated detection of buildings from single VHR multispectral images using shadow information and graph cuts. ISPRS Journal of Photogrammetry & Remote Sensing, 86(12): 21-40

Poli D, Remondino F, Angiuli E, Agugiaro G. 2015. Radiometric and geometric evaluation of geoeye-1, worldview-2 and pléiades-1a stereo images for 3d information extraction. ISPRS Journal of

Photogrammetry & Remote Sensing, 100(5): 35-47

Rottensteiner F, Sohn G, Gerke M, Wegner J D, Breitkopf U, Jung J. 2014. Results of the ISPRS benchmark on urban object detection and 3d building reconstruction. ISPRS Journal of Photogrammetry & Remote Sensing, 93(7): 256-271

Shackelford A K, Davis C H, Wang X. 2004. Automated 2-d building footprint extraction from high-resolution satellite multispectral imagery. Geoscience & Remote Sensing Symposium. IGARSS. Proceedings. IEEE International, 3: 1996-1999

Shiode N. 2000. 3d urban models: Recent developments in the digital modelling of urban environments in three-dimensions. GeoJournal, 52(3): 263-269

Sirmacek B, Unsalan C. 2009. Urban-area and building detection using sift keypoints and graph theory. IEEE Transactions on Geoscience & Remote Sensing, 47(4): 1156-1167

Tong X, Liu S, Weng Q. 2010. Bias-corrected rational polynomial coefficients for high accuracy geo-positioning of Quickbird stereo imagery. ISPRS Journal of Photogrammetry & Remote Sensing, 65(2): 218-226

Wang T, Zhang G, Li D, Tang X, Jiang Y, Pan H, Fang C. 2014. Geometric accuracy validation for ZY-3 satellite imagery. IEEE Geoscience and Remote Sensing Letters, 11(6): 1168-1171

Xu Y, Ma P, Ng E, Lin H. 2015. Fusion of worldview-2 stereo and multitemporal TerraSAR-X images for building height extraction in urban areas. IEEE Geoscience & Remote Sensing Letters, 12(8): 1795-1799

Zeng C, Wang J, Zhan W, Shi P, Gambles A. 2014. An elevation difference model for building height extraction from stereo-image-derived DSMs. International Journal of Remote Sensing, 35(22): 7614-7630

Zhang L, Gruen A. 2006. Multi-image matching for DSM generation from IKONOS imagery. ISPRS Journal of Photogrammetry & Remote Sensing, 60(3): 195-211

# 第 11 章　城区地表天空视域因子的参数化

## 11.1　概　　述

近几十年来，我国经济快速发展，城市人口急剧增加，城镇化快速地向前推进。快速城镇化过程不仅仅只是自然地表向人工地表的快速转变，同时，人类活动还极大地改变地表形态特征。城市的扩张除了在平面蔓延，同时还在高度上表现出快速增长的趋势，即在城区出现很多鳞次栉比的高楼大厦。这些城市地表人工建筑形态复杂多样、纵横交错，是复杂城市下垫面的重要组成部分。

城市形态对城市微气候具有重要影响，许多研究试图揭示城市形态与城市热场之间的关系（Radhi et al.，2013）。天空视域因子（sky view factor，SVF）定义为：从城市地面发出的长波辐射，一部分被树木建筑物等障碍物阻挡后又被这些障碍物二次吸收，另外一部分则射向天空被释放；被释放部分的辐射与总的辐射比是一个没有量纲且 0~1 的值（袁超，2010；Brown et al.，2001）。天空视域因子是最受关注的城市形态参数之一（Zeng et al.，2018），常用于描述城市三维几何结构。SVF 广泛应用于城市热岛效应（Taleghani et al.，2015）、城市能量平衡（Yang et al.，2015a，2016）、城市表面温度（Yang et al.，2015b；Yang and Li，2015）等方面的研究。在不同的文献中，天空视域因子也常称为天空可视域范围、天空可视度、天空开阔度、天空可视因子、天穹可见度、地形开阔度等，拥有多种称呼。研究显示，热岛效应与 SVF 呈负相关关系（Radhi et al.，2013；Unger，2004；Oke，1981），地表温度也受 SVF 的影响（Scarano and Sobrino，2015；Wang and Akbari，2014）。因此，精确提取城区复杂下垫面的 SVF 具有重要意义。

目前，国内外的研究者提出了许多 SVF 的计算方法。Steyn 在 1980 年采用鱼眼相机拍摄的方法计算 SVF，他提出将鱼眼相片分割为圆环进行计算，但这既耗费时间也耗费人力。而后，研究者提出了各种其他利用鱼眼相片计算的方法，其中包括：借助计算机程序对周围环境进行手动追踪，然后进行自动计算（Holmer et al.，2011；Holmer，1992）；通过软件自动追踪周围环境来获取 SVF（Bruse and Fleer，1998）；通过对数码相机拍摄相片进行增强，可以在特定位置快速估算 SVF。到目前为止，利用鱼眼相片直接计算 SVF 仍然是最佳的方法，但是由于鱼眼相片计算得到的值只能代表照片拍摄位置处的 SVF 值，如果大范围获取 SVF 值就需要大量增加照片拍摄量，所以鱼眼相片法存在诸多不足，需要针对大范围 SVF 计算提出更高效、更合适解决方案。

2001 年 Grimmond 等（2001）使用 LI-COR LAI-2000 植物冠层分析仪，提出利用鱼眼光学传感器测量自动漫射非截距（DIFN）光获取 SVF。该方法的数据收集与处理速度快，但是对天气条件具有一定的要求，并且对于操作系统的要求较高。Chapman 等（2002）提出使用简单且便宜的全球定位系统（GPS）接收机来获取卫星可见性数据，然后将其用于获取与 SVF 相关的位置指标，进而估算 SVF。该方法适用于城市环境中的 SVF 的估算，但准确度较低。此外，每个 GPS 单元的性能也会有所不同，从而不可能制定通用方程式。Hodul 等（2016）提出利用阴影监测的方法从 Landsat 数据中提取 SVF，该方法的缺陷是许多由灌木或草地投下的小阴影可能会导致 SVF 偏低。Ratti 和 Richens（1999）提出利用 3D 建筑数据库计算得到 SVF。这种 SVF 模型已经得到验证，并且结果精确度较高（Kastendeuch，2013；Ga et al.，2009）。Souza 等（2003）通过对 ArcView R 进行扩展来计算 SVF，但 ArcView R 难以实现诸如多表面反射和复杂树木建模等城市特征。Matzarakis 和 Matuschek（2011）提出同时使用光栅（如 DEM）和矢量数据来计算 SVF，该方法的缺点是虽然可以从 ASCII 数据中读取栅格数据，但必须通过 Rayman 中的专用编辑器手动输入矢量数据。德国汉堡大学的 Zakšek 等（2011）提出将 SVF 应用于山地的地形可视化，该研究提出利用数字高程模型数据，快速提取斯洛文尼亚西南部的岩溶地区与 Tonovcov grad 考古遗址的 SVF，进而进行可视化表达，但该方法应用于城市复杂下垫面地区 SVF 提取的适用性还未见报道。

本章基于 Zakšek 等（2011）提出的利用 DEM 数据进行山地可视化的方法，以北京市鸟巢及其周边区域为例，将该方法应用于城市地表 SVF 的快速获取，通过数字表面模型（digital surface model，DSM）获得城市地表 SVF 结果，同时以利用鱼眼相机拍摄相片作为评价数据，验证所提取区域 SVF 值的可靠性，并进一步探讨利用 DSM 数据开展大范围城市下垫面 SVF 提取的技术方案。

## 11.2 方　　法

### 11.2.1　基于 DSM 数据的计算方法

利用数字表面模型获取天空视域因子，是通过引入立体角来计算天空视域因子的。如果在数字表面模型上选取一个观测点，那么立体角定义为：以观测点为球心，构造一个单位球面，任意物体投影到该单位球面上的投影面积，即为该物体相对于该观测点的立体角。立体角是单位球面上的一块面积，这和"平面角是单位圆上的一段弧长"类似。

立体角（图 11-1）的计算公式为

$$\Omega = \iint_s \cos\theta \, d\theta \, d\lambda \tag{11-1}$$

式中，$\theta$ 为地物高度角；$\lambda$ 为地物方位角；$s$ 为半球曲面。

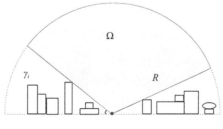

图 11-1　立体角示意图

我们假定在短距离（10km 范围内）上地球曲率的影响可以忽略不计，根据定义，整个半球的立体角为

$$\Omega = \int_0^{2\pi} \int_0^{\frac{\pi}{2}} \cos\phi \mathrm{d}\phi \mathrm{d}\lambda = 2\pi \qquad (11\text{-}2)$$

式中，$\phi$ 为地物在半球中的纬度角；$\lambda$ 为地物在半球中的经度角。

我们假设在水平面以上，可见天空受到地物的限制，观测点在所有方向上的地物都具有相同的高度角，则立体角为

$$\Omega = \int_0^{2\pi} \int_\gamma^{\frac{\pi}{2}} \cos\phi \mathrm{d}\phi \mathrm{d}\lambda = 2\pi(1 - \sin\gamma) \qquad (11\text{-}3)$$

式中，$\phi$ 为地物在半球中的水平角；$\gamma$ 为地物的高度角，如图 11-2 所示。

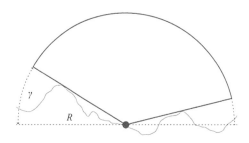

图 11-2　地物高度角对天空视域系数的影响示意图

由于实际观测点在各个方向的地物高度角不同，将半球在水平方向分成若干个大小相等的区域，生成不同的搜索方向，如图 11-3 所示。

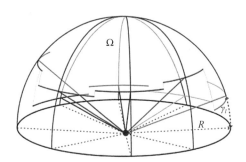

图 11-3　将半球在水平方向分成若干个大小相等的区域（$n = 8$）

式（11-3）中的立体角可以通过在选定的搜索方向的高度角来有效地计算，计算公式为

$$\Omega = \sum_{i=1}^{n} \int_\gamma^{\frac{\pi}{2}} \cos\phi \mathrm{d}\phi = 2\pi\left[1 - \frac{\sum_{i=1}^{n} \sin\gamma_i}{n}\right] \qquad (11\text{-}4)$$

式中，$n$ 为搜索方向的数量；$\gamma_i$ 为不同地物的高度角，可以根据地物与观测点的水平距离和地物与地平线之间的高度差来计算。

所以得到观测点的天空视域因子值的计算公式如下：

$$\mathrm{SVF} = 1 - \frac{\sum_{i=1}^{n} \sin\gamma_i}{n} \qquad (11\text{-}5)$$

从式（11-5）可以看出，影响某一观测点的天空视域因子值大小的最主要因素是：

1. 最大搜索半径

在某搜索半径范围内，地物的高度值决定式（11-5）中的地物的高度角参量 $\gamma$，所以设定的搜索半径大小是其决定性因子。

2. 搜索方向的数量

通常情况下，搜索方向越多，所计算得到的 SVF 值越精确，但随着搜索方向的增多，计算量也急剧增加，所以在实际操作过程中需要选择合适的搜索方向数量。

### 11.2.2 鱼眼相机拍摄法

Zakšek 等（2011）提出基于像素法提取天空视域因子。该方法利用拍摄观察点的鱼眼相片计算该点的天空视域因子。

由于鱼眼相片中使用行和列的二次像素，所以首先需要通过在相片上的三个点（$c_i$，$r_i$）的位置来确定鱼眼相片的圆心与半径，计算公式如下：

$$(c_i - c_0)^2 + (r_i - r_0)^2 = R^2 \tag{11-6}$$

式中，$(c_0, r_0)$ 为圆心坐标；$R$ 为圆的半径。考虑不同地物投影在平面上的大小取决于与天顶角的距离，不同位置的像元权重不同，接下来需要确定天空视图权重图像。将整个圆分解为 $R$ 个圆环，每个像素权重公式可以表示为

$$\psi_{c,r} = \frac{1}{2\pi i} \sin\left(\frac{\pi}{2R}\right) \sin\left(\frac{\pi(2i-1)}{2R}\right) \tag{11-7}$$

式中，$(c, r)$ 为像素在图像上的坐标；$R$ 为圆的半径；$i$ 取值为 1~$R$。

下一步需要划定鱼眼图像范围，鱼眼图像圈以外的区域需要掩盖。鱼眼相机拍摄的是彩色图像，每个像素具有以 24 位编码表示的 RGB 值：三个分别用于红色、绿色和蓝色的 8 位编码，取值为 0~255。每个像元的像元值表示为

$$V = B + G \cdot 6 + R \cdot 36 \tag{11-8}$$

式中，$B$、$G$、$R$ 分别为该像元蓝色、绿色、红色的编码。我们需要将图像划分为天空部分与非天空部分（即有物体遮挡的部分），通过研究像素值的频率分布及人工选择阈值来划分。在得到的结果图像中，将天空部分的像元赋值为 1，非天空部分的像元赋值为 0。最后将得到的划分结果图像与天空视图权重图像相乘，所有像元乘积之和为天空视域因子。

## 11.3 研究区和数据

### 11.3.1 研究区

本研究区位于北京市北四环至北五环，在以国家体育场为中心的长、宽约 5km 的范围内。研究区海拔范围为 21~55m，平均高程为 34m。研究区内建筑物高度、密度、建

筑物形态多样化。既有北辰集团等建筑物密度高、形态多样的区域，也有奥林匹克公园等低建筑物密度区，适合鱼眼相片数据的采样收集以及对两种不同方法计算的结果进行比较（图 11-4）。

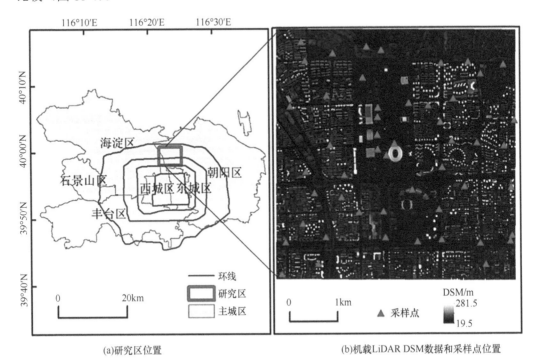

(a)研究区位置　　　　　　　　(b)机载LiDAR DSM数据和采样点位置

图 11-4　研究区在北京城区的位置

### 11.3.2　数据

研究搜集了覆盖北京市鸟巢（国家体育场）地区的机载 LiDAR 数据，该数据通过 Leica ALS 60system 采集于 2016 年，它的空间范围见图 11-4（b）区域。数据空间分辨率为 0.5m，投影方式为横轴墨卡托 UTM，坐标系为 WGS-84 UTM-50N。点云的密度为 2~4 points/m²。点云数据分类分为地面、非地面及噪声点。然后建立了 0.5m 空间分辨率的数字表面模型。生成的 DSM 与地面 50 个控制点 x，y，z 坐标对比，水平误差小于 1 个像元（50cm），高度误差小于 15cm。

我们选取 48 个地面点，然后采集地面点的鱼眼相片数据。采样点平均分布于研究区范围内，如图 11-4（b）所示。

图 11-5 展示了采集鱼眼相片的相机和镜头，具体信息如下。

（1）相机：尼康 D610 全幅相机。该相机有效像素 2426 万，最高分辨率可达 6016×4016。

（2）镜头：适马（SIGMA）8mm F3.5 EX DG FISHEYE 定焦鱼眼镜头。该镜头焦距范围 8mm，135mm 全画幅镜头，视角范围可达 180°。

为保证数据收集的准确性，使相机能够充分收集地面的数据，在实际采样时将相机水平放置于地表，垂直地面朝向天空，如图 11-6 所示。

图 11-5 地面点采样所用的拍摄仪器

图 11-6 相机摆放示意图

我们在不同建筑物密度、建筑物形态的区域都进行了采集。图 11-7 为一些典型采样点的鱼眼照片。其中（a1）、（a2）在居民区，（b1）、（b2）在路口拍摄，（c1）、（c2）在操场拍摄。可以看出，在居民区建筑密度较高，路口建筑密度较低。不同操场附近的建筑密度差别较大。

(a1)

(a2)

(b1)　　　　　　　　　　　　　　(b2)

(c1)　　　　　　　　　　　　　　(c2)

图 11-7　典型采样点鱼眼相片

# 11.4　结果与分析

### 11.4.1　数字表面模型提取天空视域因子分布

根据上面提到的利用 DSM 提取天空视域因子的方法，获得不同搜索半径、搜索方向数量下 SVF 值。如图 11-8 所示，该区域 SVF 具有一定的分布规律。在道路、水体、公园、空地等空旷区域 SVF 较大，呈现红色、橘红色，在奥林匹克公园及奥林匹克森林公园处尤为明显。在居民区等建筑物密度较大区 SVF 较小，呈现浅黄色或者绿色。当搜索方向数量不变，搜索半径增大时，SVF 较高的红色区域逐渐缩小，SVF 较低的浅黄色与绿色区域逐渐增多，表示 SVF 随着搜索半径的增大而减小。

图 11-9 为搜索半径为 50 个像元时，搜索方向为 8 个、16 个、32 个时 SVF 计算值的比较。整体上搜索方向数量越多，SVF 计算值越小，搜索方向数量取 32 个时值最小，搜索方向数量为 8 个时值最大，三种情况下的 SVF 相近。当搜索半径大小相同，搜索方向数量取 16 个和 32 个时，由 DSM 提取的 SVF 相较于 8 个搜索方向提取的 SVF 更接近，那么我们可以认为，当搜索方向数量超过 16 个时，搜索方向个数对 SVF 的值影响较小。

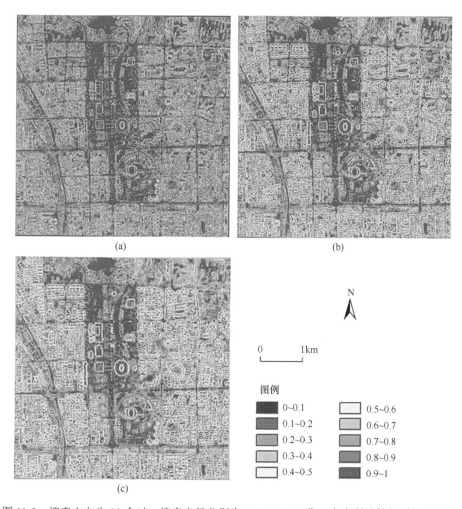

(a)

(b)

(c)

N

0    1km

图例

| | |
|---|---|
| ◾ 0~0.1 | ◻ 0.5~0.6 |
| ◾ 0.1~0.2 | ◻ 0.6~0.7 |
| ◾ 0.2~0.3 | ◼ 0.7~0.8 |
| ◼ 0.3~0.4 | ◼ 0.8~0.9 |
| ◻ 0.4~0.5 | ◼ 0.9~1 |

图 11-8  搜索方向为 32 个时，搜索半径分别为 20、50、80 像元大小所计算得到的 SVF 值

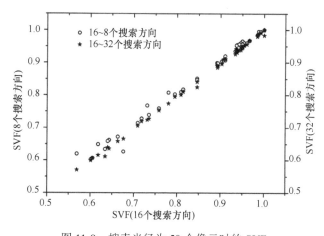

图 11-9  搜索半径为 50 个像元时的 SVF

图 11-10 为搜索半径为 80 个像元时，搜索方向为 8 个、16 个、32 个 SVF 计算值的比较。

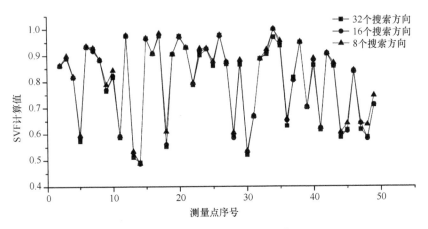

图 11-10　搜索半径为 80 个像元时的 SVF

### 11.4.2　鱼眼相机天空视域因子采样分析

表 11-1 为 48 个采样点的 SVF 计算结果。不同建筑物密度的区域，SVF 不同。最大的 SVF 为 0.969，位于空地区域。最低的 SVF 为 0.427，位于居民区。在建筑物密度较高的居民区，SVF 相对较小，平均 SVF 为 0.594。

表 11-1　采样点的 SVF 值计算结果

| 点号 | 属性 | SVF | 点号 | 属性 | SVF |
|---|---|---|---|---|---|
| 1-1 | 居民区 | 0.628 | 2-7 | 路口 | 0.928 |
| 1-2 | 空地 | 0.969 | 2-8 | 操场 | 0.721 |
| 1-3 | 空地 | 0.959 | 2-9 | 操场 | 0.926 |
| 1-4 | 空地 | 0.919 | 2-10 | 路口 | 0.929 |
| 1-5 | 路口 | 0.944 | 2-11 | 路口 | 0.856 |
| 1-6 | 居民区 | 0.556 | 2-12 | 空地 | 0.786 |
| 1-7 | 居民区 | 0.501 | 2-13 | 路口 | 0.899 |
| 1-8 | 居民区 | 0.537 | 2-14 | 空地 | 0.903 |
| 1-9 | 操场 | 0.918 | 2-15 | 路口 | 0.817 |
| 1-10 | 路口 | 0.899 | 2-16 | 路口 | 0.849 |
| 1-11 | 路口 | 0.832 | 2-17 | 路口 | 0.939 |
| 1-12 | 操场 | 0.834 | 2-18 | 路口 | 0.914 |
| 1-13 | 居民区 | 0.597 | 2-19 | 居民区 | 0.513 |
| 1-14 | 空地 | 0.949 | 2-20 | 居民区 | 0.746 |
| 1-15 | 路口 | 0.923 | 2-21 | 居民区 | 0.659 |
| 1-16 | 空地 | 0.959 | 3-1 | 操场 | 0.721 |
| 1-17 | 居民区 | 0.788 | 3-2 | 路口 | 0.919 |
| 1-18 | 路口 | 0.936 | 3-3 | 操场 | 0.630 |
| 2-1 | 空地 | 0.929 | 3-4 | 居民区 | 0.577 |
| 2-2 | 空地 | 0.823 | 3-5 | 操场 | 0.799 |
| 2-3 | 空地 | 0.912 | 3-6 | 居民区 | 0.478 |
| 2-4 | 路口 | 0.879 | 3-7 | 居民区 | 0.427 |
| 2-5 | 居民区 | 0.719 | 3-8 | 路口 | 0.725 |
| 2-6 | 操场 | 0.874 | 3-9 | 路口 | 0.883 |

从表 11-2 可以看出，建筑空地、路口、操场的建筑物密度较低，SVF 相对较大，平均 SVF 分别为 0.911、0.887、0.803。

表 11-2　不同场景条件下的 SVF 数据统计

| 拍摄位置 | 点数 | SVF 范围 | 平均 SVF |
|---|---|---|---|
| 建筑空地 | 10 | 0.789~0.969 | 0.911 |
| 居民区 | 13 | 0.427~0.788 | 0.594 |
| 路口 | 17 | 0.725~0.944 | 0.887 |
| 操场 | 8 | 0.63~0.926 | 0.803 |

### 11.4.3　数字表面模型提取天空视域因子验证分析

在本书中，我们以鱼眼相片计算所得的 SVF 值为验证数据，分析 DSM 提取的 SVF 结果精度。在搜索方向为 32 个时，分别取搜索半径为 50 个、80 个、100 个像元，比较 DSM 提取的 SVF 值与鱼眼相机测量计算得到的 SVF 值，结果如图 11-11 所示。

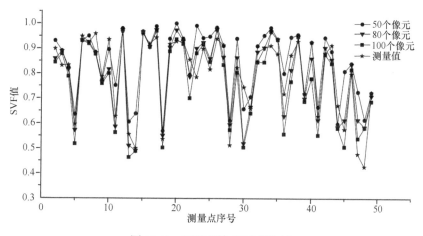

图 11-11　两种方法 SVF 值比较

整体上，随着搜索半径的增加，SVF 值减小，鱼眼相机测量的 SVF 值与 DSM 提取的 SVF 值变化趋势相同，且 SVF 值相近。

为进一步验证分析，在搜索方向为 32 个时的不同搜索半径下，DSM 提取的 SVF 值与外业测量的 SVF 值分别进行线性回归拟合，结果如图 11-12 所示。

通过观察分析，可以发现，由 DSM 计算所得的 SVF 与鱼眼相机拍摄得到的 SVF 具有一定的线性相关关系。随着搜索半径的增大，决定系数 $R^2$ 先增大后减小，在搜索半径为 80 时取得最大值，即搜索半径为 80 个像元时拟合效果最佳。

为进行全面比较，我们求解出不同搜索半径、不同搜索方向数量下 DSM 提取的 SVF 值与鱼眼相机拍摄得到的 SVF 之间的均方根误差（RMSE），进行综合比较分析，得到 RMSE 的变化趋势图。

如图 11-13 所示，在搜索半径不变时，16 个和 32 个搜索方向的 RMSE 基本相同，8 个搜索方向的 RMSE 较大；搜索方向数量不变时，随着搜索半径增大，RMSE 先减小后

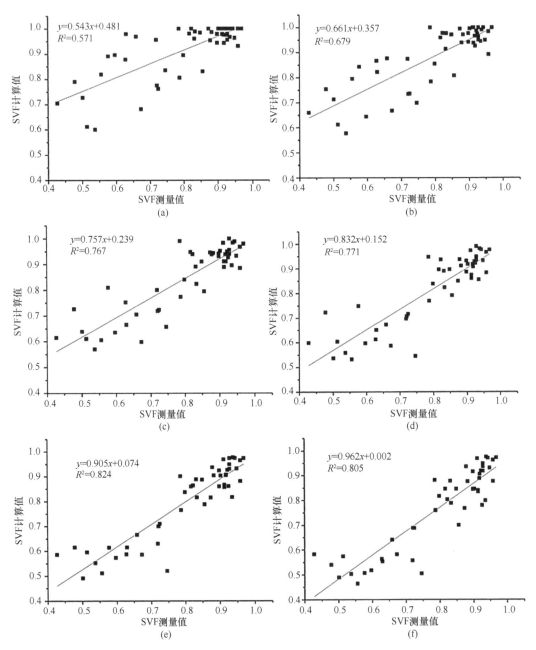

图 11-12　两种方法线性回归拟合图中搜索方向为 32 个，搜索半径分别为
20、30、50、65、80、100 个像元

增大。在搜索方向为 8 个、搜索半径为 20 个像元时 RMSE 最高，为 0.155，在搜索方向为 32 个、搜索半径为 80 个像元时 RMSE 最低，为 0.064，所以搜索方向为 8 个、搜索半径为 20 个像元时 DSM 计算得到的 SVF 值与鱼眼相机提取的 SVF 值偏差最大，搜索方向为 32 个、80 个像元时 DSM 计算得到的 SVF 值与鱼眼相机提取的 SVF 值偏差最小。

综上所述，当搜索方向为 32 个、搜索半径为 80 个像元时，DSM 计算所得的 SVF 值与鱼眼相机测量计算得到的 SVF 最接近，由 DSM 提取的 SVF 结果最准确。

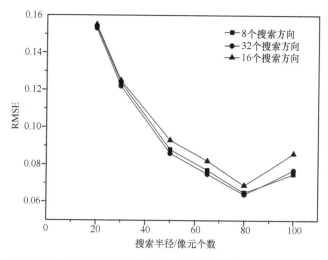

图 11-13　不同搜索半径、搜索方向数量下的 RMSE 趋势图

# 11.5　小　　结

本章利用 DSM 数据计算城市地区复杂下垫面的 SVF，以北京市鸟巢周边地区为例，分析了在不同数量的搜索方向、不同搜索半径下的 SVF，并实地拍摄采样点的鱼眼相片，计算采样点的 SVF，以利用鱼眼相片采样提取的 SVF 作为验证数据，对 DSM 提取城市 SVF 进行参数化方案的优化，并评估分析 DSM 提取城市 SVF 方法的结果精度，主要结论为：

（1）利用 DSM 数据计算的下垫面 SVF 值受搜索半径大小、搜索方向数量的影响。SVF 随着搜索半径的增大而减小，在搜索半径为 80 个像元即 40m 时 SVF 最准确；SVF 随着搜索方向数量增加而减小，选择 32 个搜索方向时计算的 SVF 最准确。

（2）当搜索方向为 32 个、搜索半径为 80 个像元时，$R^2$ 取得最大值，且 RMSE 值最低，为 0.064，即由 DSM 计算所得的 SVF 与鱼眼相片计算得到的 SVF 最接近，由 DSM 提取的 SVF 结果最准确。

（3）通过两种方法的比较，得到在一定的范围内，两者具有一定的线性相关关系，表明利用 DSM 计算大范围城市下垫面 SVF 的方法具体一定的可行性。

本书提出了在城市地区利用 DSM 数据计算城市地区复杂下垫面的 SVF，并利用鱼眼相片计算 SVF，对两种方法进行研究分析，获得了一些初步的结果。同时本书也存在相应的不确定因素：一是树木等非建筑物的影响，这可能导致 SVF 计算结果的部分偏差；二是数据的分辨率会影响估算的 SVF，我们选取的影像分辨率为 0.5m，未分析其他分辨率影像的计算情况。在进一步研究中需考虑不同数据分辨率对 SVF 的影响，并深入分析不同数据尺度下用 DSM 数据计算的 SVF 方法的可行性。

## 参 考 文 献

袁超. 2010. 缓解高密度城市热岛效应规划方法的探讨——以香港城市为例. 建筑学报, (S1): 120-123

Brown M J, Grimmond S, Ratti C. 2001. Comparison of methodologies for computing sky view factor in urban environments. The United States, Los Alamos National Laboratory: 6-9

Bruse M, Fleer H. 1998. Simulating surface–plant–air interactions inside urban environments with a three-dimensional numerical model. Environmental Modelling & Software, 13(3-4): 373-384

Chapman L, Thornes J E, Bradley A V. 2002. Sky‐view factor approximation using GPS receivers. International Journal of Climatology: A Journal of the Royal Meteorological Society, 22(5): 615-621

Ga T, Lindberg F, Unger J. 2009. Computing continuous sky view factors using 3D urban raster and vector databases: comparison and application to urban climate. Theoretical and Applied Climatology, 95: 111-123

Grimmond C S B, Potter S K, Zutter H N, Souch C. 2001. Rapid methods to estimate sky-view factors applied to urban areas. International Journal of Climatology, 21(7): 903-913

Hodul M, Knudby A, Ho H C. 2016. Estimation of continuous urban sky view factor from Landsat data using shadow detection. Remote Sensing, 8(7): 568

Holmer B, Postgard U, Eriksson M. 2011. Sky view factors in forest canopies calculated with IDRISI. Theoretical and Applied Climatology, 68: 33-40

Holmer B. 1992. A simple operative method for determination of sky view factors in complex urban canyons from fisheye photographs. Meteorol Zeitschrift N F, 1: 236-239

Kastendeuch P P. 2013. Short communication a method to estimate sky view factors from digital elevation models. International Journal of Climatology, 33: 1574-1578

Matzarakis A, Matuschek O. 2011. Sky view factor as a parameter in applied climatology-rapid estimation by the SkyHelios model. Meteorologische Zeitschrift, 20(7): 39-45

Oke T R. 1981. Canyon geometry and the nocturnal urban heat island: comparison of scale model and field observations. International Journal of Climate, 1(3): 237-254

Radhi H, Fikry F, Sharples S. 2013. Impacts of urbanization on the thermal behavior of new built up environments: A scoping study of the urban heat island in Bahrain. Landscape and Urban Planning, 113: 47-61

Ratti C, Richens P. 1999. Urban texture analysis with image processing techniques. Computers in Building: 49-64

Scarano M, Sobrino J A. 2015. On the relationship between the sky view factor and the land surface temperature derived by Landsat-8 images in Bari, Italy. International Journal of Remote Sensing, 36(19-20): 4820-4835

Souza L C L, R Daniel S, Mendes J F G. 2003. Sky view factors estimation using a 3d-gis extension. Eighth International IBPSA Conference, 1227-1234

Steyn D G. 1980. The calculation of view factors from fisheye-lens photographs: Research note. Atmosphere-ocean, 18(3): 254-258

Taleghani M, Kleerekoper L, Tenpierik M, Van den Dobbelsteen A. 2015. Outdoor thermal comfort within five different urban forms in the Netherlands. Building and Environment, 83: 65-78

Unger J. 2004. Intra-urban relationship between surface geometry and urban heat island: Review and new approach. Climate Research, 27(3): 253-264

Wang Y P, Akbari H. 2014. Effect of sky view factor on outdoor temperature and comfort in montreal. Environmental Engineering Science, 31: 272-287

Yang J, Wong M S, Menenti M, Nichol J, Voogt J, Krayenhoff E S, Chan P W. 2016. Development of an improved urban emissivity model based on sky view factor for retrieving effective emissivity and surface temperature over urban areas. ISPRS Journal of Photogrammetry and Remote Sensing, 122: 30-40

Yang J, Wong M S, Menenti M, Nichol J. 2015a. Modeling the effective emissivity of the urban canopy using sky view factor. ISPRS Journal of Photogrammetry and Remote Sensing, 105: 211-219

Yang J, Wong M S, Menenti M, Nichol J. 2015b. Study of the geometry effect on land surface temperature retrieval in urban environment. Journal of Photogrammetry and Remote Sensing, 109: 77-87

Yang X, Li Y. 2015. The impact of building density and building height heterogeneity on average urban albedo and street surface temperature. Building and Environment, 145-156

Zakšek K, Oštir K, Kokalj Ž. 2011. Sky-view factor as a relief visualization technique. Remote Sensing, 3(2): 398-415

Zeng L, Lu J, Li W, Li Y. 2018. A fast approach for large-scale Sky View Factor estimation using street view images. Building and Environment, 135: 74-84